# 新形势下动物检疫与防疫监督工作实务

刘润东 等 主编

中国农业出版社

北 京

**图书在版编目（CIP）数据**

新形势下动物检疫与防疫监督工作实务 / 刘润东等
主编 . —北京：中国农业出版社，2021.11
ISBN 978 - 7 - 109 - 28961 - 1

Ⅰ.①新… Ⅱ.①刘… Ⅲ.①兽疫－检疫②兽疫－防
疫 Ⅳ.①S851.3

中国版本图书馆 CIP 数据核字（2021）第 256752 号

中国农业出版社出版

地址：北京市朝阳区麦子店街 18 号楼
邮编：100125
责任编辑：刘 伟 尹 杭
版式设计：杨 婧 责任校对：沙凯霖
印刷：中农印务有限公司
版次：2021 年 11 月第 1 版
印次：2021 年 11 月北京第 1 次印刷
发行：新华书店北京发行所
开本：787mm×1092mm 1/16
印张：14
字数：400 千字
定价：60.00 元

## 编写委员会

主　　任：张玉果
副 主 任：刘万龙　冯新民
委　　员：董晓瞻　田永利　凌占军
顾　　问：聂庆柯　李保生　丁红田　李　军

# 编 写 人 员

主　　编：刘润东　张玉新　刘重建　杨思源　贾浩程

副 主 编：赵　飞　商昌晖　刘　涛　于录国　汪恩双

　　　　　马　力　朱艳利

参编人员（按姓氏笔画排序）：

马增晖　王建栋　王爱军　王焕明　田亚群

代　广　冯沛晨　冯艳武　玄立江　毕红全

朱利华　朱秋艳　刘　洋　刘秋利　孙　磊

孙敬军　李　静　李玉文　李帅军　李志刚

李杏媛　李国江　李敬阳　吴学锦　宋砚锋

张　扬　张　帆　张　宇　张　益　张英杰

张秋喜　张艳艳　范　宇　范艳婷　周建国

郑　强　赵建伟　赵维洪　徐贺静　栾海宏

高　英　高　峰　高长彬　高尚志　陶　嵘

崔　海　崔景芳　康晓晓　梁　宝　甄　理

路　璐

# 序
## PREFACE

2021年是"十四五"开局之年，站在大力实施乡村振兴、全面建成小康社会的历史潮头，有效防控非洲猪瘟等重大动物疫病、保障动物及动物产品质量安全和公共卫生安全是动物卫生监督机构的神圣职责。动物检疫工作应坚持日常工作求精细、应急工作求时效、重点工作求水平、亮点工作求突破的工作理念，不断夯实"安全动监、智慧动监、科学动监"的建设目标。《中共中央 国务院关于深化改革加强食品安全工作的意见》提出"四个最严"的食品安全要求，强调用最严谨的标准、最严格的监管、最严厉的处罚、最严肃的问责，确保广大人民群众"舌尖上的安全"。动物产品安全是食品安全的重要组成部分。2021年我国新修订了《中华人民共和国动物防疫法》和《国家畜禽遗传资源品种名录》，进一步完善了动物卫生监督机构的职责，界定了人工饲养、合法捕获动物的范围，为制订精准有效的动物疫病防控措施、形成多方工作合力奠定了法律基础。从公共卫生角度来看，人类、动物共享同一生态系统，人类疫情和动物疫情可能会相互影响，尤其是在新冠肺炎疫情防控期间，做好动物疫情防控极其重要。加强动物性产品的检疫和监管能力，有利于降低人畜共患病引发的公共卫生安全风险，有利于保障动物性产品安全供给，有利于"健康中国"战略顺利实施，助力全面建成小康社会。

"同一世界、同一健康"，在国内外动物疫情形势日趋复杂严峻的情况下，保障动物源性食品安全，符合我国人民对美好生活的新期待。为了适应新形势、新要求，依据《中华人民共和国动物防疫法》《动物检疫管理办法》等法律法规，编写的这本《新形势下动物检疫与防疫监督工作实务》分为四篇十五章，重点从动物及动物产品检疫、动物防疫监督管理、病死动物和病害动物产品的无害化处理、无规定动物疫病区建设、动物防疫消毒、基层动物卫生监督机构建设等方面，介绍了新形势下如何依法做好动物卫生监督管理工作。本书实用、易懂，既可作为官方兽医的参考读本，也可作为广大兽医人员的培训指导教材。

冯雪领

2021 年 8 月

# 前 言
## FOREWORD

动物防疫是指动物疫病的预防、控制、诊疗、净化、消灭和动物、动物产品的检疫，以及病死动物、病害动物产品的无害化处理。通过加强对动物防疫活动的管理，预防、控制、净化、消灭动物疫病，达到促进养殖业发展、防控人畜共患传染病、保障公共卫生安全和人体健康的目的。

畜牧业是关系国计民生的重要产业，肉蛋奶是百姓"菜篮子"中的重要品种，直接影响人民群众生活质量和国家社会经济发展水平。"十四五"时期是全面实施乡村振兴战略、开启农业农村现代化新征程的重要五年，也是畜牧业转型升级的关键五年。提升动物疫病防控能力，有利于进一步推动畜牧业综合生产能力、保障动物性食品安全、繁荣农村经济。

2018年8月，我国发生非洲猪瘟疫情后，对国内养猪业造成了极大冲击，也对现有重大动物疫病防控工作提出了新的要求。截至目前，虽然非洲猪瘟防控工作取得了积极成效，但非洲猪瘟病毒已在我国定殖并形成较大污染面，疫情发生风险依然较高。在这种新形势下，如何持续加强非洲猪瘟等重大动物疫病的防控工作、加快发展生猪生产、确保实现稳定生产的目标，是每一名兽医工作人员应深入思考的课题。产地检疫作为非常重要的关口，是生猪安全运输的源头保障，屠宰检疫是连接生猪产销的关键环节，因此强化动物检疫是疫情常态化防控的题中应有之义。

本书分为四篇十五章，从工作实际需要出发，重点从动物及动物产品检疫、动物防疫监督管理、病死动物和病害动物产品的无害化处理、无规定动物疫病区建设、动物防疫消毒、基层动物卫生监督机构建设等方面，结合国家法律法规和政策规定，介绍了新形势下如何依法做好动物卫生监督管理工作。在本书编写过程中，编写委员会给予了诸多指导，在此表示衷心的感谢。

编 者

2021年6月

# 目 录
## CONTENT

序

前言

## 第一篇　动物及动物产品检疫

## 第四篇 动物卫生监督机构建设

# 绪　论

## 第一节　动物检疫的概念

动物检疫，指为了预防、控制和扑灭动物疫病、促进养殖业发展、保护人体健康，由法定的机构、法定的人员，依照法定的检疫规程、方法和对象，对动物、动物产品进行检查、定性和处理的一项强制性的技术行政措施。动物检疫具体有以下三个方面的内涵。

### 一、动物检疫是一项行政许可

动物检疫是各级动物卫生监督机构的一项法定职能，来自法律、法规的授权。同时又是一项行政措施，符合《中华人民共和国行政许可证法》的基本规定。作为管理对象的动物饲养经营者及动物产品生产经营者，应当无条件地接受，并给予必要的配合。凡拒绝、阻挠、逃避、抗拒动物检疫的，都属于违法行为，都将受到法律制裁。

### 二、动物检疫是一项法定的技术工作

动物检疫的主要任务是通过规定的检查程序，确定被检查的动物是否感染国家规定的动物疫病，或者被检查的动物产品是否出自健康的动物、是否存在传播动物疫病的风险，并据此做出相应的处理。所有这些，都需要有明确的法律、法规或规章的规定，不同于一般意义上的技术工作。

### 三、动物检疫是公共安全保障系统的重要组成部分

动物产品主要包括动物源性食品，其质量状况是食品安全的基本因素。判断动物产品是否安全，疫病问题是极为重要的方面。动物检疫的任务：一是及时发现和处理染疫动物及其产品，消除疫源，切断动物疫病的传播；二是明确合格的动物及产品的流通，保障人民的生活需要。所以，动物检疫工作的质量，直接关系到公共安全。动物检疫自然成为公共安全保障系统的重要组成部分。

## 第二节　动物检疫的原则

动物检疫工作是集诊检技术、依法行政为一体的执法行政行为，应遵循以下动物检疫原则。

### 一、依法施行的原则

动物检疫是一种法律行为。官方兽医施行检疫行为必须严格依照法规规定进行，货主

（养殖场户）也必须按照法规规定，主动报检并接受检疫，积极配合官方兽医做好处理工作。合法行为将受法律保护，违法行为则应受法律制裁。因此，各级检疫机构及其官方兽医，必须依法实施检疫，做到有法可依，有法必依，这是首先应该遵循的原则。

### 二、尊重事实的原则

处理是检疫工作的最后一道程序。处理必须以事实为依据，以法律为准绳。官方兽医须按检疫规程及相关规定对动物、动物产品实施现场检疫，检查结果认定动物或其产品不带检疫对象，才能依法依规出具动物检疫证明。严禁"隔山出证"、开假证等失职渎职行为。

### 三、尊重科学的原则

动物检疫工作是一项技术性很强的工作。官方兽医须使用科学的检疫方法、先进的检疫技术和设备，结合丰富的实践经验和熟练的技术操作，才能真正检测出被检动物及其产品是否带有检疫对象，否则，可能会导致漏检或误检。无论是漏检还是误检，都可能造成无法挽回的损失。

### 四、促进生产，有利流通的原则

被检动物或动物产品都将进入流通环节，对生产或经营者来说，流通速度越快，经济效益越高，对生产的促进作用也就越大。因此检疫工作，一要检疫方法准确、快速、先进；二要检疫手续简便易行；三要检疫布局合理，既要有利于检疫把关，又要方便往来，有利流通；四要检疫人员操作熟练、办事快速，讲究工作效率。

### 五、预防为主的原则

动物检疫的目的之一就是预防和消灭动物疫病，因而须贯彻执行预防为主的方针。根据这一原则，动物检疫工作的重点应放在动物及动物产品流通之前，即饲养、生产、加工环节。为了贯彻预防为主的方针，须以产地检疫为基础，以流通检疫监督为后盾，二者相辅相成，缺一不可。

## 第三节　动物检疫的作用

### 一、动物检疫是防治动物疫病的重要措施

动物疫病的流行有三个主要环节，即传染源、传播途径和易感动物，防治动物疫病就要从消灭传染源、切断传播途径和保护易感动物等方面入手。动物检疫，可以及时发现染疫动物和病害动物产品，通过消毒和无害化处理消除传染源，从根本上消除动物疫病的危害。同时，通过动物检疫发现染疫动物及产品，可以为切断传播途径、保护易感动物免受侵害提供科学指导，为及时控制和扑灭动物疫情创造条件。所以，动物检疫是整个动物防疫工作中的重要内容，是防治动物疫病的重要措施。

## 二、动物检疫是保护畜牧业和人体健康的基础工作

食品安全问题日益成为全社会关注的焦点，加快畜牧业结构调整的步伐、规范畜牧业生产经营秩序、强化质量管理、生产安全优质的动物性食品已成为畜牧兽医部门的主要任务。在影响畜产品质量安全的诸多因素中，动物疫病始终是一个重要方面。自 2018 年非洲猪瘟疫情发生以来，动物防疫工作面临着新的形势与更高的要求。动物检疫工作的成效，既关系到动物疫病的控制，又关系到肉、蛋、奶等上市畜产品的安全，关系到畜产品的生产和消费。所以，动物检疫是保护畜牧业和人体健康的基础工作，必须高度重视。

## 三、动物检疫是贯彻《中华人民共和国动物防疫法》的重要环节

新修订的《中华人民共和国动物防疫法》把动物防疫工作定义为动物疫病的预防、控制、净化、消灭，以及动物、动物产品的检疫和病死动物、病害动物产品的无害化处理。动物检疫是动物和动物产品从产地走向市场前的重要环节，没有严格的检疫把关，整个动物防疫工作的链条将会断裂。在新形势下，《中华人民共和国动物防疫法》规定官方兽医负责动物、动物产品检疫，出具动物检疫证明，受法律保护，任何单位和个人不得拒绝或阻碍，确保了动物检疫工作的依法依规开展。

# 1 第一篇

## 动物及动物产品检疫

# 第一章 动物产地检疫

## 第一节 概　述

### 一、动物产地检疫概念

动物产地检疫是指动物在离开饲养地、出生地之前由动物卫生监督机构的官方兽医到场或到指定地点实施的检疫。

### 二、动物产地检疫的重要意义

#### （一）防止染疫动物、动物产品进入流通环节

在动物饲养过程中发生疫病是难以避免的，若不开展产地检疫，染疫动物及其产品则会随时流入市场，造成疫病的远距离、大范围传播，给养殖业发展和人民身体健康带来威胁。搞好产地检疫工作，可以把疫病控制和扑灭在动物产地范围内，最大限度地降低危害。

#### （二）促进动物免疫工作全面开展

在产地检疫时，通过查验免疫档案或畜禽标识，对不按规定开展动物强制免疫工作的，依法代作处理，即实施补免，可以推进计划免疫的实施，达到"防检结合，以检促防"的目的。产地检疫工作的开展对于贯彻落实"预防为主"的方针起着保障作用。

#### （三）开展产地检疫抓住了动物疫病控制的源头

在动物产地实施检疫，克服了在流通环节中进行检疫难以做到科学、准确、及时的弊端，保证检疫工作向科学化、规范化、标准化发展。

## 第二节 产地检疫的范围和对象

### 一、产地检疫的范围

1. 猪（含人工饲养或者合法捕获的野猪、省内调运的种猪）；

2. 牛、羊、鹿、骆驼（含人工饲养或者合法捕获的野生牛、羊、鹿、骆驼，省内调运的种用、乳用的牛、羊、鹿、骆驼）；

3. 家禽（含人工饲养或者合法捕获的同种野禽、省内调运的种禽）；

4. 马属动物（含人工饲养或者合法捕获的同种野生马属动物）；

5. 犬（含人工饲养或者合法捕获的野生犬科动物）；

6. 猫（含人工饲养或者合法捕获的野生猫科动物）；

7. 兔；

8. 跨省调运的种鸡、种鸭、种鹅；

9. 跨省调运的种猪、种牛、奶牛、种羊、奶山羊；

10. 蜜蜂；

11. 羊驼；

12. 水貂、银狐、北极狐、貉等非食用动物。

## 二、产地检疫的对象

产地检疫的对象及相应范围见表1-1。

表1-1 产地检疫的对象及相应范围

| | 检疫范围 | 检疫对象 | 备注 |
|---|---|---|---|
| 猪 | 含人工饲养或者合法捕获的野猪、省内调运的种猪 | 口蹄疫、猪瘟、非洲猪瘟、高致病性猪蓝耳病、炭疽、猪丹毒、猪肺疫 | |
| | 跨省调运的种猪 | 口蹄疫、猪瘟、高致病性猪蓝耳病、猪圆环病毒病、布鲁氏菌病、非洲猪瘟 | |
| 牛 | 人工饲养或者合法捕获的野生牛，省内调运的种用、乳用的牛 | 口蹄疫、布鲁氏菌病、牛结核病、炭疽、牛传染性胸膜肺炎 | |
| | 跨省调运的种牛 | 口蹄疫、布鲁氏菌病、牛结核病、副结核病、牛传染性鼻气管炎、牛病毒性腹泻/黏膜病 | |
| | 跨省调运的奶牛 | 口蹄疫、布鲁氏菌病、牛结核病、牛传染性鼻气管炎、牛病毒性腹泻/黏膜病 | |
| 羊 | 人工饲养或者合法捕获的野生羊，省内调运的种用、乳用的羊 | 口蹄疫、布鲁氏菌病、绵羊痘和山羊痘、小反刍兽疫、炭疽 | |
| | 跨省调运的种羊 | 口蹄疫、布鲁氏菌病、蓝舌病、山羊关节炎脑炎 | |
| | 跨省调运的奶山羊 | 口蹄疫、布鲁氏菌病 | |
| 鹿 | 人工饲养或者合法捕获的野生鹿，省内调运的种用、乳用的鹿 | 口蹄疫、布鲁氏菌病、结核病 | |
| 骆驼 | 人工饲养或者合法捕获的野生骆驼，省内调运的种用、乳用的骆驼 | 口蹄疫、布鲁氏菌病、结核病 | |
| 家禽 | 人工饲养或者合法捕获的同种野禽，省内调运的种禽 | 高致病性禽流感、新城疫、鸡传染性喉气管炎、鸡传染性支气管炎、鸡传染性法氏囊病、马立克氏病、禽痘、鸭瘟、小鹅瘟、鸡白痢、鸡球虫病 | 鸵鸟参考家禽产地检疫规程 |
| | 跨省调运的种鸡 | 高致病性禽流感、新城疫、禽白血病、禽网状内皮组织增殖症 | |
| | 跨省调运的种鸭 | 高致病性禽流感、鸭瘟 | |
| | 跨省调运的种鹅 | 高致病性禽流感、小鹅瘟 | |
| 马属动物 | 人工饲养或者合法捕获的同种野生马属动物 | 马传染性贫血病、马流行性感冒、马鼻疽、马鼻腔肺炎 | |

（续）

| 检疫范围 | | 检疫对象 | 备注 |
|---|---|---|---|
| 犬 | 人工饲养或者合法捕获的野生犬科动物 | 狂犬病、布鲁氏菌病、钩端螺旋体病、犬瘟热、犬细小病毒病、犬传染性肝炎、利什曼病 | |
| 猫 | 人工饲养或者合法捕获的野生猫科动物 | 狂犬病、猫泛白细胞减少症（猫瘟） | |
| 兔 | | 兔病毒性出血病（兔瘟）、兔黏液瘤病、野兔热、兔球虫病 | |
| 蜜蜂 | | 美洲幼虫腐臭病、欧洲幼虫腐臭病、蜜蜂孢子虫病、白垩病、蜂螨病 | |
| 羊驼 | | 口蹄疫、布鲁氏菌病、结核病、炭疽、小反刍兽疫 | |
| 水貂、银狐、北极狐、貉 | | 犬瘟热、细小病毒性肠炎、狂犬病、狐狸脑炎、传染性肝炎、炭疽、水貂阿留申病、伪狂犬病 | 均为非食用 |

# 第三节 产地检疫程序

## 一、检疫申报

### （一）检疫申报的时限

严格落实动物检疫申报制度，动物在离开产地前，货主应当按照《动物检疫管理办法》规定的时限向所在地动物卫生监督机构申报检疫。具体时限如下：①出售、运输动物产品和供屠宰、继续饲养的动物应当提前3天申报检疫；②出售、运输乳用动物、种用动物以及参加展览、演出和比赛的动物，应当提前15天申报检疫；③向无规定动物疫病区输入相关易感动物，货主除按规定向输出地动物卫生监督机构申报检疫外，还应当在起运3天前向输入地省级动物卫生监督机构申报检疫；④合法捕获野生动物的，应当在捕获后3天内向捕获地县级动物卫生监督机构申报检疫。另外，因科研、药用、展示等特殊情形需要非食用性利用的野生动物，应当按照国家的有关规定报动物卫生监督机构检疫。

### （二）检疫申报的形式

以河北省为例，养殖场（户）使用手机下载河北智慧兽医云平台的管理相对人版软件并按提示进行安装，自主注册成功后，通过管理相对人版专用端口登录上述软件，填写检疫申报电子表格信息，实行检疫网上电子申报。

## 二、书面、电子信息审查

### （一）散养户

官方兽医要查验散养户的防疫档案，确认动物已按国家规定进行强制免疫，并在有效保护期内，同时查验动物畜禽标识加施情况，确认其佩戴的畜禽标识与相关档案记录相符。

**（二）饲养场或养殖小区**

官方兽医要查验动物防疫条件合格证和养殖档案，了解生产、免疫、监测、诊疗、消毒、无害化处理等情况，确认饲养场（养殖小区）6个月内未发生相关动物疫病，确认动物已按国家规定进行强制免疫，并在有效保护期内，同时查验动物畜禽标识加施情况，确认其佩戴的畜禽标识与相关档案记录相符。动物饲养场的执业兽医或者动物防疫技术人员应当协助官方兽医实施检疫。

**（三）生猪运输车辆**

官方兽医查验生猪运输车辆备案表是否在有效期内；运输车辆GPS信息、供屠宰的生猪到达屠宰企业或养殖企业后动物检疫合格证明是否及时审核签收；车辆运行轨迹是否正常可查；进出养殖场、进出辖区装载生猪车辆消毒影像资料的回传及生猪贩运人员微信管理群情况。

**（四）养殖场（户）电子信息**

以河北省为例，相关人员应审查养殖场户基本信息是否登记完整并与河北智慧兽医云平台的电子出证系统对接。

**（五）合法捕获和饲养的野生动物**

认真贯彻落实《全国人民代表大会常务委员会关于全面禁止非法野生动物交易、革除滥食野生动物陋习、切实保障人民群众生命健康安全的决定》，依法规范开展野生动物检疫。合法捕获的野生动物还应提供野生动物捕捉（猎捕）许可证；饲养野生动物的，还应提供国家重点保护野生动物驯养繁殖许可证。

**（六）种猪、种用乳用反刍动物和种禽调运**

省内调运种猪、种用乳用反刍动物和种禽的，还要查验种畜禽生产经营许可证。

### 三、申报受理

以河北省为例，动物卫生监督机构接到检疫申报后，官方兽医通过河北智慧兽医云平台官方兽医出证客户端登录查阅检疫申报记录。决定是否予以受理，受理的，应当及时派出官方兽医到现场或到指定地点实施检疫；不予受理的，通过河北智慧兽医云平台的兽医出证客户端对相应的"动物检疫申报"予以驳回，并说明理由，驳回结果自动反馈到河北智慧兽医云平台申报端软件的管理相对人端口，告知检疫申报人员。不得受理经纪人、贩运人等其他单位和个人直接检疫申报。

### 四、现场审查

动物饲养场的执业兽医或者动物防疫技术人员应当协助官方兽医实施检疫。

**（一）畜禽运输车辆装运前、后的清洗消毒审查**

畜禽运输车辆装运前、后对车辆进行彻底消毒清洗，消除疫病传播隐患，保障养殖安全。

**（二）畜禽标识加施情况现场审查**

对于需要加挂耳标的猪、牛、羊等牲畜标识加施情况进行逐一审查、认真核对，对耳标使用情况进行核对记录。

### （三）检疫畜禽数量审核

官方兽医检疫现场对运输的畜禽数量清点核实，留取视频资料备查，确保检疫证物相符合。

### （四）检疫同步"瘦肉精"抽测

官方兽医按照法定抽测比例对猪、牛、羊等肉用牲畜开展同步"瘦肉精"抽测工作，规范填写动物"瘦肉精"自检合格报告书（规模养殖场）、未添加使用"瘦肉精"保证书（散养户）单，归档备查。

### （五）辖区内收购生猪过程的轨迹、收购贩运者及畜主身份信息审查

以河北省为例，受理检疫的官方兽医登录河北智慧兽医云平台官方兽医出证客户端，审查车辆入区收购生猪的运行轨迹，对照轨迹核实收购生猪行为的发生地点，对生猪的收购过程进行实时监控。要求货主、生猪收购者签订"保证书"，对出售的畜禽的产品质量、来源、投入品安全等事项做出保证，严格按照备案路线运输生猪。核实出售生猪的畜主身份信息，确保生猪来源准确真实。

## 五、临床健康检查

结合目前生猪"密罐式"的饲养方式和视频无线传输新技术的实际利用情况，对于规模小的散养户可采取微信连通、实时群体视频检查、录取群体健康检查视频材料、留存备案的方式开展日常及突击群体健康检查；督促规模养殖场或有条件的较大散养户安装视频监控，驻场官方兽医通过手机加装无线对接小程序，实现远程视频实时监控的方式开展群体日常和突击健康检查。与时俱进的远程视频监管也是确保防疫安全、保障检疫工作群体检查顺利开展的一种便捷、高效、直观的监管新方式。在此基础上严格做好自身安全防护和消毒工作，规范开展临栏群体（静态、动态、食态）检查，利用视诊、触诊、听诊等检查方法，对群体检查中发现异常的动物进行系统的个体临床检查，必要时开展病理解剖检查，初步鉴定动物是否患病。官方兽医对车载出售的畜禽的静态、动态、皮肤、精神状态等进行健康状况复查，并留取检疫视频材料，留档备查。

## 六、实验室检测

### （一）需要进行实验室检测的情况

对怀疑有农业农村部相关检疫规程规定的疫病及临床检查发现其他异常情况的，要按相应疫病防治技术规范进行实验室检测。省内调运的种用、乳用动物可参照《跨省调运乳用种用动物产地检疫规程》进行实验室检测，并提供相应检测报告。

### （二）非洲猪瘟检测

一是省内调运生猪要求：育肥猪按照每个待出栏圈采集 2 头生猪血液样品，拟出栏生猪总数不足 5 头的要全部采集血液样品；种猪按照调运数量的 100% 开展非洲猪瘟实验室检测；商品仔猪按照调运数量的 10% 采集生猪血液样品进行非洲猪瘟检测，样品应覆盖本批次拟调运商品仔猪所在全部圈舍，原则上不少于 10 头，调运数量不足 10 头的要全部检测。二是跨省调运生猪要求：跨省调出生猪（含种猪、商品仔猪）必须经实验室检测非洲猪瘟合格后出具检疫合格证明。

## 七、检疫合格标准

一是来自非封锁区或未发生相关动物疫情的饲养场（养殖小区）、养殖户。二是按照国家规定进行强制免疫，并在有效保护期内。三是养殖档案相关记录和畜禽标识符合规定。四是临床检查健康。五是检疫规程规定需要进行实验室疫病检测的，检测结果合格。六是省内调运的种用、乳用动物必须符合相应动物健康标准；省内调运精液、胚胎、种蛋的，其供体动物必须符合相应的动物健康标准。

## 八、结果处理

经检疫合格的，出具动物检疫合格证明。经检疫不合格的，出具检疫处理通知单，并按照有关规定处理。临床检查发现患有农业农村部相关检疫规程规定的动物疫病的，扩大抽检数量并进行实验室检测。发现患有农业农村部相关检疫规程规定检疫对象以外动物疫病，影响动物健康的，应按规定采取相应防疫措施。发现不明原因死亡或怀疑为重大动物疫情的，应按照《中华人民共和国动物防疫法》《重大动物疫情应急条例》和《动物疫情报告管理办法》的有关规定处理。病死动物应在动物卫生监督机构的监督下，由货主按照《病死及病害动物无害化处理技术规范》（农医发〔2017〕25号）规定处理。动物启运前，动物卫生监督机构须监督货主或承运人对运载工具进行有效消毒。

## 九、检疫记录

检疫工作记录采取一车一档的方式，检疫记录包含：动物检疫合格证明、"瘦肉精"检测报告书、动物产地检疫工作记录单等材料，派遣专人负责检疫票据支领、使用、交回、审核等管理工作，建立使用台账，留档备查。

结合当前细化生猪产地检疫工作的需要，强化生猪运输车辆每日检疫备案记录管理。由专人负责每日生猪收购车辆经营备案登记工作，填写车辆备案登记表，对已经备案的车辆全程监管，直至经营活动结束。

从事动物运输的单位、个人以及车辆，妥善保存行程路线、托运人提供的动物名称和检疫证明编号、数量等信息。

## 十、产地检疫工作流程

动物产地检疫工作流程见图1-1。

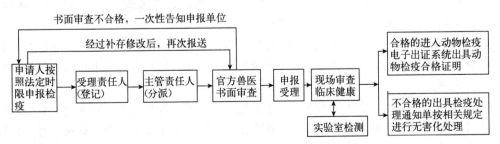

图1-1 动物产地检工作流程图

注：检疫任务完成后，按照一车一档的工作要求，建立检疫记录档案，留档备查。

# 第四节　产地检疫的方法

## 一、临床检疫

动物卫生监督机构接到产地检疫申报后，及时指派官方兽医（指定兽医）到现场或指定地点实施检疫，即临床检疫。临床健康检查是动物产地检疫的主要检疫项目，是指运用常规检查方法对动物进行临床健康检查，确认被检动物是否健康。检查方法为群体检查和个体检查，临床检查时要做好相关人员的个人安全防护。

### （一）群体检查

**1. 群体划分**　将畜主检疫申报中同一养殖场（户）的同一批、同一种类的出栏动物划分为一个群。

**2. 静态检查**　主要检查群体的精神状况、外貌、呼吸状态。在动物安静状态下，观察站立或躺卧的姿势、精神、营养、被毛、呼吸和反刍、咀嚼、嗳气等状态，以及有无咳嗽、气喘、呻吟、战栗、流涎、呆立一隅等反常现象。

**3. 动态检查**　检查动物自由运动或被驱赶时的状态。观察动物起立及行走姿势，有无行走困难、暴走、肢体麻痹、摇晃踉跄、屈背弓腰等现象，排粪、排尿姿势，粪尿量、色等是否正常和有无离群掉队现象。

**4. 饮水饮食状态检查**　检查动物在自然饮水、采食状态下，有无停食不饮、少食少饮、想食而不能吞咽等异常状态。

**5. 蜜蜂的群体检查**　蜂群是蜜蜂的社会性群体，是蜜蜂自然生存和蜂场饲养管理的基本单位，由蜂王、雄蜂和工蜂组成。蜂群检查包括以下内容。

（1）箱外观察　调查蜂群来源、转场、蜜源、发病及治疗等情况，观察全场蜂群活动状况、核对蜂群箱数，观察蜂箱门口和附近场地蜜蜂飞行及活动情况，有无爬蜂、死蜂和蜂翅残缺不全的幼蜂。

（2）抽样检查　按照至少5％（不少于5箱）的比例抽查蜂箱，依次打开蜂箱盖、副盖，检查巢脾、巢框、箱壁和箱底的蜜蜂有无异常行为；查看箱底有无死蜂；检查子脾上卵虫排列是否整齐，色泽是否正常。

### （二）个体检查

**1. 个体检查的对象**　①在群体检查中被剔出来的患病或疑似患病动物，应仔细进行个体临床检查；②对群体检查中判断为无病的动物，必要时还应抽选5％～10％做个体检查；③发现传染病时，应逐头（只）进行个体检查或实验室检验。

**2. 个体检查方法**　个体检查通过视诊、听诊和触诊等方法进行检查，主要检查动物个体精神状况、体温、呼吸、皮肤、被毛、可视黏膜、胸廓、腹部及体表淋巴结、排泄动作及排泄物性状等。

（1）视诊　官方兽医临床检查者应具备系统检查的习惯和敏锐的观察能力，观察动物的外部表现，主要包括以下方面：①观察动物有无兴奋不安、沉郁、迟钝、低头耷耳、缩颈闭目、垂翅垂尾、屈背弓腰、行动迟缓、步态蹒跚、跛行掉队等情况；②观察动物被毛是否清洁、整齐、有光泽，有无被毛粗乱和脱落现象；有无皮屑、痂皮、充血、出血、结节、肿胀、疹块、水疱、坏死和脓疮；鼻镜或鼻盘是否湿润，有无异常；③观察动物反刍咀嚼、嗳气是否正常，呼吸节律是否均匀，有无气喘咳嗽、张口、吐舌、伸颈、犬坐姿势等异常的表现；④观察动物眼结膜、鼻黏膜、口腔黏膜是否潮红、苍白、黄染、发绀，有无充血、出血、溃疡、结节、瘢痕；舌有无水疱、瘢痕和溃疡，以及分泌物形状、颜色、数量等；⑤观察动物口、鼻、蹄冠、蹄叉、蹄底周围有无水疱、肿胀、溃疡和坏死；⑥观察动物粪便颜色、硬度、性状、气味，尿的颜色、尿量、浑浊度，有无便秘、腹泻、脓便、血便、血尿等。

(2) 听诊　官方兽医临床检查时直接用耳或借助听诊器听取动物发出的及内脏器官活动的声音有无异常。①听取动物有无呻吟、磨牙、嘶哑、发吭、哮喘等异常声音。②当上呼吸道有炎症时，患病动物表现为干咳，咳声高昂、有力、短少，有时呈连续强咳，咳嗽时无泡沫喷出。当炎症时间较长或波及肺组织时，患病动物则表现为湿咳，咳声嘶哑无力，断续不畅，常有疼痛感，可能有带泡沫液体喷出。③注意听取动物有无肺泡呼吸音、支气管呼吸音增强或减弱，有无干、湿啰音，以及胸膜摩擦音等病理性呼吸音。④听取动物胃（主要是反刍动物的前胃）、肠音有无增强、减弱、消失等。⑤听取动物心跳次数、心音强弱、心跳有无节律紊乱及杂音等。

(3) 触诊　用手触摸动物身体各部位，结合视诊、听诊，进一步了解被检动物组织和器官的功能状态：①触摸耳朵、角根，通过触摸，初步确定动物体温变化情况；②触摸皮肤，判断其湿度、弹性是否良好，皮温有无增高、降低、分布不均和多汗、冷汗等，皮肤有无肿胀、疹块、溃烂，皮下有无气肿、水肿；检查胸廓和腹部有无敏感区或压痛等；③触摸动物淋巴结的大小、形状、硬度和温度、移动性和敏感性等。

(4) 叩诊　叩诊心、肺、胃、肠、肝区的声响并判断其位置和界限，检查胸、腹部敏感程度。

(5) 其他必要检查　检测动物的体温、脉搏、呼吸数，检查渗出物、漏出物、分泌物的颜色、性状、性质、气味等。必要时采集动物的排泄物、渗出物、漏出物、分泌物、血液、血清等进行实验室检验。

(6) 蜜蜂的个体检查　包括对成年蜂和子脾的检查。①成年蜂：主要检查蜂箱门口和附近场地上蜜蜂的状况。②子脾：每群蜂取封盖或未封盖子脾2张以上，主要检查子脾上的未封盖幼虫或封盖幼虫和蛹的状况。

### (三) 几种常见动物临床检查内容

农业农村部 2020 年 5 月 29 日颁布并实施的《国家畜禽遗传资源目录》共列入 33 种畜禽，包括传统畜禽 17 种、特种畜禽 16 种。按照《动物检疫管理办法》和相应动物检疫规程要求，为规范做好检疫工作，必须明确掌握以下几种动物的临床检查内容。

**1. 猪的临床检查内容**　①出现发热、精神不振、食欲减退、流涎；蹄冠、蹄叉、蹄踵部出现水疱，水疱破裂后表面出血，形成暗红色烂斑，感染造成化脓、坏死、蹄壳脱落，卧地不起；鼻盘、口腔黏膜、舌、乳房出现水疱和糜烂等症状的，怀疑感染口蹄疫。②出现高热、倦怠、食欲不振、精神萎靡、弓腰、腿软、行动缓慢；间有呕吐，便秘腹泻交替；可视黏膜充血、出血或有不正常分泌物、发绀；鼻、唇、耳、下颌、四肢、腹下、外阴等多处皮肤点状出血，指压不褪色等症状的，怀疑感染猪瘟。③出现高热、倦怠、食欲不振、精神萎靡；呕吐，便秘、粪便表面有血液和黏液覆盖，或腹泻，粪便带血；可视黏膜潮红、发绀，眼、鼻有黏液脓性分泌物；耳、四肢、腹部皮肤有出血点；共济失调、步态僵直、呼吸困难或其他神经症状；妊娠母猪出现流产等症状；或出现无症状突然死亡的，怀疑感染非洲猪瘟。④出现高热；眼结膜炎、眼睑水肿；咳嗽、气喘、呼吸困难；耳朵、四肢末梢和腹部皮肤发绀；偶见后躯无力、不能站立或共济失调等症状的，怀疑感染高致病性猪蓝耳病。⑤出现高热稽留；呕吐；结膜充血；粪便干硬呈粟状，附有黏液，下痢；皮肤有红斑、疹块，指压褪色等症状的，怀疑感染猪丹毒。⑥出现高热；呼吸困难，继而哮喘，口鼻流出泡沫或清液；颈下咽喉部急性肿大、变红、高热、坚硬；腹侧、耳根、四肢内侧皮肤出现红斑，指压褪色等症状的，怀疑感染猪肺疫。⑦咽喉、颈、肩胛、胸、腹、乳房及阴囊等局部皮肤出现红肿热痛、坚硬肿块，继而肿块变冷，无痛感，最后中央坏死形成溃疡；颈部、前胸出现急性红肿，呼吸困难、咽喉变窄，窒息死亡等症状的，怀疑感染炭疽。

**2. 反刍动物**（含人工饲养的同种野生动物、合法捕获的同种野生动物）**临床检查内容**
①出现发热、精神不振、食欲减退、流涎；蹄冠、蹄叉、蹄踵部出现水疱，水疱破裂后表面出血，形成暗红色烂斑，感染造成化脓、坏死、蹄壳脱落，卧地不起；鼻盘、口腔黏膜、舌、乳房出现水疱和糜烂等症状的，怀疑感染口蹄疫。②孕畜出现流产、死胎或产弱胎，生殖道炎症、胎衣滞留，持续排出污灰色或棕红色恶露以及乳腺炎症状；公畜发生睾丸炎或关节炎、滑膜囊炎，偶见阴茎红肿，睾丸和附睾肿大等症状的，怀疑感染布鲁氏菌病。③出现渐进性消瘦、咳嗽，个别可见顽固性腹泻，粪中混有黏液状脓汁；奶牛偶见乳房淋巴结肿大等症状的，怀疑感染结核病。④出现高热、呼吸增速、心跳加快；食欲废绝，偶见瘤胃膨胀，可视黏膜发绀，突然倒毙；天然孔出血、血凝不良呈煤焦油样、尸僵不全；体表、直肠、口腔黏膜等处发生炭疽痈等症状的，怀疑感染炭疽。⑤羊出现突然发热、呼吸困难或咳嗽，分泌黏脓性卡他性鼻液，口腔内膜充血、糜烂，齿龈出血，严重腹泻或下痢，母羊流产等症状的，怀疑感染小反刍兽疫。⑥羊出现体温升高、呼吸加快；皮肤、黏膜上出现痘疹，由红斑到丘疹，突出皮肤表面，遇化脓菌感染则形成脓疱继而破溃结痂等症状的，怀疑感染绵羊痘或山羊痘。⑦出现高热稽留、呼吸困难、鼻翼扩张、咳嗽；可视黏膜发绀，胸前和肉垂水肿；腹泻和便秘交替发生，厌食、消瘦、流涕或口流白沫等症状的，怀疑感染传染性胸膜肺炎。

**3. 家禽**（含人工饲养的同种野禽、合法捕获的同种野禽）**临床检查内容** ①禽只出现突然死亡、死亡率高；病禽极度沉郁，头部和眼睑部水肿，鸡冠发绀、脚鳞出血和神经紊乱；鸭鹅等水禽出现明显神经症状、腹泻，角膜炎，甚至失明等症状的，怀疑感染高致病性禽流感。②禽只出现体温升高、食欲减退、神经症状；缩颈闭眼、冠髯暗紫；呼吸困难；口腔和鼻腔分泌物增多，嗉囊肿胀；下痢；产蛋减少或停止；少数禽突然发病，无任何症状而死亡等症状的，怀疑感染新城疫。③鸡出现呼吸困难、咳嗽；停止产蛋，或产薄壳蛋、畸形蛋、褪色蛋等症状的，怀疑感染鸡传染性支气管炎。④鸡出现呼吸困难、伸颈呼吸，发出咯咯声或咳嗽声，咳出血凝块等症状的，怀疑感染鸡传染性喉气管炎。⑤鸡出现下痢、排浅白色或淡绿色稀粪、肛门周围的羽毛被粪污染或沾污泥土；饮水减少、食欲减退；消瘦、畏寒；步态不稳、精神萎靡、头下垂、眼睑闭合；羽毛无光泽等症状的，怀疑感染鸡传染性法氏囊病。⑥鸡出现食欲减退、消瘦、腹泻、体重迅速减轻，死亡率较高；运动失调、呈劈叉姿势；虹膜褪色、单侧或双眼灰白色混浊所致的白眼病或瞎眼；颈、背、翅、腿和尾部形成大小不一的结节及瘤状物等症状的，怀疑感染马立克氏病。⑦鸡出现食欲减退或废绝、畏寒、尖叫；排乳白色稀薄黏腻粪便，肛门周围污秽；闭眼呆立、呼吸困难；偶见共济失调、运动失衡、肢体麻痹等神经症状的，怀疑感染鸡白痢。⑧鸭出现体温升高；食欲减退或废绝、翅下垂、脚无力，共济失调、不能站立；眼流浆性或脓性分泌物，眼睑肿胀或头颈浮肿；绿色下痢、衰竭虚脱等症状的，怀疑感染鸭瘟。⑨鹅出现突然死亡；精神萎靡、倒地两脚划动，迅速死亡；厌食、嗉囊松软，内有大量液体和气体；排灰白或淡黄绿色混有气泡的稀粪；呼吸困难、鼻端流出浆性分泌物、喙端色泽变暗等症状的，怀疑感染小鹅瘟。⑩禽只出现冠、肉髯和其他无羽毛部位发生大小不等的疣状块，皮肤增生性病变；口腔、食道、喉或气管黏膜出现白色节结或黄色白喉膜病变等症状的，怀疑感染禽痘。⑪鸡出现精神沉郁、羽毛松乱、不喜活动、食欲减退、逐渐消瘦；泄殖腔周围羽毛被稀粪沾污；运动失调、足和翅出现轻瘫；嗉囊内充满液体、可视黏膜苍白；排水样稀粪、棕红色粪便、血便、间歇性下痢；群体均匀度差，产蛋下降等症状的，怀疑感染鸡球虫病。

**4. 马属动物**（含人工饲养的同种野生马属动物、合法捕获的同种野生动物）**临床检查内容** ①出现发热、贫血、出血、黄疸、心脏衰弱、浮肿和消瘦等症状的，怀疑感染马传染性贫血。②出现体温升高、精神沉郁；呼吸、脉搏加快；颌下淋巴结肿大；鼻孔一侧（有时两侧）流出浆液性或黏性鼻液，可见鼻疽结节、溃疡、瘢痕等症状的，怀疑感染马鼻疽。③出现剧烈咳嗽，严重时发生痉挛性咳嗽；流浆液性鼻液，偶见黄白色脓性鼻液，结膜潮红肿胀、微黄染，流出浆液性乃至脓性分泌物；有的出现结膜浑浊；精神沉郁、食欲减退、体温达 39.5～40 ℃；呼吸次数增加，脉搏增至每分钟 60～80 次；四肢或腹部浮肿，发生腱鞘炎；颌下淋巴结轻度肿胀等症状的，怀疑感染马流行性感冒。④出现体温升高、食欲减退；分泌大量浆液乃至黏脓性鼻液、鼻黏膜和眼结膜充血；颌下淋巴结肿胀、四肢腱鞘水肿；妊娠母马流产等症状的，怀疑感染马鼻腔肺炎。

**5. 犬**（含人工饲养、合法捕获的野生犬科动物）**的临床检查内容** ①出现行为反常、易怒、有攻击性、狂躁不安、高度兴奋、流涎等症状的，怀疑感染狂犬病。有些病犬出现狂暴与沉郁交替出现，表现特殊的斜视和惶恐；自咬四肢、尾及阴部等；意识障碍、反射紊乱、消瘦、声音嘶哑、夹尾、眼球凹陷、瞳孔散大或缩小；下颌下垂、舌脱出口外、流涎显著，后躯及四肢麻痹、卧地不起；恐水等症状。②出现母犬流产、死胎，产后子宫有长期暗红色分泌物，不孕，关节肿大、消瘦；公犬睾丸肿大、关节肿大、极度消瘦等症状的，怀疑感染布鲁氏菌病。③出现黄疸、血尿、拉稀或黑色便、精神沉郁、消瘦等症状的，怀疑感染钩端螺旋体病。④出现眼鼻脓性分泌物、脚垫粗糙增厚、四肢或全身有节律性地抽搐等症状的，怀疑感染犬瘟热。有的病犬出现发热、眼周红肿、打喷嚏、咳嗽、呕吐、腹泻、食欲不振、精神沉郁等症状。⑤出现呕吐，腹泻，粪便呈咖啡色或番茄酱色样血便、带有特殊的腥臭气味等症状的，怀疑感染犬细小病毒病。有些病犬出现发热、精神沉郁、不食；严重脱水、眼球下陷、鼻镜干燥、皮肤弹力高度下降、体重明显减轻；突然呼吸困难、心力衰弱等症状。⑥出现体温升高，精神沉郁；角膜水肿，呈"蓝眼"；呕吐、不食或食欲废绝等症状的，怀疑感染犬传染性肝炎。⑦出现鼻子或鼻口部、耳郭粗糙或干裂、有结节或脓疱疹，皮肤黏膜溃疡，淋巴结肿大等症状的，怀疑感染利什曼病。有些病犬出现精神沉郁、嗜睡、多饮、呕吐、大面积对称性脱毛、干性脱屑，罕见瘙痒；偶有结膜炎或角膜炎等症状。

**6. 猫**（含人工饲养、合法捕获的野生猫科动物）**的临床检查内容**　①出现行为异常、有攻击性行为、狂暴不安、发出刺耳的叫声、肌肉震颤、步履蹒跚、流涎等症状的，怀疑感染狂犬病。②出现呕吐、体温升高、不食、腹泻，粪便为水样、黏液性或带血，眼鼻有脓性分泌物等症状的，怀疑感染猫泛白细胞减少症（猫瘟）。

**7. 兔的临床检查内容**　①出现体温升高至41℃以上，全身性出血，鼻孔中流出泡沫状血液等症状的，怀疑感染兔病毒性出血病（兔瘟）。有些病兔出现呼吸急促，食欲不振，渴欲增加，精神委顿，挣扎、咬笼架等兴奋症状；全身颤抖、四肢乱蹬、惨叫；肛门常松弛，流出附有淡黄色黏液的粪便、肛门周围被毛被污染；被毛粗乱、迅速消瘦等症状。②出现全身各处皮肤肿瘤样结节，眼睑水肿，口、鼻和眼流出黏液性或黏脓性分泌物；头部似狮子状；上下唇、耳根、肛门及外生殖器充血和水肿，破溃流出淡黄色浆液等症状的，怀疑感染兔黏液瘤病。③出现食欲废绝、运动失调；高度消瘦、衰竭、体温升高；颌下、颈下、腋下和腹股沟等处淋巴结肿大、质硬；鼻腔流浆液性鼻液，偶尔伴有咳嗽等症状的，怀疑感染野兔热。④出现食欲减退或废绝，精神沉郁，动作迟缓，伏卧不动，眼、鼻分泌物增多，眼结膜苍白或黄染，唾液分泌增多，口腔周围被毛潮湿，腹泻或腹泻与便秘交替出现，尿频或常呈排尿姿势，后肢和肛门周围被粪便污染，腹围增大，肝区触诊疼痛，后期出现神经症状，极度衰竭死亡的，怀疑感染兔球虫病。

**8. 蜜蜂的临床检查内容**　①子脾上出现幼虫虫龄极不一致，卵、小幼虫、大幼虫、蛹、空房花杂排列（俗称"花子现象"），在封盖子脾上，巢房封盖发黑、湿润下陷，并有针头大的穿孔，腐烂后的幼虫（9～11日龄）尸体呈黑褐色并具有黏性，挑取时能拉出2～5厘米的丝；或干枯成脆质鳞片状的干尸，有难闻的腥臭味，怀疑感染美洲幼虫腐臭病。②在未封盖子脾上，出现虫卵相间的"花子现象"，死亡的小幼虫（2～4日龄）呈淡黄色或黑褐色、无黏性，且发现大量空巢房、有酸臭味，怀疑感染欧洲幼虫腐臭病。③在巢框上或巢门口发现黄棕色粪迹，蜂箱附近场地上出现黑头黑尾、腹部膨大、腹泻、失去飞翔能力的蜜蜂，怀疑感染蜜蜂孢子虫病。④在箱底或巢门口发现大量体表布满菌丝或孢子囊、质地紧密的白垩状幼虫或近黑色的幼虫尸体时，怀疑感染蜜蜂白垩病。⑤在巢门口或附近场地上出现蜂翅残缺不全或无翅的幼蜂爬行，以及死蛹被工蜂拖出等情况时，怀疑感染蜂螨病。

**9. 水貂等非食用动物的临床检查内容**　①犬科非食用动物出现间歇性体温升高；有流泪、眼结膜发红、眼分泌物为液状或黏脓性；鼻镜发干、流浆液性鼻液或脓性鼻液；病畜有干咳或湿咳、呼吸困难；脚垫角化、鼻部角化，严重者有神经性症状；癫痫、转圈、站立姿势异常、步态不稳、共济失调、咀嚼肌及四肢出现阵发性抽搐等，怀疑感染犬瘟热。②出现体温升高（39.4～40.6℃）和白细胞减少（由于白细胞进入肠腔而导致的丢失）；呕吐、腹泻，同时伴有厌食、精神沉郁和迅速的脱水；粪便呈黄色或褐色，如果有血液则颜色会加深或带有血色条纹，严重的可能出现便血，怀疑是细小病毒性肠炎。③出现特有的狂躁、恐惧不安、怕风怕水、流涎和咽肌痉挛，最终发生瘫痪而危及生命的，怀疑感染狂犬病。④狐狸中急性型表现病初食欲减退，体温高达 41.5 ℃以上，渴欲增加、呕吐、高度兴奋、肌肉痉挛、感觉过敏、共济失调，在阵发性痉挛的间歇期表现精神萎靡，卧于笼舍一角，后期食欲废绝等症状；亚急性型表现精神抑郁，体温呈弛张热，发病期达 41 ℃以上，病畜躺卧，站立不稳，步态踉跄，后肢软弱无力，麻痹，截瘫或偏瘫，眼结膜和口腔黏膜苍白和黄疸，有的病例出现一侧或两侧角膜炎，心跳为 100～200 次/分钟，脉搏无节律，软弱；慢性型病畜表现为食欲减退或暂时消失，有时出现胃肠道功能障碍（腹泻和便秘交替出现）和进行性消瘦、贫血，结膜炎等症状的，怀疑感染狐狸脑炎。⑤最急性病例出现呕吐、腹痛、腹泻症状后数小时内死亡；急性病例出现精神沉郁、寒战怕冷、体温升高至 40.5 ℃左右，食欲废绝、喜喝水、呕吐、腹泻等症状；亚急性病例，症状反应较轻，除上述急性期症状出现较轻外，还可见贫血、黄疸、咽炎、扁桃体炎、淋巴结肿大，特征性症状是在眼睛上，出现角膜水肿、混浊、颜色变蓝，眼睛半闭，畏光流泪，有大量浆液性分泌物流出，角膜混浊特征是由角膜中心向四周扩展，重者导致角膜穿孔的，怀疑感染传染性肝炎。⑥出现原因不明而突然死亡或可视黏膜发绀、高热、病情发展急剧，死后天然孔出血、血凝不良，尸僵不全等，怀疑感染炭疽。⑦水貂出现急性病例食欲减少或丧失、精神沉郁、逐渐衰竭、死前出现痉挛，病程为 2～3 天；慢性病例主要表现为极度口渴，食欲下降，生长缓慢，逐渐消瘦，可视黏膜苍白、出血和溃疡的，怀疑感染水貂阿留申病。⑧水貂出现呕吐、舌头外伸，食欲不振，被毛良好，后肢瘫痪、拖着身子爬行，严重时四肢瘫痪，个别咬笼、死亡，口腔内有大量泡沫黏液；狐狸、貉表现为咬毛、撕咬身体某个部位，用爪挠伤脸部、眼部、嘴角，舌头外伸、呕吐，呈犬坐样姿势，兴奋性增高，有的鼻子出血，有时在笼内转圈，有时闯笼咬笼，最后精神沉郁死亡的，怀疑感染伪狂犬病。

**10. 跨省调运种禽的临床检查** 除按照《家禽产地检疫规程》要求开展临床检查外，还需做下列疫病检查：①发现鸡只跛行、站立姿势改变、跗关节上方腱囊双侧肿大、难以屈曲等症状的，怀疑感染鸡病毒性关节炎；②发现禽只表现消瘦、头部苍白、腹部增大、产蛋下降等症状的，怀疑感染禽白血病；③发现禽只表现精神沉郁、反应迟钝、站立不稳、双腿缩于腹下或向外叉开、头颈震颤、共济失调或完全瘫痪等症状，怀疑感染禽脑脊髓炎；④发现生长受阻、瘦弱、羽毛发育不良等症状的，怀疑感染禽网状内皮组织增殖症。

**11. 跨省调运乳用、种用动物的临床检查** 除按照《生猪产地检疫规程》和《反刍动物产地检疫规程》要求开展临床检查外，还需做下列疫病检查。①发现母猪，尤其是初产母猪出现产仔数少、流产、产死胎、木乃伊胎及发育不正常胎等症状的，怀疑感染猪细小病毒。②发现母猪出现返情、空怀，妊娠母猪流产、产死胎、木乃伊胎等，公猪睾丸肿胀、萎缩等症状的，怀疑感染伪狂犬病病毒。③发现猪出现消瘦、生长发育迟缓、慢性干咳、呼吸短促、腹式呼吸、呈犬坐姿势、连续性痉挛性咳嗽、口鼻处有泡沫等症状的，怀疑感染猪支原体性肺炎。④发现猪出现鼻塞、不能长时间将鼻端留在粉料中采食、流鼻血、饲槽沿染有血液、两侧内眼角下方颊部形成"泪斑"、鼻部和颜面变形（上额短缩，前齿咬合不齐等）、鼻端向一侧弯曲或鼻部向一侧歪斜、鼻背部横皱褶逐渐增加、眼上缘水平上的鼻梁变平变宽、生长欠佳等症状的，怀疑感染猪传染性萎缩性鼻炎。⑤发现牛表现体表淋巴结肿大、贫血、可视黏膜苍白、精神衰弱、食欲不振、体重减轻、呼吸急促、后躯麻痹乃至跛行瘫痪、周期性便秘及腹泻等症状的，怀疑感染牛白血病。⑥发现奶牛表现体温升高、食欲减退、反刍减少、脉搏增速、脱水，全身衰弱、沉郁；突然发病，乳房发红、肿胀、变硬、疼痛，乳汁显著减少和异常；乳汁中有絮片、凝块，并呈水样，出现全身症状；乳房有轻微发热、肿胀和疼痛；乳腺组织纤维化，乳房萎缩、出现硬结等症状的，怀疑感染乳腺炎。

## 二、实验室检测

通过群体检查和个体检查中发现的症状只能做出初步判断，依据动物产地检疫规程的检查内容，在临床检疫的基础上，对怀疑患有动物产地检疫规程规定疫病及临床检查发现其他异常情况，但尚不能确定被检动物患何种疫病时，需按相应疫病防治技术规范进行实验室检测，以确诊动物疫病。

实验室检查结果的正确与否，在很大程度上取决于病料的采集是否合理，及其包装、送检是否规范、及时。

### （一）病料的采集

**1. 分离细菌病料的采集**　①从活体上采集的病料：血液、鼻腔和口腔分泌物、乳汁、脓液、穿刺液、尿液、生殖道分泌物和流产物、粪便等。②从剖检尸体上采集的病料：主要是内脏组织和淋巴结等。

**2. 分离病毒病料的采集**　①从活体上采集的病料：血液和机体分泌物。②从剖检尸体上采集的病料：同细菌病料的采集。

**3. 分离真菌病料的采集**　病料采集因真菌感染的发病部位不同而异。①皮肤性真菌病除采集发病部位，尤其是病部与正常皮肤交界处的皮肤、痂皮、皮屑、毛或羽及渗出物等材料外，还应采集正常的皮肤以供对照。最好每样病料取两份，一份置于沙堡弱氏培养基上，另一份放入有盖容器内供直接镜检之用。②内脏性真菌应采取有病变的组织或器官，例如禽类的曲霉菌病就应采取肺和气囊等组织。将病料置于灭菌有盖容器内送检；霉菌毒素中毒（例如黄曲霉素、镰孢菌素等）时，还应采取发霉的饲料（干草、秸秆和谷物等）置于密封容器内送检。

**4. 血清学检查用病料的采集**　血清学检查是诊断传染病的一个重要手段。因此，在采集有关活体病料的同时应采集血清。一般采血5~10毫升，摆成斜面，静置待析出血清后，用灭菌注射器或吸管吸出血清并将其分为两份作为供血清学试验的样品，一份是抗原样品，另一份是抗体样品。

**5. 组织学检查用病料的采集**　欲做病理组织学检查，可在采取病原检查用病料的同时，每种样品取两份，将其中一份置于装有固定液的容器中，加盖密封后，与病原检查用的另一份样品一起送检。组织学检查所用标本应选取病变典型部位，连同健康组织一并采下。如某种组织有不同病变时，应各采取一块。固定液容积至少为标本体积的10倍。

### （二）病料的包装与送检

**1. 病料的包装**　盛病料的容器可用玻璃（试管、玻璃瓶）或塑料（瓶、袋）容器。不论用何种容器，必须保证容器无破损和不漏液体。玻质容器用前需洗净并经干热或高压蒸汽灭菌；塑料容器可先用0.2%新洁尔灭溶液浸泡消毒，再用灭菌水充分洗去消毒液，即可装病料。装病料后，瓶或试管必须加盖（橡胶或塑料盖），并用胶布封住瓶口，再以熔化石蜡密封。如用塑料袋包装病料，最好用两层袋，分别用线扎紧袋口，确保不会透进水分。为防止运输过程中玻璃容器互相碰撞而破裂，在装入冷藏瓶后，须用填充料充塞容器间的空隙，亦可在容器外用棉花、纱布或其他保护物包裹后装入冰瓶。容器上标签应涂上薄层石蜡，以防脱落或沾染水渍。

**2. 病料的送检** 病料包装后应立即冷藏送检。延长送检时间，常使病料变质而影响对病原体的分离和血清学试验；递送不合理（如未冷藏或冷藏温度不符合病料性质的要求），也可使病料失去诊断价值。故应根据病料性质和种类及送检路途的远近，分别对病料予以不同温度的冷藏。凡不能冻结的标本（如血液、血清、粪尿、脓液、乳汁等）以及 24 小时内能送至实验室的各种组织病料，可置于盛有足够量凉水的冷藏瓶内转送；凡不能在 24 小时内送抵实验室的组织病料，尤其是病毒性病料最好以冷冻状态转送，为此，可将病料装入含有冰盐混合物或含干冰或液氮的冷藏瓶内输送。

涂片或触片类标本片可用纸盒包装（每片间应用牙签等填充物分隔开，用线压住，勿使彼此粘连），以常温转送。供组织学检验的标本可不必冷藏。

在送检病料时，必须附上详细的病料送检单。送检单应认真填写各项内容，以供实验室检验人员拟定检查方案时参考。

**（三）采集病料时应注意的事项**

**1. 合理取材** 必须根据不同的传染病采取适宜的检验病料，这样才能目的明确，少走弯路。如若暂时分不清是何种传染病，就应全面取材，或根据临床症状和病理变化有所侧重地取材。

**2. 取材典型** 当多数动物发病时，应先选择其中症状和病变均为典型、未经治疗的病例采集病料。小动物、家禽等可选取有代表性病例的整个活体或尸体送检。

**3. 适时取材** 生前应在疫病急性发作期或发热期取材，死后须立即剖检取材，最好在动物垂死期扑杀取材。炎热季节气温较高，病料采集更不宜延误太久，否则，容易因组织变性或腐败而影响检验效果。

**4. 无菌取材** 为了减少污染机会，尸体剖检应先采取微生物学方法检查病料，然后检查尸体的病理变化。若采取病料时需做现场分离培养，则每份病料应先进行细菌分离，后进行采样和制片。除胃肠内容物外，其他病料必须以无菌手段采取。刀、剪、镊子、针头和注射器等可事先煮沸消毒或临时将金属器械用酒精火焰烧灼进行灭菌。试管、平皿、棉拭子、纱布和其他玻璃容器等应高压蒸汽或干热灭菌。原则上每采一种病料换用一套灭菌器械，如器械不足，可在采完一种病料之后，用酒精棉擦净器械，再用 95％酒精火焰消毒灭菌，待冷却后，再取其他病料。

**5. 密封冷藏** 病料采集后应立即加盖密封，严防污染和病原扩散。对送检材料，应在妥善包装后，根据各病料的性质、用途加以不同程度的冷藏保存，并迅速送交有关实验室检验。凡不能及时送检的病料必须在原地置于冰箱内冻结或置于 4 ℃冷藏保存，但不宜久置，以免延误检验时机。

**6. 注意安全** 在采集病料的过程中，特别是采取人畜共患病或对动物能构成较大威胁的疫病病料时，除需特别加强自我防护外，更需防止病原污染外界环境。对那些不允许剖检的尸体（如怀疑感染炭疽的动物尸体），取材时更应小心谨慎。

### （四）病料的常规检查步骤

当实验室收到送检病料后，应立即打开包装，根据送检单清点样品数量并检查病料质量，同时将可能被污染的填充物和包装物进行消毒灭菌或无害化处理，然后按送检单位提供的资料来拟定检查步骤。

**1. 细菌学检验** 包括分离培养、直接涂片镜检、纯培养的检查、实验动物接种、血清学检查。

**2. 真菌学检查** 包括直接镜检、分离培养、动物试验。

**3.** 病毒学的检查等。

### （五）疫病检验的特殊规定

口蹄疫、高致病性禽流感的实验室检验由国家参考实验室和区域性（省级）专业实验室分级负责，其他未经国家批准的部门或机构一律不得随意进行口蹄疫、高致病性禽流感的疫情确认检验。

### （六）跨省调运种禽的产地检疫实验室检测

**1. 实验室检测疫病种类**

（1）种鸡 高致病性禽流感、新城疫、禽白血病、禽网状内皮组织增殖症。

（2）种鸭 高致病性禽流感、鸭瘟。

（3）种鹅 高致病性禽流感、小鹅瘟。

**2. 实验室检测要求**（表1-2）

表1-2 跨省调运种禽实验室检测要求

| 疫病名称 | 病原学检测 | | | 抗体检测 | | | 备注 |
|---|---|---|---|---|---|---|---|
| | 检测方法 | 数量 | 时限 | 检测方法 | 数量 | 时限 | |
| 高致病性禽流感 | 见《高致病性禽流感诊断技术》（GB/T 18936—2020）《禽流感病毒RT-PCR试验方法》（NY/T 772—2004） | 30份/供体栋舍 | 调运前3个月内 | 见《高致病性禽流感诊断技术》（GB/T 18936—2020）《禽流感病毒RT-PCR试验方法》（NY/T 772—2004） | 0.5%（不少于30份） | 调运前1个月内 | 1.非雏禽查本体；2.抗原检测阴性，抗体检测符合规定为合格 |
| 新城疫 | 无 | 无 | 无 | 见《新城疫防治技术规范》《新城疫诊断技术》（GB/T16550—2020） | 0.5%（不少于30份） | 调运前1个月内 | 抗体检测符合规定为合格 |
| 鸭瘟 | 见《鸭病毒性肠炎诊断技术》（GB/T 22332—2008） | 30份/供体栋舍 | 调运前3个月内 | 无 | 无 | 无 | 抗原检测阴性为合格 |
| 小鹅瘟 | 见《小鹅瘟诊断技术》（NY/T 560—2018） | 30份/供体栋舍 | 调运前3个月内 | 无 | 无 | 无 | 抗原检测阴性为合格 |

（续）

| 疫病名称 | 病原学检测 | | | 抗体检测 | | | 备注 |
|---|---|---|---|---|---|---|---|
| | 检测方法 | 数量 | 时限 | 检测方法 | 数量 | 时限 | |
| 禽白血病 | 见《J 亚群禽白血病防治技术规范》 | 30份/供体栋舍 | 调运前3个月内 | ELISA（J 抗体、AB 抗体） | 0.5%（不少于30份） | 调运前1个月内 | 抗原检测阴性，抗体检测符合规定为合格 |
| 禽网状内皮组织增殖症 | 无 | 无 | 无 | ELISA | 0.5%（不少于30份） | 调运前1个月内 | 检测结果阴性为合格 |

### （七）跨省调运乳用、种用动物的产地检疫实验室检测

**1. 实验室检测疫病种类**

（1）种猪 口蹄疫、猪瘟、高致病性猪蓝耳病、猪圆环病毒病、布鲁氏菌病。

（2）种牛 口蹄疫、布鲁氏菌病、牛结核病、副结核病、牛传染性鼻气管炎、牛病毒性腹泻/黏膜病。

（3）种羊 口蹄疫、布鲁氏菌病、蓝舌病、山羊关节炎脑炎。

（4）奶牛 口蹄疫、布鲁氏菌病、牛结核病、牛传染性鼻气管炎、牛病毒性腹泻/黏膜病。

（5）奶山羊 口蹄疫、布鲁氏菌病。

（6）精液和胚胎 检测其供体动物的相关动物疫病。

**2. 实验室检测要求**（表1-3）

表1-3 跨省调运种用乳用动物实验室检测要求

| 疫病名称 | 病原学检测 | | | 抗体检测 | | | 备注 |
|---|---|---|---|---|---|---|---|
| | 检测方法 | 数量 | 时限 | 检测方法 | 数量 | 时限 | |
| 口蹄疫 | 见《口蹄疫防治技术规范》《口蹄疫诊断技术》（GB/T 18935—2018） | 100% | 调运前3个月内 | 见《口蹄疫防治技术规范》《口蹄疫诊断技术》（GB/T 18935—2018） | 100% | 调运前1个月内 | 抗原检测阴性、抗体检测符合规定为合格 |
| 猪瘟 | 见《猪瘟防治技术规范》《猪瘟诊断技术》（GB/T 16551—2020） | 100% | 调运前3个月内 | 见《猪瘟防治技术规范》《猪瘟诊断技术》（GB/T 16551—2020） | 100% | 调运前1个月内 | 抗原检测阴性、抗体检测符合规定为合格 |
| 高致病性猪蓝耳病 | 见《猪繁殖与呼吸综合征诊断方法》（GB/T 18090—2008） | 100% | 调运前3个月内 | 见《猪繁殖与呼吸综合征诊断方法》（GB/T 18090—2008） | 100% | 调运前1个月内 | 抗原检测阴性、抗体检测符合规定为合格 |

（续）

| 疫病名称 | 病原学检测 | | | 抗体检测 | | | 备注 |
|---|---|---|---|---|---|---|---|
| | 检测方法 | 数量 | 时限 | 检测方法 | 数量 | 时限 | |
| 猪圆环病毒病 | 见《猪圆环病毒聚合酶链反应试验方法》（GB/T 21674—2008） | 100% | 调运前3个月内 | 无 | 无 | 无 | 抗原检测阴性为合格 |
| 布鲁氏菌病 | 无 | 无 | 无 | 见《布鲁氏菌病防治技术规范》《动物布鲁氏菌病诊断技术》（GB/T 18646—2018） | 100% | 调运前1个月内 | 免疫动物不得向非免疫区调运，且检测结果阴性为合格 |
| 结核病 | 无 | 无 | 无 | 见《牛结核病防治技术规范》《动物结核病诊断技术》（GB/T 18645—2020） | 100% | 调运前1个月内 | 检测结果阴性为合格 |
| 副结核病 | 无 | 无 | 无 | 见《副结核病诊断技术》（NY/T 539—2017） | 100% | 调运前1个月内 | 检测结果阴性为合格 |
| 蓝舌病 | 见《蓝舌病病毒分离、鉴定及血清中和抗体检测技术》（GB/T 18089—2008）、《蓝舌病琼脂免疫扩散试验操作规程》（SN/T 1165.2—2002） | 100% | 调运前3个月内 | 无 | 无 | 无 | 抗原检测阴性为合格 |
| 牛传染性鼻气管炎 | 无 | 无 | 无 | 见《牛传染性鼻气管炎诊断技术》（NY/T 575—2019） | 100% | 调运前1个月内 | 检测结果阴性为合格 |
| 牛病毒性腹泻/黏膜病 | 无 | 无 | 无 | 见《牛病毒性腹泻/黏膜病诊断技术规范》（GB/T 18637—2018） | 100% | 调运前1个月内 | 检测结果阴性为合格 |

**（八）蜜蜂产地检疫实验室检测**

**1. 实验室检测疫病种类** 对怀疑患有《蜜蜂产地检疫规程》中的规定疫病或临床检查发现其他异常的，应进行实验室检测，实验室检测疫病种类包括美洲幼虫腐臭病、欧洲幼虫腐臭病、蜜蜂孢子虫病、蜜蜂白垩病、蜂螨病。

**2. 实验室检测参考方法**

（1）美洲幼虫腐臭病 从蜂群中抽取部分封盖子脾，挑取其中的死幼虫5～10条，置研钵中，加2～3毫升无菌水研碎后制成悬浮液并涂片，经革兰氏染色，在1 000～1 500倍的显微镜下进行检查，若发现大量革兰氏阳性的游离状的杆菌芽孢，经细菌培养鉴定确认后，可判定为美洲幼虫腐臭病。

（2）欧洲幼虫腐臭病　从蜂群中抽取部分未封盖2～4日龄幼虫脾，挑取其中的死幼虫5～10条，置研钵中，加2～3毫升无菌水研碎后制成悬浮液并涂片，经革兰氏染色后，在1 000～1 500倍的显微镜下进行检查，若发现0.5微米×1.0微米呈革兰氏阳性的披针形球菌，同时有杆菌和芽孢杆菌等多种微生物，经细菌培养鉴定确认后，可判定为欧洲幼虫腐臭病。

（3）蜜蜂孢子虫病　在蜂箱门口与蜂箱上梁处避光收集8日龄以下的成年工蜂60只，取出30只（另30只备用）的消化系统，置研钵中，加2～3毫升无菌水研碎后制成悬浮液，置干净载玻片上，在400～600倍的显微镜下进行检查，若发现呈卵圆近米粒形、边缘灰暗、具有蓝色折光的孢子，经细菌培养鉴定确认后，判定为蜜蜂孢子虫病。

（4）蜜蜂白垩病　从病死僵化的幼虫体表刮取少量白垩物或刮取黑色物体在显微镜下进行检查，若发现有白色棉絮菌丝和充满孢子球的子囊，经细菌培养鉴定确认后，可判定为蜜蜂白垩病。

（5）蜂螨病　从2个以上子脾中随机抽取50只蜂蛹，在解剖镜下（或其他方式）逐个检查蜂蛹体表有无蜂螨寄生，若其中一个蜂群的蜂螨平均寄生密度达到0.1以上，可判定为蜂螨病。

### （九）其他几种动物产地检疫实验室检测

**1.** 对怀疑患有《马属动物产地检疫规程》《犬产地检疫规程》《猫产地检疫规程》中的规定疫病及临床检查发现其他异常情况的，应按相应疫病防治技术规范进行实验室检测。

**2.** 对怀疑患有兔病毒性出血病（兔瘟）和兔球虫病的，应按照国家有关标准进行实验室检测。

**3.** 对怀疑患有《生猪产地检疫规程》中的规定疫病及临床检查发现其他异常情况的，应按相应疫病防治技术规范进行实验室检测。省内调运的种猪可参照《跨省调运乳用种用动物产地检疫规程》进行实验室检测，并提供相应检测报告。

**4.** 对怀疑患有《家禽产地检疫规程》中的规定疫病及临床检查发现其他异常情况的，应按相应疫病防治技术规范进行实验室检测。省内调运的种禽或种蛋可参照《跨省调运种禽产地检疫规程》进行实验室检测，并提供相应检测报告。

**5.** 对怀疑患有《反刍动物产地检疫规程》中的规定疫病及临床检查发现其他异常情况的，应按相应疫病防治技术规范进行实验室检测。省内调运的种用、乳用动物可参照《跨省调运乳用种用动物产地检疫规程》进行实验室检测，并提供相应检测报告。

**6.** 对怀疑患有《水貂等非食用动物检疫规程（试行）》规定疫病及临床检查发现其他异常情况的，应按照国家有关标准进行实验室检测。

### （十）产地检疫实验室检测机构

**1.** 马属动物、犬、猫、兔、家禽、反刍动物、跨省调运种禽、跨省调运乳用、种用动物产地检疫实验室检测须由省级动物卫生监督机构指定的具有资质的实验室承担，并出具检测报告。

**2.** 生猪产地检疫实验室检测须由动物疫病预防控制机构和具有资质的实验室承担，并出具检测报告。

**3.** 水貂等非食用动物检疫实验室检测须由动物疫病预防控制机构、通过质量技术监督部门资质认定的实验室、通过兽医系统实验室考核的实验室或经省级农业农村主管部门批准符合条件的实验室承担，并出具检测报告。

### 三、快速检测技术

#### （一）动物检疫和"瘦肉精"同步检测

2011年3月15日，中央电视台新闻频道播出专题报道《"健美猪"真相》中的"瘦肉精事件"，引起社会普遍关注。为加强"瘦肉精"监管工作，坚决防止饲喂"瘦肉精"的动物流入市场，切实保障人民群众食用肉品安全，要严把动物出栏关，养殖环节实行出栏前"瘦肉精"批批检验或承诺制度，建立健全检疫与"瘦肉精"检测同步工作机制。

**1. 对达到备案规模的动物**（供屠宰的生猪、肉牛、肉羊）**养殖场**（小区、户）**的管理**实行动物出栏前"瘦肉精"批批检验制度，出栏前按批自行开展"瘦肉精"快速检验。每批动物是指同一养殖场（户）按照相同方式饲养，并同时出栏的同群动物。以河北省为例，对达到备案规模的动物养殖场标准规定为：生猪养殖场常年存栏100头以上，肉牛养殖场常年存栏50头以上，肉羊养殖场常年存栏200只以上；对达到备案规模动物养殖小区标准规定为：生猪养殖小区常年存栏200头以上，肉牛养殖小区常年存栏200头以上，肉羊养殖小区常年存栏300只以上。

对达到备案规模的动物养殖场（小区、户）有如下要求。①要配备经过培训的人员或委托的检验人员，对即将出栏的动物（供屠宰的生猪、肉牛、肉羊）尿样进行"瘦肉精"快速检验。动物养殖场（小区、户）对"瘦肉精"快速检验品种包括盐酸克伦特罗、莱克多巴胺、沙丁胺醇三种。②采购质量可靠的"瘦肉精"快速检测卡，并做好相应的采购和使用记录。③在动物出栏前五日内，对其养殖的动物按批自行进行"瘦肉精"快速检验。自检的数量每批次不低于2%，最少不少于1头（只）。检验合格的，填写"瘦肉精"检验合格证——动物"瘦肉精"自检合格报告书（溯源单），并签字盖章。④自检发现"瘦肉精"疑似阳性及时上报，经确认检验呈阳性的，应对报告者免于处罚。当地农业农村部门应帮助动物养殖场追查原因，属于误用的，帮助其进行追偿。自检发现"瘦肉精"疑似阳性不及时上报的，经核实后将依法进行处理，造成严重后果的将依法追究其刑事责任。

**2. 对达不到备案规模的动物养殖场**（小区、户）**的管理**　在动物出栏前，对其养殖的动物做出没有违禁添加使用"瘦肉精"的承诺，填写"瘦肉精"检验合格证——未添加使用"瘦肉精"保证书（溯源单），并签字盖章。

**3. "瘦肉精"检验合格证的管理**　①"瘦肉精"检验合格证包括动物"瘦肉精"自检合格报告书（溯源单）和未添加使用"瘦肉精"保证书（溯源单）。②"瘦肉精"检验合格证一式三联为一套，一联和检疫合格证明一起随出栏动物进入运输和屠宰环节，由屠宰企业在动物进场屠宰时查验、回收并保存；二联附在检疫合格证明存根后面，并在检疫合格证明存根上标明其编号，与检疫合格证明存根一同由动物卫生监督机构保存；三联由动物养殖场保存，保存期限为2年。③"瘦肉精"检验合格证由省级农业农村部门统一印制，由市、县级动物卫生监督机构逐级发放。动物卫生监督机构违反规定发放"瘦肉精"检验合格证的，由其上级主管部门责令改正，情节严重的追究有关人员责任。④动物养殖场（小区、户）在申报检疫时，到所在地动物卫生监督机构官方兽医处领取"瘦肉精"检验合格证，原则上每次限领一套。⑤动物养殖场不按规定填写、使用"瘦肉精"检验合格证的，由当地动物卫生监督机构责令改正。任何单位和个人不得转让、涂改、伪造"瘦肉精"检验合格证，转让、涂改、伪造"瘦肉精"检验合格证或者使用转让、涂改、伪造"瘦肉精"检验合格证的，由当地动物卫生监督机构责令改正。⑥无动物"瘦肉精"自检合格报告书（溯源单）或未添加使用"瘦肉精"保证书（溯源单）的动物不得出栏销售，动物收购、贩运企业和个人不得对其进行收购、贩运和买卖，屠宰企业不准其入场、不得屠宰。

**4. 对调运出省动物的"瘦肉精"检测** 在出栏时除养殖场（小区、户）自检外，基层动物卫生监督机构要进行"瘦肉精"快速抽检，抽检比例由各省农业农村部门确定。

**5. 动物检疫和"瘦肉精"同步检测工作程序** ①动物卫生监督机构接到检疫申报后，对符合《动物检疫管理办法》规定申报条件的，予以受理，及时指派官方兽医到现场或指定地点实施检疫；不符合申报条件的，不予受理并说明理由。②官方兽医到达现场或指定地点后，对达到备案规模的动物养殖场，查验其签字盖章的动物"瘦肉精"自检合格报告书（溯源单）；对达不到备案规模的动物养殖场（小区、户），查验其签字盖章的未添加使用"瘦肉精"保证书（溯源单）。③对持有动物"瘦肉精"自检合格报告书（溯源单）或者未添加使用"瘦肉精"保证书（溯源单）的，官方兽医按照《动物检疫管理办法》和动物产地检疫规程的要求，严格进行临床健康检查、查验养殖档案和畜禽标识，符合条件的出具检疫合格证明，并做好相关记录。④对调运出省的动物，官方兽医要查验其所在企业是否按照跨省调出动物、动物产品企业的相关备案管理办法登记备案。经登记备案的企业，对其拟调出的动物按照由各省农业农村部门确定的监督抽检比例进行"瘦肉精"快速抽检。经监督抽检合格后，由官方兽医按照《动物检疫管理办法》和动物产地检疫规程的要求，严格进行临床健康检查、查验养殖档案和畜禽标识，符合条件的，出具检疫合格证明，并做好相关记录。⑤官方兽医完成产地检疫出证后，要及时组建检疫档案，做好出栏环节动物检疫和"瘦肉精"检测情况登记，将出栏动物检疫和"瘦肉精"检测的相关信息及时、真实、规范、完整地填写到登记表中，实现动物检疫和"瘦肉精"检测工作的痕迹化和可追溯化。

**6. "瘦肉精"快速检测卡管理** ①选用《农业部办公厅关于"瘦肉精"免疫速测产品评价结果的通报》文件中推荐的胶体金试纸卡，对出栏环节动物尿液实施"瘦肉精"快速抽检，具有快速、简单、便捷、高效的特点。适用样品基质为动物尿液的胶体金试纸卡分为克伦-莱克-沙丁三联检测卡、沙丁胺醇快速检测卡、盐酸克伦特罗快速检测卡、莱克多巴胺快速检测卡等，可以根据工作需要选用，推荐使用克伦-莱克-沙丁三联检测卡，同时检测尿液中盐酸克伦特罗、莱克多巴胺、沙丁胺醇三种"瘦肉精"药物的残留。②县、乡级动物卫生监督机构要建立健全检测卡各级台账，做好用于"瘦肉精"快速抽检检测卡的发放、领取、回收登记，已用过的检测卡，由县级农业农村部门负责统一回收和销毁。检测卡各级台账要妥善保存，保存期限为2年。③有不按规定进行速测卡验收、不按规定发放领取速测卡、不及时回收销毁速测卡、不按规定保管速测卡使用记录、不按规定使用速测卡、转让或变卖速测卡等情形之一的，依法给予行政处分，涉嫌犯罪的，依法移送司法机关追究刑事责任。

### （二）开展生猪产地检疫环节的非洲猪瘟病毒检测工作

做好非洲猪瘟防控工作，是推进生猪恢复性生产的重中之重，切实加强生猪检疫与监督，是有效切断传播途径、控制非洲猪瘟疫情发生的重要手段。为有效预防、控制和扑灭非洲猪瘟疫情，切实维护养猪业的稳定、健康发展，保障猪肉产品供给，农业农村部《非洲猪瘟疫情应急实施方案》在"疫情报告与确认"中规定，"在生猪运输过程中发现的非洲猪瘟疫情，对没有合法或有效检疫证明等违法违规运输的，按照《中华人民共和国动物防疫法》有关规定处理；对有合法检疫证明且在有效期之内的，疫情处置、扑杀补助费用分别由疫情发生地、输出地所在地方按规定承担。疫情由发生地负责报告、处置，计入输出地。"按新的规定，如果在生猪产地检疫时不认真按照检疫规程实施检疫，一旦生猪在运输过程中发现有非洲猪瘟疫情，出证机关将会承担相关责任。为此，农业农村部为提高检疫准确率，鼓励有条件的地区在产地检疫中使用快速检测技术开展抽检。

**1. 生猪调运前非洲猪瘟病毒检测要求** ①省内调运生猪要求。对在省内调运的生猪，县级动物卫生监督机构要规范使用经农业农村部批准或经中国动物疫病预防控制中心比对符合要求的检测方法，开展非洲猪瘟快速检测，不能开展临栏检疫的，由养殖场户对拟出栏的生猪进行采样送样，同时附带现场同步采样视频记录。其中，育肥猪按照每个出栏肥猪待出栏圈采集 2 头生猪血液样品，拟出栏生猪总数不足 5 头的要全部采集血液样品；种猪按照调运数量的 100% 开展非洲猪瘟实验室检测；商品仔猪按照调运数量的 10% 采集生猪血液样品进行非洲猪瘟检测，样品应覆盖本批次拟调运商品仔猪所在的全部圈舍，原则上不少于 10 头，调运数量不足 10 头的要全部检测。②跨省调运生猪要求。跨省调出的生猪（含种猪、商品仔猪）必须经实验室检测非洲猪瘟合格后出具检疫合格证明，须由县（乡、镇）动物卫生监督所（分所）所长负责签发，由乡镇动物卫生分所所长签发的，要立即报备给县级动监机构负责人，其余官方兽医无权签发。

**2. 有关基层简易检测室建设要求** ①基层动物卫生监督机构应先考虑按照 BSL-2 实验室基本要求建设检测室。并依据《实验室生物安全通用要求》（GB 19489—2004），加强实验室生物安全管理。②基层动物卫生监督机构也可设置简易非洲猪瘟检测室，但必须要符合简易非洲猪瘟检测室相关建设要求，检测室应设置试剂准备室（区）、核酸提取室（区）、扩增分析和洗涤消毒室（区）等 3 个功能室（区），各功能区域间要有物理分割，严格按照单一方向进行，且区域划分合理，并有明显的标识。开展检测活动前需通过省级动物疫病预防控制中心组织的比对试验。检测人员需通过市级动物疫病预防控制中心培训，确保检测结果准确。

**3. 样品采集要求** 生猪养殖场（户）应在生猪拟出栏的 3 天前，向当地动物卫生监督机构申请非洲猪瘟病毒检测，并送拟出栏生猪血样（一式三份）和现场同步采样视频记录。鼓励官方兽医开展临栏检测、检疫、监督。按照每个出栏生猪待出栏圈采集 2 头生猪血液样品，拟出栏生猪总数不足 5 头的要全部采集血液样品。检测时对同批同圈的血样混合检测，混样后再从混样样品中抽取 2 毫升作为备份留存，其余样品用于检测。采集的样品应及时检测，非洲猪瘟检测必须使用符合农业农村部规定的检测方法或试剂盒。采样过程中要注意安全防护，严格避免样品间的交叉污染。

**4. 开展出栏前非洲猪瘟检测** 开展非洲猪瘟检测应先在具有非洲猪瘟检测能力的动物疫病预防控制机构实验室检测，实验室检测应出具检测结果通知单，官方兽医依据阴性检通知单出具检疫合格证明；不具备实验室检测能力或能力不足的，可在基层动物卫生监督分所建立简易非洲猪瘟检测室或委托第三方有资质的检测机构进行检测。基层简易检测室检测的结果仅作为官方兽医出具检疫合格证明的依据使用，不得对外出具或公布检测结果报告。

**5. 检测结果处置** 经 PCR 快速检测，结果为非洲猪瘟病毒核酸阴性的，填写生猪出栏非洲猪瘟快速检测结果通知单，官方兽医依据报告出具动物检疫合格证明；结果为阳性的，及时将检测结果通报给县级动物疫病预防控制中心。县级动物疫病预防控制中心接到阳性报告后，应立即到相关养殖场（户）采样，组织开展实验室检测，检测结果为阴性的，出具检测报告，官方兽医依据报告出具动物检疫合格证明；检测结果为阳性的按照农业农村部《非洲猪瘟疫情应急实施方案（2020 年版）》有关规定处置，参照"监测阳性的处置"要求，应扑杀阳性猪及其同群猪，对其余猪群，应隔离观察 21 天。隔离观察期满无异常且检测结果为阴性的，可就近屠宰或继续饲养；隔离观察期内有异常且检测结果为阳性的，按疫情处置。对不按要求报告自检阳性或弄虚作假的，列为重点监控场户，其生猪出栏报检时要求加附第三方出具的非洲猪瘟检测报告（表 1-4、表 1-5）。

表 1-4 生猪出栏非洲猪瘟快速检测结果通知单（1）

编号：　　　　　　　　　　　　　　　　　　　　　　　　　年　　月　　日

| 送检单位 | | 送检人 | |
|---|---|---|---|
| 样品名称 | | 样品数量及编号 | |
| 试剂信息 | 试剂名称： | 厂家： | 批号： |
| 检测结果 | | | |

检验人（签字）：　　　　　　审核人（签字）：　　　　　　批准人（签字）：

表 1-5 生猪出栏非洲猪瘟快速检测结果通知单（2）

编号：　　　　　　　　　　　　　　　　　　　　　　　　　年　　月　　日

| 样品信息 | 采样人 | | 采样时间 | |
|---|---|---|---|---|
| | 样品地点 | | | |
| | 采样种类 | | 采样头数 | |
| | 样品编号 | | 混样检测数量 | |
| 试剂盒信息 | 试剂名称 | | | |
| | 厂家名称 | | | |
| | 试剂批号 | | 有效期至 | |
| 检测过程 | 检测人 | | 检测日期 | |
| 废弃物 | 是否密封 | □是 | □否 | |
| 无害化处理 | 是否销毁 | □是 | □否 | |
| 检测结果 | □阴性 | | □阳性 | |
| 备注 | | | | |

检验人（签字）：　　　　审核人（签字）：　　　　批准人（签字）：　　　　检测单位（盖章）：

**6. 加强检测室卫生及生物安全管理** 为确保非洲猪瘟快速检测工作的顺利开展,要加强检测室卫生和生物安全管理,建立健全各项制度,检测人员和管理人员必须做好个人防护,防止人员感染和疫病传播,严防生物安全事件的发生。

**7. 检测室废弃物及污染物的无害化处理** 检测室要建立健全检测室废弃物及污染物的无害化处理制度,消除检测室废弃物及污染物处置不规范导致的安全隐患,防止对人畜、环境造成危害及动物疫病传播。

**8. 检测室档案资料管理** 检测室要建立健全档案资料管理制度,检测中的原始记录、检测报告等工作资料要及时、规范整理归档,做到手续完整、结果可溯。

**9. 生猪产地检疫环节的非洲猪瘟病毒检测流程**(图1-2)

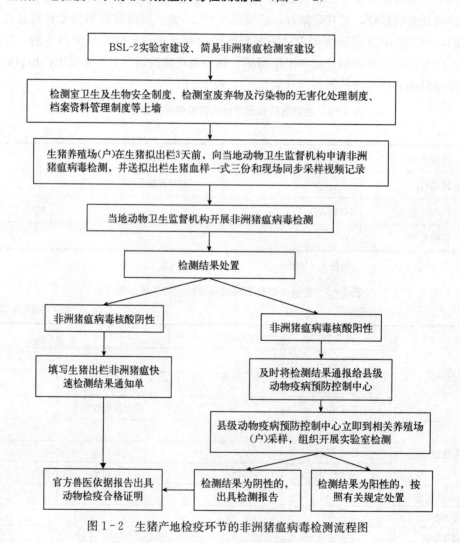

图1-2　生猪产地检疫环节的非洲猪瘟病毒检测流程图

## 四、积极探索建立动物检疫信息化监督管理新模式

养殖环节是非洲猪瘟等重大动物疫病防控工作的"源头"。全面整合优化现有信息平台,

创新设计思路，提升检疫监管信息化手段，是全面贯彻落实党中央、国务院、省委省政府关于加强非洲猪瘟防控有关要求，进一步夯实生猪养殖企业"密罐式"封闭管理，强化人流、物流、车流、猪流管控，构建有效防护非洲猪瘟屏障的重要举措。在推行生猪养殖场安装视频监控的基础上，依托兽医云平台检疫业务管理系统，探索"互联网＋检疫监督"模式，并推广到其他动物养殖场（户），实现网络检疫申报和远程产地检疫检测监督管理，以信息化手段倒逼动物检疫监督工作全面规范化，提高动物卫生检疫监督工作效率和水平，使动物卫生检疫监督管理工作逐步走上信息化、规范化和法制化轨道。

**1. 设置养殖场关键风险点监控点** 在场区出入口、动物出栏（淘汰）出口、育肥舍、病死动物移交（处理）场地等设置至少3个监控关键点。

**2. 构建远程监控管理结构** 养殖场监控点、基层动物防疫站和县级视频监控中心三级联网，构建"养殖场-基层动物防疫站-县级视频监控中心"树状远程监控管理结构。通过视频监控，真正做到见圈、见动物，实时掌握动物存出栏、发病、病死数量等情况。

**3. 兽医云平台网站端、网络移动终端、远程监控融合的"互联网＋检疫监督"模式**

（1）利用兽医云平台检疫业务管理系统和移动网络App（手机软件）实现产地检疫信息化操作管理。养殖场（户）注册手机移动客户端管理相对人App，进入动物检疫网络申报平台，实现网络申报；官方兽医注册手机移动客户端官方兽医App，实现网络手机端审核受理。动物产地检疫工作需严格执行养殖场户App自主申报（取消贩运人直接申报检疫），严格验证本场（户）分配有效标识的合规性（牲畜耳标分配到户），产地检疫申报现场App拍摄上传动物、运输车辆、货主和官方兽医合影，官方兽医App网络手机端审核受理，按照产地检疫规程实施检疫，执行"瘦肉精"同步检测，出具动物检疫合格证明，组建产地检疫档案。

（2）探索"兽医云平台网站端、网络App移动终端、远程监控"融合模式。基层动物防疫站和官方兽医配齐移动电子出证、手持网络App移动终端等硬件设施设备，充分利用兽医云平台网站端检疫业务管理系统和远程监控中心，实现产地检疫移动业务操作，利用手持移动终端实现产地检疫移动出证。

一是通过基层动物防疫站远程监控中心，实时监督生猪养殖场（户）在拟出栏前三天的非洲猪瘟检测采集血样实况。比较同步上传给官方兽医的采样视频片段，具有真实、完整、时效性好的优势，确保其采样送样真实，防止出现用其他血样顶替、用一头猪的血样分装代替多头猪血样送检的现象。二是通过基层动物防疫站远程监控中心，实时监督养殖场（户）通过App申报检疫、上传检疫申报单等相关信息及图片的实况。对养殖档案、强制免疫记录、畜禽标识以及非洲猪瘟检测阴性通知单（生猪）、"瘦肉精"保证书和"自检报告书"等，通过养殖场（户）监控点呈现给官方兽医，猪、牛、羊等备案规模场对拟出栏动物在监控下现场实施"瘦肉精"自检，填写"自检报告书"，为官方兽医的审核受理检疫申报提供有力依据。三是官方兽医受理检疫申报后，通过基层动物防疫站远程监控中心对拟出栏动物实时监控观察，并对其进行群体、个体健康状况的初步检查。远程监控发现异常的，官方兽医经与畜主远程沟通，约定时间到养殖场（户）进行临床健康检查、抽检，检疫合格的，现场通过移动网络App和手持蓝牙打印机出具检疫合格证明并上传兽医云平台检疫业务管理系统，形成检疫工作记录单、检疫合格证明等电子档案；不合格的按规定处理。远程监控初步检查合格的，官方兽医在远程监控下监督畜主装车，运输到指定地点实施现场检疫、抽检，检疫合格的，通过出证点电脑端或者通过移动网络 App 和手持蓝牙打印机出具检疫合格证明并上传兽医云平台检疫业务管理系统，形成检疫工作记录单、检疫合格证明等电子档案；不合格的按规定处理。四是通过兽医云平台网站端车辆运输系统实时查询运输动物车辆轨迹，实施启运地、目的地去向管控。如果目的地养殖场或屠宰厂在监管辖区内，可适时通过县级远程监控中心及时监督其到场（厂）情况，由此形成动物移动的全链条封闭式监管和无缝衔接，堵塞监管空白，保障动物及其产品的质量安全。

**4. "无纸化出具动物检疫合格证明" 检疫模式** 无纸化电子检疫证出证是一种新的检疫证流转模式，开展无纸化出具动物检疫合格证明工作，是规范动物移动的新要求，具有方便、快捷、节约、高效的特点，是防控非洲猪瘟等重大动物疫情传播的新趋势、新方向、新举措；无纸化电子检疫证出证通过管理相对人 App 进行检疫申报，然后官方兽医通过官方兽医 App 进行检疫申报的受理以及无纸化出证。出证完成后由车辆承运人通过承运人 App 对动物申报进行运输，检疫证每经过一个节点就会给相应的人员发送通知。

（1）检疫申报 养殖场户通过管理相对人 App 申报检疫，在申报记录中查看已申报的记录单信息及状态。

（2）检疫申报受理 养殖场户申报成功后，官方兽医登录官方兽医 App，对待审核的动物申报信息（包含贩运人和养殖户的申报信息）进行动物申报审核。核对影像资料无误后，完成受理的，填写受理时间等信息；不受理的，填写不受理原因，申报被驳回。

（3）检疫出证 官方兽医登录官方兽医 App，在已审核标签页选择电子检疫证出证类型，核对起运地以及到达地等相关信息，核对无误、拍摄照片后再完成出证。

（4）查看无纸化电子检疫证明 当无纸化检疫证出证成功后，系统会将通知信息推送到车主手机上，提示车主无纸化检疫证出证成功，车主或是司机点击通知信息可查看无纸化电子检疫证明。

（5）承运人运输 承运人登录承运人 App，进入承运记录页面，可以查看官方兽医开具的电子检疫证明。

（6）收证 当车辆到达检疫证收证地点，收证人员登录管理相对人 App，选择要回收的检疫证的类型，扫描检疫证左上角的二维码，进行收证。

（7）检疫收证审核 屠宰企业以及肉类分销单位会收一些产品的检疫证，屠宰企业也会收一些动物的检疫证并要求与实际要屠宰的动物数量相对应。收取的这些检疫证均由该企业对应监管机构下的官方兽医统一审核。

官方兽医登录官方兽医 App，进入检疫收证审核页面，选择收证审核检疫证类型，查看企业已收取提交审核的待审核检疫证的详细信息，若符合要求且与原证信息相符则审核通过，若有需要修改的地方则驳回让企业重新编辑。

（8）查看收证信息 当回收的检疫证回收成功后，系统会向车主和司机推送一条消息，提示车主检疫证已经被成功收证，可以在承运人 App 查看检疫证详细信息。

开展无纸化出具动物检疫合格证明工作，是在具备智慧兽医云平台检疫业务系统网站端和网络 App 端支持下的手机、电脑终端以及数据流量等设施设备的基础上，完成动物检疫合格证明出证和对检疫证二维码的查验，实现电子出证和检疫证明数据的实时上传、接收和推送，解决离线出证、预先出证和应急移动出证等问题。通过利用无线网络将电子出证与移动客户端有机结合，实现无缝衔接，发挥手机等移动监管设备应用的灵活性、突发性和紧急性，提升了官方兽医检疫监管手段。

开展无纸化出具动物检疫合格证明工作，是按照无纸化出具动物检疫合格证明技术规范，逐步探索建立畜禽免疫数量与检疫申报数量相结合、产地检疫与运输监管相结合、启运地出证与目的地反馈相结合的动物检疫全链条信息化监管模式，从而不断提升动物检疫工作效能，推进兽医信息化进程。

无纸化出具动物检疫合格证明工作，可以从无纸化出具动物检疫合格证明（动物B证）入手，开展试点县到整市再至全省的实施推进过程。

# 第五节 跨省调运动物检疫监管

## 一、跨省调入动物隔离观察与检疫监管

### （一）动物隔离观察

动物隔离观察是指在动物发病潜伏期内限制其离开指定场所，并对其进行查验或治疗，消除传染病传播危险的一种重要措施。跨省调入动物依据隔离场隔离观察监督相关管理办法的规定进行隔离观察，包括前置条件、工作程序、卫生要求、观察期限、注意事项等。

**1. 前置条件** 外省动物拟输入时，在查明其动物检疫合格证明和有关证件后，作初步临床观察和检查。未发现异常方准予不落地而直接装上经消毒的运载工具转运到动物隔离检疫场。

**2. 工作程序** 入场时，动物先通过喷雾消毒间进行体表消毒后进入隔离畜舍。以后每天测温并作观察记录，一周后采集血样，并按兽医检疫要求做血清学试验和病理、生化等方面的检查。隔离检疫期满，对无病者解除隔离检疫；对病畜或可疑病畜，则根据病情，对全群动物或只对病畜作捕杀、销毁或退回处理。

**3. 卫生要求** 凡出入场内的车辆、人员必须经过严格消毒；动物在隔离期间，不准任何人参观；不准把生肉、骨、皮、毛等有可能染病的畜产品带入场内；不准在隔离场内饲养或带进与检疫无关的动物；隔离动物所需的饲料和垫草，必须来自非疫区，对于需用但来源不明或有可能带疫的饲料草，要进行熏蒸消毒；场内污水须经无害化处理（可采用臭氧、漂白粉等）后，方准排入下水道；粪便和垫草等则须经封闭堆积发酵后，方准运出场外。动物进场前和出场后都要立即对隔离场地进行全面大清扫和彻底消毒，否则不准重新引进动物。

**4. 观察期限** 隔离检疫观察期限由农业农村部视检疫程序和被检疫传染病的潜伏期的长短确定，规定隔离检疫时间一般为一个潜伏期，特殊情况经上级机关批准的，可延长隔离检疫期。美国对进口家禽、反刍动物和猪设定的最低观察期限为30天，马属动物为60天。但由于各种疫病的潜伏期长短不一，即使按规定作了一定时间的隔离检疫，也不能对所有疫病都查清。如绵羊痒病要经过长达4～5年的潜伏期才出现症状。因此，为避免染有疫病的动物进入，应尽可能从无疫病地区引进，并进行严格的检疫隔离。

**5. 注意事项** 在隔离观察期间应填写隔离场使用申请表（见表1-6）、隔离场隔离观察

承诺书（见表 1-7）、隔离场（区）隔离观察台账记录（见表 1-8）、隔离场解除隔离观察决定书（见表 1-9），严格执行隔离场隔离观察监督相关管理办法进行操作，避免发生畜禽死亡等情况发生。

### 表 1-6　隔离场使用申请表

| 一、申请单位 | | | | |
|---|---|---|---|---|
| 名称： | | | | 　本表所填写内容真实，保证严格遵守动物隔离检疫有关规定，特此声明。<br><br><br>申请人签字（盖章）：<br>申请日期：　年　月　日 |
| 地址： | | | | |
| 邮编： | | 联系人： | | |
| 电话： | | | | |
| 二、隔离检疫场基本情况 | | | | |
| 名称： | | | 法人： | |
| 地址： | | | 容量： | |
| 联系人： | | 电话： | 传真： | |
| 本隔离检疫场上批动物隔离检疫情况 | | | | |
| 动物名称： | | 输入地区： | 数量： | |
| 隔离截止日期： | | 使用单位： | | |
| 三、申请隔离检疫的动物情况 | | | | |
| 名称： | | 品种： | 数量： | |
| 产地： | | 入境时间： | 入境地点： | |
| 目的地： | | 用途： | 运输路线及方式： | |
| 四、审批意见（以下由审批机关填写） | | | | |
| 初审意见：<br><br><br><br><br><br>签字盖章：<br>日期：　年　月　日 | | | 审批意见：<br><br><br><br>经办：　审核：　签发：<br>经办时间： | |

表1-7 隔离场隔离观察承诺书

| 隔离观察期间，本人自愿将进入（ ）隔离检疫场的动物进行隔离，并做以下承诺： |
|---|
| 1. 严格落实隔离检疫场各项防控措施，自觉服从、主动配合管控人员的安排，开展隔离观察工作。<br>2. 保持电话畅通，及时接听隔离检疫场人员的电话询问，如实报告该批隔离观察动物相关情况。<br>3. 动物在隔离观察期间出现异常，如发病、死亡等情况，与隔离检疫场无关。<br>以上承诺，本人将认真遵守，如因不遵守隔离规定而引发不良后果，本人愿承担一切责任。<br><br>承诺人：<br>年 月 日 |

表1-8 隔离场（区）隔离观察台账记录

| 审批号： | | | | 记录人： | |
|---|---|---|---|---|---|
| 入场时间： | | 产地： | | | |
| 动物种类： | | 动物数量： | | 备注 | |
| 记录日期 | 天气 | 消毒措施 | 健康状况 | 处理方法 | |
| | | | | | |
| | | | | | |
| | | | | | |

表1-9 隔离场解除隔离观察决定书

| 审批号： | | | |
|---|---|---|---|
| 畜主姓名： | 动物种类： | | 动物数量： |
| 根据《中华人民共和国动物防疫法》及相关法律法规，该批动物于 年 月 日至 年 月 日在（ ）隔离检疫场接受动物医学隔离观察。在此期间，未出现依法应予采取进一步预防控制措施的情况，现予解除隔离观察。 | | | |
| 感谢您以对动物卫生公共安全高度负责的态度，配合完成动物医学隔离观察措施，可以运输该批动物抵达目的地进行饲养（屠宰等）。<br><br>单位（盖章）：<br>年 月 日 | | | |

## （二）检疫监管

动物检疫监管是指在隔离场官方兽医通过相关动物检疫方法对隔离动物进行检测检验监管的一项带有强制性的技术行政措施。跨省调入动物依据隔离场检验检疫监督相关管理办法的规定进行检疫监管，包括前置条件、工作程序、卫生要求、检疫期限、注意事项、后续监管等。

**1. 前置条件** 隔离场的相关设施的正常运行，同时不得饲养除隔离动物以外的其他动物。隔离检疫期间所使用的饲料、饲料添加剂与农业投入品应当符合法律、行政法规和国家强制性标准的规定。

**2. 工作程序**  检验检疫机构按照农业农村部的有关规定，对动物进行临床观察和实验室检测，根据检验检疫结果出具相关的单证，实验室检疫不合格的，应当尽快将有关情况通知隔离场使用人并对阳性动物依法及时进行处理。此外，还负责隔离检疫期间样品的采集、送检和保存工作。

**3. 卫生要求**  检验检疫机构的人员在进入隔离场前 15 天内未从事与隔离动物相关的实验室工作，也未参观过其他农场、屠宰场或者动物交易市场等。

**4. 检疫时间**  隔离动物样品采集工作应当在动物进入隔离场后 7 天内完成。样品保存时间至少为 6 个月。

**5. 注意事项**  隔离检疫期间，及时填写隔离场检验检疫监管手册。严禁将隔离动物产下的幼畜、蛋及乳等移出隔离场；隔离检疫期间，隔离场内发生重大动物疫情的，应当按照《进出境重大动物疫情应急处置预案》处理。

**6. 后续监管**  隔离场使用完毕后，确保隔离场符合防疫要求，记录动物流向和隔离场检验检疫监管手册，档案保存期至少为 5 年。种用大中动物隔离检疫结束后，承担隔离检疫任务的动物卫生监督机构应当在 2 周内将检疫情况书面上报省级农业农村机构并通报目的地检验检疫机构。检疫情况包括：隔离检疫管理、检疫结果、动物健康状况、检疫处理情况及动物流向。

### （三）其他注意事项

**1.** 在监督检查中发现疑似染疫动物需要隔离饲养观察时，检查人员一定将现场检查的所有情况尽可能地记录详细，如发病数量、临床症状、体温以及处理意见等，让经营者（畜、货主）签字认可。经营者（畜、货主）愿意自行隔离饲养观察的，动物卫生监督部门在隔离饲养观察过程中要派检疫、防疫人员进行监督。如果经营者（畜、货主）不自觉履行隔离饲养观察的，动物卫生监督部门需向农业农村主管部门申请下发行政强制行为决定书，对疑似染疫动物进行强制隔离饲养观察，隔离饲养观察的全过程派人员参与，并做好诊断、治疗、免疫、消毒、无害化处理等记录，并由经营者（畜、货主）签字。

**2.** 检查任务时，一定要随身携带监督管理器材，如：照相机、摄影机、录音设备等，便于进行现场拍照、摄像、录音。但在拍照、摄像过程中，要尽可能地将经营者（畜、货主）与动物或动物产品拍摄在一起，更能充分地说明其事实。

## 二、跨省调出动物备案管理与检疫监管

### （一）备案管理

**1. 申请**  拟跨省调出动物的规模养殖场向当地农业农村部门设立的动物卫生监督机构提出备案申请，填写备案登记表；畜禽运输车辆所属单位和个人向当地农业农村部门提出备案申请，并填写承运活畜禽车辆备案表。

**2. 初审**  农业农村部门设立的动物卫生监督机构对拟跨省调出动物的规模养殖场指派工作人员对其资格条件进行初审，对畜禽运输备案车辆是否符合条件进行初审，并在五个工作日内给出答复。不符合备案条件的应当面告知申请单位和个人，并要求其补齐

有关材料。

**3. 县级备案及结果逐级报送** 规模养殖场经过县级动物卫生监督机构初审合格后，填写跨省调出动物备案表并报请当地农业农村部门核准，核准通过后，逐级报送至省级动物卫生监督机构；符合备案条件的畜禽运输车辆，农业农村部门在备案表上签署意见并盖章予以备案，并将备案结果逐级报送至省级农业农村部门。

**4. 规模养殖场备案资格的复核及核定** 规模养殖场的备案资格由省级复核通过后将备案名单及备案资料移交至调入省份的动物卫生监督机构做最后的审核，审核通过后，通过回函将最终审核结果告知调出省份的动物卫生监督机构，然后通知备案养殖场。

**（二）检疫监管**

**1. 出证条件** ①拟跨省调出动物的规模养殖场及畜禽运输车辆已在农业农村部门备案；②依据全国疫情信息系统，明确输入地为运输动物非疫区，并有相应隔离场；③规模养殖场等生猪经销方与调入省份提前联系对接，确认相关省份同意调入；④对饲喂餐厨剩余物（泔水）的生猪，不得出具动物检疫证明。

**2. 检疫监管** 按照畜禽产地检疫操作规程、畜禽屠宰检疫操作规程、跨省调运乳用种用动物产地检疫规程完成检疫监管工作。

（1）跨省调运动物时，养殖场需在动物出栏前 3 天向当地动物卫生监督机构申报检疫，由所在地动物卫生监督机构按照相应畜禽产地检疫操作规程、畜禽屠宰检疫操作规程派官方兽医到现场实施检疫，检疫不合格的按照无害化处理规程操作，合格的出具动物检疫合格证明。

（2）跨省调运乳用种用动物时，养殖场需在种畜禽出栏前 15 天向当地动物卫生监督机构申报检疫，按照跨省调运乳用种用动物产地检疫规程要求，提供相应动物疫病的实验室检测报告。所在地动物卫生监督机构受理检疫申报后派官方兽医到现场实施检疫，检疫不合格的按照无害化处理规程操作处理，合格的出具动物检疫合格证明。

（3）通过 GPS 定位系统监管畜禽运输车辆按照指定路线行驶，不得随意变更路线，不得经过运输动物种类疫区；在运输途中不得无故停留，不得装（卸）载或抛弃病、死、残猪；承运人应在装载前、卸载后对车辆进行彻底消毒。

**（三）大区管理模式与任务**

为了加强我国跨省调出动物备案管理与检疫监管，2021 年 4 月 16 日农业农村部为贯彻落实《中华人民共和国动物防疫法》和《国务院办公厅关于促进畜牧业高质量发展的意见》（国办发〔2020〕31 号）有关要求，进一步健全完善动物疫病防控体系，我部在系统总结 2019 年以来中南地区开展非洲猪瘟等重大动物疫病分区防控试点工作经验的基础上，决定自 2021 年 5 月 1 日起在全国范围开展非洲猪瘟等重大动物疫病分区防控工作。将全国划分为 5 个大区。①北部区。包括北京、天津、河北、山西、内蒙古、辽宁、吉林、黑龙江等 8 省（自治区、直辖市）。②东部区。包括上海、江苏、浙江、安徽、山东、河南等 6 省（直辖市）。③中南区。包括福建、江西、湖南、广东、广西、海南等 6 省（自治区）。④西南区。包括湖北、重庆、四川、贵州、云南、西藏等 6 省（自治区、直辖市）。⑤西北区。包括陕西、甘肃、青海、宁夏、新疆等 5 省（自治区）和新疆生产建设兵团。开展分区防控工作，各大区牵头省份由大区内各省份轮流承担，轮值顺序和年限由各大区重大动物疫病分区防控联席会议（以下简称分区防控联席会议）研究决定，轮值年限原则上不少于1年；北部、东部、西南和西北4个大区第一轮牵头省份由各大区生猪主产省承担，分别是辽宁、山东、四川和陕西省。

**1. 优先做好动物疫病防控**

（1）开展联防联控　建立大区定期会商制度，组织研判大区内动物疫病防控形势，互通共享动物疫病防控和生猪等重要畜产品生产、调运、屠宰、无害化处理等信息，研究协商采取协调一致措施。建立大区重大动物疫病防控与应急处置协同机制，探索建立疫情联合溯源追查制度，必要时进行跨省应急支援。

（2）强化技术支撑　通报和共享动物疫病检测数据和资源信息，推动检测结果互认。完善专家咨询机制，组建大区重大动物疫病防控专家智库，定期组织开展重大动物疫病风险分析评估，研究提出分区防控政策措施建议。

（3）推动区域化管理　大区内非洲猪瘟等重大动物疫病无疫区、无疫小区和净化示范场创建，鼓励连片建设无疫区，全面提升区域动物疫病防控能力和水平。

**2. 加强生猪调运监管**

（1）完善区域调运监管政策　生猪调运，除种猪、仔猪以及非洲猪瘟等重大动物疫病的无疫区、无疫小区生猪外，原则上其他生猪不向大区外调运，推进"运猪"向"运肉"转变。分步完善实施生猪跨区、跨省"点对点"调运政策，必要时可允许检疫合格的生猪在大区间"点对点"调运。

（2）推进指定通道建设　推进大区内指定通道建设，明确工作任务和方式，开展区域动物指定通道检查站规范化创建。探索推进相邻大区、省份联合建站，实现资源共享。

（3）强化全链条信息化管理　落实大区内生猪等重要畜产品的养殖、运输、屠宰和无害化处理全链条数据资源与国家平台有效对接，实现信息数据的实时共享，提高监管效能和水平。

（4）加强大区内联合执法　大区内省际动物卫生监督协作，加强线索通报和信息会商，探索建立联合执法工作机制，严厉打击违法违规运输动物及动物产品等行为。严格落实跨区跨省调运种猪的隔离观察制度和生猪落地报告制度。

**3. 推动优化布局和产业转型升级**

（1）优化生猪产业布局　规划生猪养殖布局，加强大区内省际生猪产销规划衔接。探索建立销区补偿产区的长效机制，进一步调动主产省份发展生猪生产的积极性。推进生猪养殖标准化示范场的创建，科学配备畜牧兽医人员，提高养殖场生物安全水平。探索建立养殖场分级管理标准和制度，采取差异化管理措施。

（2）加快屠宰行业转型升级　加强大区内屠宰产能布局优化调整，提升生猪主产区屠宰加工能力和产能利用率，促进生猪就地就近屠宰，推动养殖屠宰匹配、产销衔接。开展屠宰标准化创建。持续做好屠宰环节非洲猪瘟自检和驻场官方兽医"两项制度"落实。

（3）加强生猪运输和冷链物流基础设施建设　鼓励引导使用专业化、标准化、集装化的生猪运输工具，强化生猪运输车辆及其生物安全管理。逐步构建产销高效对接的冷链物流基础设施网络，加快建立冷鲜肉品流通和配送体系，为推进"运猪"向"运肉"转变提供保障。

**4. 中南区、北京市、上海市及其他部分省份的备案条件、备案程序、日常监管及注意事项**

（1）中南区　中南区包括福建、江西、湖南、广东、广西、海南 6 个省（自治区）。从 2020 年 11 月 30 日起，全面禁止非中南区的生猪（种猪、仔猪除外）调入中南区，中南区各省份之间原则上不进行生猪（种猪、仔猪除外）跨省份调运。《中南区生猪调运管理办法》规定，生猪"点对点"调运是指用于屠宰的生猪从备案的养殖企业直接调运到接收的屠宰企业。"点对点"调运的直线距离，原则上不超过 1 000 千米。同时中南区对动物及动物产品跨省运输实施指定通道制度，通过陆路跨省运输动物及动物产品的必须经过指定通道入境。未经动物及动物产品指定通道入境的动物及动物产品，区域内任何单位和个人不得接收，官方兽医不得出具相关检疫证明。

① 申请生猪"点对点"调运的养殖企业应当具备的条件　有关养殖企业应当具备下列条件：年出栏生猪在 2 000 头以上；依法取得动物防疫条件合格证和营业执照；防疫管理制度齐全，生物安全条件较好，配备专职兽医人员，使用备案车辆运输，具有清洗消毒条件；近 3 年内未发生重大动物疫情，年度内无违法违规记录；年度内重大动物疫病抗体监测达到国家要求；具备非洲猪瘟自检能力（含委托送检），按规定开展非洲猪瘟实验室检测，病原检测为阴性；经过非洲猪瘟无疫小区认证的养殖企业优先；符合国家或省级农业农村部门规定的其他条件。

② 申请生猪"点对点"调运的屠宰企业应当具备的条件　相关屠宰企业应当具备下列条件：年生猪屠宰量在 15 万头以上；具备独立法人资格，依法取得营业执照、生猪定点屠宰许可证（A 证）、动物防疫条件合格证和排污许可证；防疫管理制度齐全，官方兽医数量配备足额，有专职的肉品检验人员，具备冷链储运设施和清洗消毒条件；具备非洲猪瘟自检能力，近 3 年内在畜产品质量安全监督检测中未检出禁用药物和违禁添加物；年度内无产品质量不良记录和违法行为；通过国家生猪屠宰标准化示范场认定的优先；符合法律法规和农业农村部门规定的其他条件。

生猪养殖和屠宰企业在中南某省份备案后，途经其他中南省份不需要再备案。在中南区任一省份备案通过后，途经中南区其他省份时，可凭相关有效证明通过。

③ 开展"点对点"调运的备案程序环节与要求　生猪"点对点"调运实行事前备案管理，符合规定条件的养殖企业，经向输出地、输入地农业农村部门备案后，直接调运生猪到屠宰企业。开展"点对点"调运生猪有 3 个环节的工作要求：一是确认符合"点对点"调运的养殖企业资格名单。中南区外有意向中南区调运生猪（或中南区内有意向外调运生猪）的养殖企业，向当地县级以上农业农村部门提出审核申请，经当地农业农村部门按照中南区联防〔2020〕1 号文件规定审核符合要求的，由所在省农业农村部门汇总并向社会公布，同时向中南区非洲猪瘟等重大动物疫病防控联席会议办公室报备。二是确认符合"点对点"调运要求的屠宰企业名单。中南区内需要跨省份调运生猪的屠宰企业，向当地县级以上农业农村部门提出审核申请，经当地农业农村部门按照中南区联防〔2020〕1 号文件规定审核符合要求的，由所在省农业农村部门汇总并向社会公布，同时向中南区非洲猪瘟等重大动物疫病防控联席会议办公室报备。三是调运生猪前做好"点对点"备案工作。由输出地生猪养殖企业和输入地生猪屠宰企业分别向当地农业农村部门申请备案并提交备案所需的材料，经调出地

和接收地农业农村部门审核同意后予以备案。

④ 从事生猪运输活动的单位和个人应当遵守的规定　相关单位和个人应当遵守下列规定：从事生猪运输活动的单位和个人通过"牧运通"信息系统登记；使用经国家生猪运输车辆备案系统备案并符合其他相关规定的生猪运输车辆，全程保持车载定位系统正常运行；启运前，核对动物检疫证明信息，严格按照动物检疫证明载明的目的地、数量等内容承运生猪；经公路运输生猪时，应从中南区各省份公布的动物及动物产品指定通道入境，主动接受动物及动物产品指定通道检查站的监督检查；运输途中，发现生猪发病或死亡的，应当停止运输活动，立即报告当地农业农村部门，配合做好病死生猪的无害化处理；通过区域信息平台填写和报送生猪运输相关数据信息。

⑤ 跨区域及跨省调运种猪、仔猪的运输车辆要求　相关运输车辆应当满足以下要求：全程使用封闭式车厢运输；车厢层高、栏舍设置与所运输的生猪大小、数量相适应；车厢应配有与所运输的生猪数量相适应的自动给水和粪污收集处理等设施设备；车厢与外界通风处应配有过滤设施设备，防止粪便、垫料等遗撒；配备温度监控系统，车厢温度控制在5～25 ℃；驾驶室、车厢内部应安装视频监控装置，实时记录和回放运输情况；车辆的清洗消毒应符合国家防控技术要求，随车携带清洗消毒凭证；符合法律法规和农业农村部门规定的其他条件。

各相关企业在2021年4月1日起从区域外调入以及区域内跨省调运种猪、仔猪的，应使用符合上述条件的生猪运输车辆。

⑥ 备案"点对点"调运生猪的注意事项　养殖企业初次向某屠宰企业进行"点对点"调运生猪需要事先做好备案工作。同一养殖企业向同一屠宰企业再次进行"点对点"调运生猪则无须备案，但需要在调运前填报生猪"点对点"调运中南区审查表，经输出地县级农业农村部门审查同意后，凭检疫合格证明即可调运。调运时，生猪"点对点"调运中南区审查表应随货同行，到达屠宰企业后交其留存。

⑦ 进入中南区的生猪产品应具备的备案条件　中南区外屠宰企业的生猪产品要进入中南区销售，其应当具备如下条件：年屠宰量在30万头以上；取得动物防疫条件合格证、排污许可证和生猪定点屠宰证（A证），具备独立法人资格，具备冷链储运设施和非洲猪瘟自检能力，近三年内在部、省级生猪产品质量安全监督检测中未检出禁用药物和违禁添加物；进行分割加工的企业还应获得省级以上资质认证（HACCP认证、ISO质量管理体系认证、绿色食品认证、出口企业商检注册证书/证明或其他省级认证中的一种即可）。

⑧ 非中南区的生猪产品进入中南区的备案程序　中南区外进入中南区的生猪产品应来自经农业农村部公布的生猪定点屠宰企业，并通过输出地推荐方式进行申请备案。由符合备案条件的非中南区的生猪屠宰企业提出申请，经输出地县级、地市级、省级农业农村部门逐级审查审核，并经输出地省级农业农村部门向输入地省级农业农村部门发函推荐，审查合格后予以备案，有关备案信息由中南区各省进行公布。

中南区的生猪产品在中南区内跨省调运无须备案。

⑨ 中南区指定通道检查站的日常监管　自2020年11月30日起，通过公路跨省运输动物及动物产品的必须经过指定通道入境。未经动物及动物产品指定通道入境的动物及动物产品，区域内任何单位和个人不得接收，官方兽医不得出具相关检疫证明。已经办理调运备案

的生猪及生猪产品进入中南区要提供以下资料备查：随货提供有效的检疫证明及非洲猪瘟检测报告（畜主还应提供生猪"点对点"调运中南区备案表或生猪"点对点"调运中南区审查表）；经公路运输的生猪及生猪产品应从中南区动物及动物产品指定通道检查站经过，并主动接受检查站人员检查，取得指定动物卫生监督检查签章；符合农业农村部及中南区防控其他要求。

⑩ 已经备案的生猪养殖和屠宰企业的日常监管　对备案的生猪养殖和屠宰企业名单实行动态管理。出现下列情况之一的，取消备案资格：生猪及生猪产品出现非洲猪瘟检测阳性、违禁药物残留超标、一年累计2次兽药残留检测超标；备案后2年内无生猪、生猪产品输入中南区；原输出地省级农业农村部门建议取消；生猪养殖和屠宰企业自行申请终止生猪、生猪产品入中南区；其他不符合国家和中南区有关动物疫病防控管理规定等情况的。符合取消备案资格条件的企业，其"点对点"调入生猪备案资格由输入地县级农业农村部门取消并逐级上报，生猪产品备案由输入地省级农业农村部门取消。

未经点对点调运备案的生猪以及未备案的生猪产品不能进入中南区，各地官方兽医不得为未经备案调入的生猪和生猪产品出具相关检疫证明，中南区内任何单位和个人不得接收未经备案调入的生猪和生猪产品。

（2）北京市　供京禽类产品生产企业应具备下列条件：①活禽产地没有列入农业农村部或各省公布的疫区；②取得当地畜牧兽医主管部门颁发的动物防疫条件合格证；③所在地动物卫生监督机构派驻官方兽医实施屠宰检疫；④年禽类屠宰量在500万只以上；⑤通过HACCP、ISO9000或以上、绿色食品等相关认证。

供京禽类产品生产企业需提供以下材料：①申请表；②营业执照复印件；③法人代表身份证复印件，并有本人签字；④动物防疫条件合格证复印件；⑤HACCP、ISO9000或以上、绿色食品等相关认证复印件。

所有材料、复印件一式二份，加盖申请单位公章，一并提交县（区）动物卫生监督所，并扫描留存PDF电子版一份。

（3）上海市

① 供沪养殖企业应具备的条件　相关养殖企业应具备以下条件：符合《动物防疫法》等相关法律法规规定的规模化、集约化畜禽养殖场建设要求，并取得相应的资格资质认证；按照《动物防疫法》等相关法律法规规定，制定并落实强制免疫、检疫申报、疫情报告、防疫消毒、无害化处理、畜禽标识等制度，建立养殖档案并按规定期限保存；按照国家兽药、饲料及饲料添加剂管理的法律法规规定使用兽药、饲料及饲料添加剂等投入品，严格执行休药期，禁止使用违禁药物并建立档案记录；生猪年出栏量在3 000头以上，牛、羊年出栏200头以上，家禽年出栏1万羽以上；接受动物卫生监督机构的监督管理，并签订安全养殖经营承诺书；运载工具符合防疫要求；使用本单位以外运载工具的，应与车辆所有人签订书面协议。

② 供沪养殖企业需提供的材料　相关养殖企业应提供以下材料：申请表；法人代表身份证复印件，并有本人签字；单位概况简介，包括各项内部管理制度；诚信生产经营承诺书；动物防疫条件合格证复印件；省级以上绿色食品认证证书、HACCP、ISO9000、出口企业商检注册证书证明件（至少其中一项）复印件。

③ 供沪动物产品生产企业要求　相关企业应满足以下要求：按有关规定落实接收查验、检测品控、检疫申报、仓储运输、防疫消毒、无害化处理等制度，建立各环节动物防疫管理档案并按规定期限保存；建立违禁物和药物残留管控制度，并落实抽检规范和工作程序；供屠宰加工的动物活体应当来自符合供沪动物养殖场的条件或已取得供沪资质的动物养殖场；接受动物卫生监督机构的监督管理，并签订安全养殖经营承诺书；动物产品内外包装符合国家规定，外包装应印制品名、规格、数量、生产单位、地址、保质期等内容并加贴检验标志；运载工具符合防疫要求，使用本单位以外运载工具的，应与车辆所有人签订书面协议。

④ 供沪动物产品生产企业需提供的材料　相关企业应提供以下材料：申请表；法人代表身份证复印件，并有本人签字；单位概况简介，包括各项内部管理制度；诚信生产经营承诺书；动物防疫条件合格证复印件；营业执照复印件；省级以上绿色食品认证证书、HACCP、ISO9000、出口企业商检注册证书证明件（至少其中一项）复印件。

所有材料、复印件一式二份，加盖申请单位公章，一并提交县（区）动物卫生监督所，并扫描留存 PDF 电子版一份。

（4）其他部分省

① 辽宁省　供辽养殖企业需提供以下材料：申请表；动物防疫条件合格证复印件；营业执照复印件；生产企业动物检疫、消毒、无害化处理、疫情报告等动物防疫制度复印件；动物防疫责任机构图复印件。

供辽动物产品生产企业需提供以下材料：申请表；动物防疫条件合格证复印件；营业执照复印件；定点屠宰许可证复印件；生产企业动物检疫、消毒、无害化处理等动物防疫制度复印件；动物防疫责任机构图复印件。

② 山东省　供鲁屠宰用生猪养殖场要求：来自未发生疫情省或疫区全部解封省；年出栏量在 10 000 头以上的规模养殖企业，具有独立法人资格，防疫管理制度健全，配备专职兽医人员，过去 3 年无违法、重大动物疫情。

供鲁屠宰用生猪养殖场需提供以下材料：申请表；动物防疫条件合格证复印件；营业执照复印件；动物防疫管理制度复印件；过去 3 年无违法、重大动物疫情证明；接收方屠宰场营业执照复印件、定点屠宰许可证复印件、动物防疫条件合格证复印件。

供鲁生猪产品要求：年实际屠宰量在 15 万头以上，具有独立法人资格，过去 3 年内无违法记录、重大动物疫情和动物产品质量安全事故。

供鲁屠宰企业需提供以下材料：申请表；动物防疫条件合格证复印件；营业执照复印件；定点屠宰许可证复印件；过去 3 年无违法、重大动物疫情和动物产品质量安全事故证明；年实际屠宰量在 15 万头以上证明；当地接收方营业执照。

③ 江苏省　供苏畜禽养殖场要求：近 2 年或建厂以来未发生重大动物疫病，且无违法记录及不良诚信记录。生猪年出栏量在 3 000 头以上或基础母猪存栏量在 200 头以上，牛、羊年出栏量在 200 头以上，鸡、鸭年出栏量在 4 万只以上，鹅年出栏量在 1 万只以上。

畜禽养殖场需提供以下材料：申请表；单位概况简介（500 字左右）；营业执照复印件；法定代表人身份证复印件（需有亲笔签字）；动物防疫条件合格证复印件；安全养殖经营承诺书复印件；近 2 年或建场以来未发生重大动物疫病无违法违规行为及不良诚信记录证明；

年实际出栏量证明。

供苏屠宰加工企业要求：近 2 年或建厂以来未发生重大动物疫病，且无违法记录及不良诚信记录；年实际屠宰量在 15 万头以上，具备冷藏及储运设施的规范屠宰加工企业。

供苏屠宰加工企业需提供以下材料：申请表；单位概况简介（500 字左右）；营业执照复印件；法定代表人身份证复印件（需有亲笔签字）；动物防疫条件合格证复印件；生猪屠宰企业提供定点屠宰证复印件；诚信生产经营承诺书；近 2 年或建场以来未发生重大动物疫病、无违法违规行为及不良诚信记录证明；年实际屠宰量 15 万头以上证明。

④ 浙江省　供浙屠宰企业需提供以下材料：申请表；营业执照复印件；法定代表人身份证复印件（需有亲笔签字）；动物防疫条件合格证复印件；生猪定点屠宰证复印件；接收方营业执照复印件。

⑤ 贵州省　供黔屠宰企业需提供以下材料：申请表；营业执照复印件；法定代表人身份证复印件（亲笔签字）；动物防疫条件合格证复印件；定点屠宰证复印件。

以上其他各省所有材料、复印件一式二份，加盖申请单位公章，一并提交县（区）动物卫生监督所验收报告，并扫描留存 PDF 电子版一份。

# 第六节　对合法捕获、人工繁育和饲养野生动物的检疫监管

野生动物是指在野外环境生长繁殖的动物，一般而言，具有以下特征：在野外独立生存，即不依靠外部因素（如人类力量）存活，此外还具有种群及排他性。

## 一、合法捕获野生动物的检疫监管

### （一）法律依据

《中华人民共和国动物防疫法》（2021 版）第五十条：人工捕获的野生动物，应当按照国家有关规定报捕获地动物卫生监督机构检疫，检疫合格的，方可饲养、经营和运输；国务院农业农村主管部门会同国务院野生动物保护主管部门制定野生动物检疫办法。

### （二）检疫申报

合法捕获国家保护的野生动物应当取得野生动物行政主管部门签发的"特许猎捕证"，特许猎捕证上载明有猎捕动物种类、数量、地点和期限等情况；合法猎捕非国家重点保护的野生动物，应当取得野生动物行政主管部门签发的"狩猎证"，狩猎证上载明有猎捕动物种类、数量、地点和期限等情况；根据《动物检疫管理办法》第九条的规定，合法捕获野生动物的，应当在捕获后 3 天内向捕获地县级动物卫生监督机构申报检疫。

### （三）产地检疫

《动物检疫管理办法》第十五条规定，合法捕获的野生动物，经检疫符合下列条件，由官方兽医出具《动物检疫合格证明》后，方可饲养、经营和运输：①来自非封锁区；②兽医临床检查健康；③农业农村部规定需要进行实验室疫病检测的，检测结果符合要求；《动物检疫管理办法》第十八条规定，经检疫不合格的动物、动物产品，由官方兽医出具检疫处理通知单，并监督货主按照农业农村部规定的技术规范处理。

### 二、人工繁育和饲养野生动物的检疫监管

#### （一）法律依据

《中华人民共和国动物防疫法》（2021版）第五十条：因科研、药用、展示等特殊情形需要非食用性利用的野生动物，应当按照国家有关规定报动物卫生监督机构检疫，检疫合格的，方可利用；国务院农业农村主营部门会同国务院野生动物保护主管部门制定野生动物检疫办法。

《国家林业和草原局关于规范禁食野生动物分类管理范围的通知》（林护发〔2020〕90号），指出禁食野生动物是指《全国人民代表大会常务委员会关于全面禁止非法野生动物交易、革除滥食野生动物陋习、切实保障人民群众生命健康安全的决定》发布前养殖食用、不属于畜禽范围的陆生野生动物，不包括水生野生动物和以保护繁育、科学研究、观赏展示、药用、宠物等为目的的陆生野生动物。对64种在养禁食野生动物实施分类管理（表1-10）。

表1-10　禁食野生动物分类管理范围

| 类别 | 物种名称 | 分类管理范围 |
| --- | --- | --- |
| 一 | 竹鼠、果子狸、豪猪、王锦蛇、草兔、东北兔、蒙古兔、豆雁、灰雁、石鸡、蓝胸鹑、山斑鸠、灰斑鸠、斑头雁、鸿雁、斑嘴鸭、赤麂、小麂、狍、苍鹭、夜鹭、赤麻鸭、翘鼻麻鸭、针尾鸭、绿翅鸭、花脸鸭、罗纹鸭、赤膀鸭、赤颈鸭、白眉鸭、赤嘴潜鸭、红头潜鸭、白眼潜鸭、斑背潜鸭、灰胸竹鸡、黑水鸡、白骨顶、寒露林蛙、赤链蛇、赤峰锦蛇、双斑锦蛇、金环蛇、短尾蝮、竹叶青蛇、白腹巨鼠（共45种） | 禁止以食用为目的的养殖活动，除适量保留种源等特殊情形外，引导养殖户停止养殖。 |
| 二 | 刺猬、猪獾、狗獾、豚鼠、海狸鼠、蓝孔雀、中华蟾蜍、黑眶蟾蜍、齿缘龟、锯缘摄龟、缅甸陆龟、黑眉锦蛇、眼镜王蛇、乌梢蛇、银环蛇、尖吻蝮、灰鼠蛇、滑鼠蛇、眼镜蛇（共19种） | 禁止以食用为目的的养殖活动，允许用于药用、展示、科研等非食用性目的的养殖。 |

#### （二）检疫申报

合法捕驯养繁殖国家重点保护的野生动物，应当取得"驯养繁殖许可证"；人工饲养非国家重点保护的野生动物，可以要求货主提供当地野生动物行政主管部门出具或者签注意见的相关证明材料，证明其是合法捕获后人工饲养的野生动物，或者是合法购买后人工饲养的野生动物；人工饲养野生动物要出售、运输、屠宰或者野生动物产品要出售、运输而报检的，仍然应该按照《动物检疫管理办法》第八条的规定确定其检疫申报时间。

#### （三）产地检疫

《动物检疫管理办法》第十四条规定，出售或者运输的动物，经检疫符合下列条件，由官方兽医出具动物检疫合格证明：①来自非封锁区或者未发生相关动物疫情的饲养场（户）；②按照国家规定进行了强制免疫，并在有效保护期内；③临床检查健康；④农业农村部规定需要进行实验室疫病检测的，检测结果符合要求；⑤养殖档案相关记录和畜禽标识符合农业农村部规定。乳用、种用动物和宠物，还应当符合农业农村部规定的健康标准。《动物检疫管理办法》第十八条规定，经检疫不合格的动物、动物产品，由官方兽医出具检疫处理通知单，并监督货主按照农业农村部规定的技术规范处理。

# 第二章　动物屠宰检疫

动物屠宰检疫是指待宰动物在宰前和屠宰加工过程中由动物卫生监督机构官方兽医执行的检疫。屠宰检疫包括宰前检疫、屠宰同步检疫、快速检测和实验室检测。

动物屠宰检疫具有重要意义。开展动物屠宰检疫工作是防止动物疫病传播、保证肉品卫生质量、保障人民群众食肉安全的一项重要措施。加强动物屠宰检疫，遏制染疫和病害动物产品进入流通环节，及时发现动物疫病以及其他妨害公共卫生的因素，减少重大畜产品质量安全事故的发生，对促进畜牧业的持续健康发展具有重要而深远的意义。尤其是在非洲猪瘟防控工作常态化形势下，规范生猪屠宰检疫工作，是确保上市肉品安全、全面落实疫情防控措施、加快屠宰企业生产恢复、确保"菜篮子"畜禽产品稳产保供的重要环节。

## 第一节　屠宰检疫的范围和对象

### 一、界定屠宰检疫范围和对象的法律法规依据

《中华人民共和国动物防疫法》《国家畜禽遗传资源目录》《人畜共患传染病名录》《一、二、三类动物疫病病种名录》（农业部公告第 1125 号）、《全国人民代表大会常务委员会关于全面禁止非法野生动物交易、革除滥食野生动物陋习、切实保障人民群众生命健康安全的决定》（以下简称决定）、《农业农村部关于进一步强化动物检疫工作的通知》（农牧发〔2020〕22 号）、《生猪屠宰检疫规程》（2019 年修订版）、《家禽屠宰检疫规程》（2010 版）、《牛屠宰检疫规程》《羊屠宰检疫规程》和《畜禽屠宰卫生检疫规范》（NY 467—2001）。

### 二、屠宰检疫的范围

#### （一）屠宰检疫的范围包括

① 农业农村部发布的《生猪屠宰检疫规程》等 4 个屠宰检疫规程规定的范围：中华人民共和国境内生猪、牛、羊以及鸡、鸭、鹅、鹌鹑、鸽子等禽类。②《畜禽屠宰卫生检疫规范》暂行规定的屠宰检疫范围：兔、马、骡、驴等畜类。③《农业农村部关于进一步强化动物检疫工作的通知》（农牧发〔2020〕22 号）规定的依照《畜禽屠宰卫生检疫规范》执行的屠宰检疫范围：骆驼、梅花鹿、马鹿、羊驼。④参照《家禽屠宰检疫规程》规定执行的屠宰检疫范围：火鸡、珍珠鸡、雉鸡、鹧鸪、番鸭、绿头鸭、鸵鸟、鸸鹋。

#### （二）屠宰检疫的范围不包括

屠宰检疫范围不包括《全国人民代表大会常务委员会关于全面禁止非法野生动物交易、革除滥食野生动物陋习、切实保障人民群众生命健康安全的决定》和《国家畜禽遗传资源目录》中所禁止食用的动物。

### 三、屠宰检疫的对象

**1.** 《一、二、三类动物疫病病种名录》所规定的 157 种动物疫病（其中包括：17 种一类动物疫病、77 种二类动物疫病、63 种三类动物疫病）都属于动物屠宰检疫对象。

**2.** 农业农村部对生猪、家禽、牛、羊等常见屠宰畜禽种类的检疫对象做出了具体的规定。

（1）生猪屠宰检疫对象　口蹄疫、猪瘟、非洲猪瘟、高致病性猪蓝耳病、炭疽、猪丹毒、猪肺疫、猪副伤寒、猪Ⅱ型链球菌病、猪支原体肺炎、副猪嗜血杆菌病、丝虫病、猪囊尾蚴病、旋毛虫病。

（2）家禽屠宰检疫对象　高致病性禽流感、新城疫、禽白血病、鸭瘟、禽痘、小鹅瘟、马立克氏病、鸡球虫病、禽结核病。

（3）牛屠宰检疫对象　口蹄疫、牛传染性胸膜肺炎、牛海绵状脑病、布鲁氏菌病、牛结核病、炭疽、牛传染性鼻气管炎、日本血吸虫病。

（4）羊屠宰检疫对象　口蹄疫、痒病、小反刍兽疫、绵羊痘和山羊痘、炭疽、布鲁氏菌病、肝片吸虫病、棘球蚴病。

# 第二节　屠宰检疫程序

随着社会发展和人民生活质量的提升，人民对美好生活的向往和需求日益增长，对动物产品的质量和安全性提出了更高的要求。凡是从事动物屠宰活动的单位和个人，屠宰动物前，货主应当按照国务院农业农村主管部门的规定向所在地动物卫生监督机构申报检疫，屠宰场的驻场官方兽医按照《中华人民共和国动物防疫法》《动物检疫管理办法》《生猪屠宰检疫规程》《家禽屠宰检疫规程》《牛屠宰检疫规程》和《羊屠宰检疫规程》的相关规定，对进入屠宰场（点）的动物开展监督查验、宰前检查、同步检疫、检疫结果处理以及检疫记录等检疫检验工作。

### 一、动物入场监督查验

**1.** 查验入场（厂、点）动物的动物检疫合格证明是否有效，核对畜禽种类和数量与运载动物是否相符。

**2.** 查验动物的畜禽标识是否符合国家规定，核对标识与动物数量是否一致。

**3.** 了解动物运输途中病、亡有关情况。

**4.** 临床检查，检查动物群体的精神状况、外貌、呼吸状态及排泄物状态等情况。

**5.** 监督动物屠宰场查验、回收、保存动物"瘦肉精"自检合格报告书（溯源单）或未添加使用"瘦肉精"保证书（溯源单）。

**6.** 新形势下，为做好非洲猪瘟等重大动物疫病的防控，需要核实生猪运输车辆备案原件和车辆定位跟踪系统信息保存情况。

**7.** 监督动物屠宰企业落实对入场（点）的动物按批次进行"瘦肉精"自检，并查验"瘦肉精"检测记录凭证。"瘦肉精"检测记录应保存两年以上。

动物屠宰企业"瘦肉精"自检的"动物批次"按"车"确定，每批检测 3%，最少不少于 1 头（只），自检方式包括试剂卡快速检测和其他检测。"瘦肉精"自检品种按照农业农村厅的规定执行，一般为盐酸克伦特罗、莱克多巴胺、沙丁胺醇三种。

**8.** 监督生猪屠宰企业开展动物入场前的非洲猪瘟病毒自检，并做好记录。

驻场官方兽医监督生猪屠宰企业，对进场前生猪以车为单位采集全部生猪血液样品，均匀混合后进行入场前生猪的非洲猪瘟自检。

## 二、查验后的结果处理

### （一）查验合格的

**1.** 动物检疫合格证明有效、证物相符、畜禽标识符合要求、临床检查健康，生猪运输车辆备案且联网保存有运行轨迹、企业"瘦肉精"自检和非洲猪瘟病毒自检合格的，方可入场卸载进入待宰圈，并回收动物检疫合格证明。屠宰企业通过管理相对人网络 App 进行检疫证信息回收登记，官方兽医对系统中收证信息数据进行监督审核，对纸质动物检疫合格证明回收归档。

**2.** 监督货主对准予入场的运输动物车辆实施防疫消毒，监督货主在卸载后对运输工具及相关物品等进行消毒。

**3.** 屠宰场（点）需按产地分类将生猪送入待宰圈，不同产地、不同货主、不同批次的生猪分圈存放，不得混群。确认为无碍肉食安全且濒临死亡的生猪的，视情况进行急宰。

### （二）查验不合格的

**1.** 经入厂查验和卸载过程中的健康状况检查，发现异常的，立即剔出隔离，待验收后进行详细的个体临床检查，必要时进行实验室检测。

**2.** 以河北省为例，从省内收购的无动物"瘦肉精"自检合格报告书（溯源单）或未添加使用"瘦肉精"保证书（溯源单）的动物，在取得其养殖单位或个人出具的溯源单后方可屠宰。同时追究相关养殖单位或个人的责任。从外省调运的无动物"瘦肉精"自检合格报告书（溯源单）或未添加使用"瘦肉精"保证书（溯源单）的动物，入场后应在"瘦肉精"检测记录表"溯源单编号"一栏注明检疫证明号码。

**3.** 动物屠宰企业自检发现"瘦肉精"疑似阳性的，应立即向驻场动物卫生监督人员报告，配合动物卫生监督机构及时采取控制措施，限制该批动物移动。驻场动物卫生监督机构应立即向当地农业农村部门报告，农业农村部门应立即委托有资质的检测机构进行确认检验，确认检验呈阳性的，立即报告当地政府，由当地政府组织进行扑杀和无害化处理。动物屠宰企业自检发现"瘦肉精"疑似阳性不报告的，经核实后，依法进行处理，造成严重后果的将依法追究其刑事责任。

**4.** 发现产地有重大疫情发生或发生疑似重大疫病，或运输的动物发生死亡时，运输的动物不得入场，官方兽医应当立即向所在地农业农村主管部门或动物疫病预防控制机构报告。接到动物疫情报告的单位，应当及时采取临时隔离控制等必要措施，防止延误防控时机，并及时按照国家规定的程序上报。

**5.** 经查验无有效动物检疫合格证明，或证物不符，或无畜禽标识的，立即报告所在地农业农村主管部门立案查处，并对动物进行下列检查。

（1）对运载的动物进行群体健康检查，合格的卸载进入隔离圈。

（2）对隔离圈的动物逐一进行个体健康检查，全部合格的进入待宰圈。

（3）运载的动物发现异常的，不准卸载，在场外进行防疫消毒和其他处理。

### 三、检疫申报

**1. 屠宰企业检疫申报**  场（点）方应在屠宰前 6 小时向所在地动物卫生监督机构申报检疫，急宰动物的可以随时申报。

**2. 申报方式**  屠宰企业通过管理相对人 App 录入数据项申报检疫，填报产品检疫申报单。

**3. 申报受理**  官方兽医接到检疫申报后，通过智慧兽医云平台官方兽医 App 对系统内申报信息进行监督审核，受理的，应当及时实施宰前检查；不予受理的，予以驳回并说明理由。受理依据：①符合农业农村部屠宰检疫范围；②进场查证验物符合规定；③企业实施"瘦肉精"自检和"非洲猪瘟"自检合格。

### 四、宰前检疫

**1.** 屠宰前 2 小时内，在健康动物留养待宰期间，官方兽医应按照动物产地检疫规程中"临床检查"部分实施群体检查和个体临床健康检查，剔出患病动物。

**2.** 经宰前检疫确定为健康的动物准予屠宰，官方兽医出具准宰通知书，待宰动物凭准宰通知书进入屠宰线。

**3.** 经宰前检疫发现口蹄疫、猪水疱病、猪瘟、非洲猪瘟、非洲马瘟、牛瘟、牛传染性胸膜肺炎、牛海绵状脑病、痒病、蓝舌病、小反刍兽疫、绵羊痘和山羊痘、高致病性禽流感、鸡新城疫、兔出血热时，限制移动，并按照《中华人民共和国动物防疫法》《重大动物疫情应急条例》《农业农村部关于做好动物疫情报告等有关工作的通知》（农医发〔2018〕22 号）和《病死及病害动物无害化处理技术规范》（农医发〔2017〕25 号）等有关规定处理。

**4.** 在待宰圈发现生猪疑似非洲猪瘟的，应当立即暂停同一待宰圈生猪上线屠宰。同时，按规定采集相应病（死）猪的血液样品或脾脏、淋巴结、肾脏等组织样品等进行非洲猪瘟病毒检测，检测结果为阴性的，同批生猪方可继续上线屠宰；检出非洲猪瘟病毒阳性的，生猪屠宰场应当第一时间将检测结果报告当地农业农村部门，并及时将阳性样品送至所在地省级动物疫病预防控制机构进行检测（确诊）。所送样品经确诊为非洲猪瘟病毒阳性的，生猪屠宰场停产 48 小时以上，停产期间彻底清洗并每日消毒 3～5 次，在当地农业农村部门监督下，按规定扑杀所有待宰圈生猪，连同阳性批次的猪肉、猪血及副产品进行无害化处理；定期对全部场区待宰圈、屠宰车间、设施设备、交通工具、外部环境、排污管网等进行彻底清洗消毒，对屠宰企业全体职工开展非洲猪瘟防控知识培训，建立健全管理制度，留存相关详尽记录和照片或视频资料，待宰圈、排污管网、屠宰车间等采样送有资质的实验室检测非洲猪瘟病毒为阴性。停产期满后，进行屠宰企业自评估，形成书面评估报告，向所在地县级农业农村部门提出书面申请，并提交自评估报告等佐证材料，申请恢复生产评估。县级农业农村部门接到屠宰企业恢复生产的评估申请后及时报请上一级农业农村部门，上一级农业农村部门应在 2 个工作日内组织评估专家组按要求进行评估并进行现场审核，填写评估表（表2-1），提交评估报告。上一级农业农村部门根据评估专家组提交的评估报告、屠宰企业自评报告等进行综合总评，符合恢复生产条件的，准予屠宰企业恢复生产；评估不合格的，进行整改，整改合格后按程序重新进行申请和组织评估。评估结束后县级农业农村部门应于5日内将评估情况逐级上报至市、省农业农村部门。

表2-1 非洲猪瘟病毒阳性屠宰企业恢复生产评估表

| 评估项目 | 评估内容 | 是否符合要求 | 备注 |
|---|---|---|---|
| 自评估报告 | 应急处置、无害化处理、清洗、消毒等环节的措施是否到位，档案是否齐全 | | |
| 停产时间 | 是否达到48小时或15天以上 | | |
| 处置应对情况 | 是否成立领导小组，分工是否明确，各自职责是否落实到位 | | |
| 生猪及其产品处理情况 | 处理方式方法是否符合要求；记录是否完整 | | |
| 清洗消毒情况 | 现场检查清洗消毒设备设施是否与洗消能力相符；所有场所、环节是否使用了有效消毒药物；消毒药浓度和消毒频率是否符合要求；消毒是否全覆盖；记录是否完整可信 | | |
| 采样检测情况 | 非洲猪瘟病毒检测结果是否为阴性 | | |
| 制度建立情况 | 动物防疫、屠宰等制度是否建立健全 | | |
| 非洲猪瘟防控知识培训情况 | 当面考核各岗位人员，是否掌握相关知识 | | |
| 评估结果： | | | |

专家组组长（签名）：　　　　　　　　　　　　　　组员（签名）：

评估日期：　　年　月　日

## 五、屠宰同步检疫

屠宰检疫与屠宰操作相对应，按照屠宰检疫规程规定的内容，对动物头蹄、体表、胴体相关部位、淋巴结等进行。对同一头屠畜的体表、胴体、内脏、头、蹄（皮张）、淋巴结等进行同时、等速、对照的逐一检疫。在机械化流水生产线上，为防止不同屠畜的胴体、内脏、头、蹄（皮张）相互混淆，可采取对屠畜按屠宰顺序统一编号，同一屠畜的胴体、内脏、头、蹄等统一编号，挂牌或粘贴同一号码，以方便发现问题时进行对照检验。

生猪屠宰同步检疫的程序为头蹄及体表检查、内脏检查、胴体检查、寄生虫检查和复检等步骤；家禽的屠宰同步检疫的程序为屠体检查、按比例抽检、复检等步骤；牛、羊屠宰同步检疫的程序为头蹄部检查、内脏检查、胴体检查和复检等步骤。

## 六、"瘦肉精"检测

监督定点屠宰企业对屠宰的动物落实"瘦肉精"批批自检制度的基础上，官方兽医对屠宰中的动物按照各地确定的比例进行"瘦肉精"快速抽检，填写屠宰场动物检疫和"瘦肉精"检测情况登记表。经屠宰企业自检合格和动物卫生监督机构监督抽检合格后，官方兽医按照《动物检疫管理办法》和动物屠宰检疫规程的要求，严格实施同步检疫。检疫合格的，出具动物检疫合格证明，加施检疫标志，并做好相关记录。

**1. 屠宰企业开展"瘦肉精"自检**  动物屠宰企业应配备与其"瘦肉精"自检任务相适应的检验仪器设备和经过培训的检验人员，建立健全"瘦肉精"检验制度和记录；动物屠宰企业应采购能够保证检测质量的"瘦肉精"快速检测卡或其他必备仪器和试剂，并做好相关采购和使用记录。

**2. 动物卫生监督机构进行"瘦肉精"抽检**  动物卫生监督机构对进入屠宰环节的动物进行"瘦肉精"抽检，使用"瘦肉精"快速检测卡或其他必备仪器和试剂，对动物尿液进行快速检测，检测的项目包括盐酸克伦特罗、莱克多巴胺和沙丁胺醇 3 个品种，抽检的比例原则上不低于 3%，具体抽检比例可由各地农业农村部门视情况调整，并报省农业农村部门备案。

## 七、生猪屠宰环节非洲猪瘟检测

生猪屠宰是连接生猪产销的关键环节，根据我国非洲猪瘟疫情形势和国内外防控经验，开展屠宰环节非洲猪瘟检测是降低病毒扩散风险、切断病毒传播途径的有效手段。各级农业农村部门要按照中华人民共和国农业农村部公告第 119 号及有关要求，督促生猪屠宰企业落实主体责任，开展非洲猪瘟自检，严禁未经检验检疫和非洲猪瘟检测不合格的肉品流入市场。

**1.** 屠宰过程中发现疑似非洲猪瘟典型病变的，要立即停止屠宰，将可疑生猪转至隔离间，并逐头、逐脏器采集病变组织和血液样品，填写"生猪屠宰企业非洲猪瘟检测采样记录表"，进行非洲猪瘟检测，检测结果为阴性的，同批生猪方可继续上线屠宰。

**2.** 屠宰后生猪的非洲猪瘟检测，由驻场官方兽医监督生猪屠宰企业按照生猪不同来源实施分批屠宰后，对屠宰后的同一批生猪的暂储血液混合抽样并检测非洲猪瘟病毒。经 PCR 检测试剂盒或免疫学检测试纸条检测为阴性的，同批生猪产品方可上市销售。其中，经 PCR 检测为阴性的，有关生猪产品可按照规定在本省或跨省销售。

**3.** 生猪屠宰场开展非洲猪瘟病毒自检，检测结果须经驻场官方兽医签字确认，并做好非洲猪瘟检测记录。对非洲猪瘟病毒检测结果为阴性且按照检疫规程检疫合格的生猪产品出具动物检疫合格证明，并注明检测方法、检测日期和检测结果等信息，其中，出具跨省调运动物检疫合格证明的，要求其 PCR 检测结果为阴性。对未经非洲猪瘟病毒检测或检测结果为阳性的，不得出具动物检疫合格证明。

**4.** 屠宰场监测非洲猪瘟阳性的，可按以下方法进行处置。

（1）生猪屠宰企业自检检出非洲猪瘟核酸为阳性，但样品来源地存栏生猪无疑似临床症状或无存栏生猪的，为监测阳性。屠宰场所自检发现阳性的，应当按规定及时报告，暂停生猪屠宰活动，全面清洗消毒，对阳性产品进行无害化处理后，在官方兽医监督下采集环境样品和生猪产品送检，经县级以上动物疫病预防控制机构检测合格的，可恢复生产。该屠宰场所在暂停生猪屠宰活动前，尚有待宰生猪的，应进行隔离观察，隔离观察期内无异常且检测结果为阴性的，可在恢复生产后继续屠宰；有异常且检测结果为阳性的，按疫情处置。

（2）地方各级人民政府农业农村（畜牧兽医）主管部门组织抽检发现阳性的，应当按规定及时上报，暂停该屠宰场所屠宰加工活动，全面清洗消毒，对阳性产品进行无害化处理48小时后，经县级以上人民政府农业农村（畜牧兽医）主管部门组织采样检测合格，方可恢复生产。该屠宰场所在暂停生猪屠宰活动前，尚有同批待宰生猪的，一般应予扑杀；如不扑杀，须进行隔离观察，隔离观察期内无异常且检测结果为阴性的，可在恢复生产后继续屠宰；有异常且检测结果为阳性的，按疫情处置。

（3）地方各级人民政府农业农村（畜牧兽医）主管部门发现屠宰场所不报告自检阳性的，应立即暂停该屠宰场所的屠宰加工活动，扑杀所有待宰生猪并进行无害化处理。该屠宰场所在全面落实清洗消毒、无害化处理等相关措施15天后，经县级以上人民政府农业农村（畜牧兽医）主管部门组织采样检测合格，方可恢复生产。

### 八、实验室检测

官方兽医对待宰的家禽、牛、羊等动物实施宰前临床检查，怀疑患有相关动物屠宰检疫规程规定的疫病及临床检查发现其他异常情况的，按相应疫病防治技术规范进行实验室检测，并出具检测报告。实验室检测须由省级动物卫生监督机构指定的具有资质的实验室承担。

官方兽医发现待宰的兔运输途中有异常或非物理原因引起死亡情况的，应当进行隔离观察。怀疑患有《兔屠宰检疫规程》中规定疫病的，按照每批次至少30头份采集样品送实验室检测。

官方兽医对待宰的生猪实施宰前临床检查，怀疑患有《生猪屠宰检疫规程》中规定疫病及临床检查发现其他异常情况的，按相应疫病防治技术规范进行实验室检测，并出具检测报告。实验室检测须由动物疫病预防控制机构和具有资质的实验室承担。

### 九、检疫合格标准

入场（点）时，具备有效的动物检疫合格证明，畜禽标识符合国家规定；无规定的传染病和寄生虫病；需要进行实验室疫病检测的，检测结果合格；符合农业农村部规定的相关屠宰检疫规程要求，履行规程规定的检疫程序，检疫结果符合规定。

### 十、检疫结果处理

#### （一）检疫合格
依据动物屠宰检疫规程，检疫合格的产品准予出场进入流通环节。官方兽医应做如下处理：对动物胴体加盖检疫验讫印章；对分割包装的肉品加施检疫标志；出具动物检疫合格证明。

#### （二）检疫不合格
检疫不合格的产品，由官方兽医出具动物检疫处理通知单，并按以下规定处理。

**1. 生猪屠宰检疫** ①发现有口蹄疫、猪瘟、非洲猪瘟、高致病性猪蓝耳病、炭疽等疫病症状的，对相关生猪限制移动，并按照《中华人民共和国动物防疫法》《重大动物疫情应急条例》《农业农村部关于做好动物疫情报告等有关工作的通知》（农医发〔2018〕22号）

和《病死及病害动物无害化处理技术规范》（农医发〔2017〕25 号）等有关规定处理。②发现有猪丹毒、猪肺疫、猪Ⅱ型链球菌病、猪支原体肺炎、副猪嗜血杆菌病、猪副伤寒等疫病症状的，患病猪按国家有关规定处理，同群猪隔离观察，确认无异常的，准予屠宰；隔离期间出现异常的，按《病死及病害动物无害化处理技术规范》（农医发〔2017〕25 号）等有关规定处理。③发现患有《生猪屠宰检疫规程》规定以外疫病的，隔离观察，确认无异常的，准予屠宰；隔离期间出现异常的，按《病死及病害动物无害化处理技术规范》（农医发〔2017〕25 号）等有关规定处理。对污染的场所、器具等按规定实施消毒，并做好生物安全处理记录。④屠宰场（点）做好检出病害动物及废弃物的无害化处理。⑤官方兽医在同步检疫过程中应做好卫生安全防护。

**2. 牛屠宰检疫**　①发现有口蹄疫、牛传染性胸膜肺炎、牛海绵状脑病及炭疽等疫病症状的，限制相关牛的移动，并按照《中华人民共和国动物防疫法》《重大动物疫情应急条例》《动物疫情报告管理办法》和《病害动物和病害动物产品生物安全处理规程》等有关规定处理。②发现有布鲁氏菌病、牛结核病、牛传染性鼻气管炎等疫病症状的，病牛按相应疫病的防治技术规范处理，对同群牛进行隔离观察，确认无异常的，准予屠宰。③发现患有《牛屠宰检疫规程》中规定以外疫病的，监督方需对病牛胴体及副产品按《病害动物和病害动物产品生物安全处理规程》处理，对被污染的场所、器具等按规定实施消毒，并做好生物安全处理记录。④屠宰场（点）做好病害动物及废弃物的无害化处理。⑤官方兽医在同步检疫过程中应做好卫生安全防护。

**3. 羊屠宰检疫**　①发现有口蹄疫、痒病、小反刍兽疫、绵羊痘和山羊痘、炭疽等疫病症状的，限制相关羊的移动，并按照《中华人民共和国动物防疫法》《重大动物疫情应急条例》《动物疫情报告管理办法》和《病害动物和病害动物产品生物安全处理规程》等有关规定处理。②发现有布鲁氏菌病症状的，病羊按布鲁氏菌病防治技术规范处理，对同群羊进行隔离观察，确认无异常的，准予屠宰。③发现患有《羊屠宰检疫规程》中规定以外疫病的，需对病羊胴体及副产品按《病害动物和病害动物产品生物安全处理规程》处理，对被污染的场所、器具等按规定实施消毒，并做好生物安全处理记录。④屠宰场（点）做好检疫病害动物及废弃物无害化处理。⑤官方兽医在同步检疫过程中应做好卫生安全防护。

**4. 家禽屠宰检疫**　①发现有高致病性禽流感、新城疫等疫病症状的，限制相关家禽移动，并按照《中华人民共和国动物防疫法》《重大动物疫情应急条例》《动物疫情报告管理办法》和《病害动物和病害动物产品生物安全处理规程》等有关规定处理。②发现有鸭瘟、小鹅瘟、禽白血病、禽痘、马立克氏病、禽结核病等疫病症状的，患病家禽按国家有关规定处理。③发现患有《家禽屠宰检疫规程》中规定以外其他疫病的，患病家禽屠体及副产品按《病害动物和病害动物产品生物安全处理规程》的规定处理，被污染的场所、器具等按规定实施消毒，并做好生物安全处理记录。④屠宰场（点）应做好检疫病害动物及废弃物无害化处理。⑤官方兽医在同步检疫过程中应做好卫生安全防护。

**5. 兔屠宰检疫**　宰前检疫经实验室检测确认为《兔屠宰检疫规程》中规定疫病的、宰后检疫发现异常的，在官方兽医监督下对相关兔及兔产品进行无害化处理。

**6. 马属动物屠宰检疫**　①经宰后检疫发现一类疫病和炭疽时，按国家有关规定处理。②经检疫发现除炭疽以外的二类疫病和其他疫病的，对病畜胴体及副产品按《病害动物和病害动物产品生物安全处理规程》的规定处理，污染的场所、器具等严格按规定实施防疫消毒。③经宰后检疫发现肿瘤者，销毁其胴体、头蹄尾、内脏等。④经宰后检疫发现局部损伤及外观色泽异常者，按下列规定处理：黄疸、过度消瘦者，全尸作工业用或销毁；局部创伤、化脓、炎症、硬变、坏死、淤血、出血、肥大或萎缩，寄生虫损害、白肌肉等病变部分销毁，其余部分可有条件利用。⑤官方兽医应在需做生物安全处理的胴体等产品上加盖统一专用的处理印章或相应的标记，做好生物安全处理，并填写处理记录。⑥检疫废弃物按国家有关规定处理。⑦宰后检疫各环节发现疫情时，按照《中华人民共和国动物防疫法》《重大动物疫情应急条例》和《动物疫情报告管理办法》有关规定进行报告并处理。

### 十一、检疫记录

**1.** 官方兽医应监督指导屠宰场（点）做好待宰、急宰、生物安全处理等环节各项记录。

**2.** 官方兽医应做好入场监督查验、检疫申报、宰前检查、同步检疫等环节记录。

**3.** 官方兽医应当回收进入屠宰场（点）动物附具的动物检疫合格证明，填写屠宰检疫工作记录。

**4.** 生猪、家禽、羊、马属动物的屠宰检疫记录应保存 12 个月以上；牛的屠宰检疫记录应保存 10 年以上；兔的屠宰检疫动物检疫合格证明存根和检疫记录应当保存 2 年以上，检疫相关电子记录应当保存 10 年以上。

### 十二、屠宰检疫流程

屠宰检疫流程见图 2-1。

## 第三节　屠宰检疫的方法

### 一、宰前检疫

#### （一）概念和意义

宰前检疫是指在屠宰前由动物卫生监督机构派出官方兽医对待宰动物进行的检疫，是屠宰检疫的重要组成部分。通过宰前检疫能及时发现患病动物，实行病健隔离、病健分宰，减少肉品污染，有效保证肉食品的安全，防止疫病扩散，保护人类健康。

#### （二）宰前检疫的方法

作为动物屠宰前的最后一次检疫，在实际操作中主要通过群体检查和个体检查相结合的方法进行检疫，可归纳为动、静、食三态观察环节和视、听、触、检四大要领，在具体检查时，不同种的动物和不同个体的着眼点各有不同。

**1. 群体检查**　群体检查是按产地、批次分组，或以圈作为一个单位，用肉眼对动物群体进行整体状态的观察，具体方法为动、静、食三态观察。

（1）静态的观察　官方兽医深入圈舍，在不惊扰动物的情况下，仔细观察动物在自然安静状态下的表现，如其精神状态、睡卧姿势、呼吸和反刍状态。如发现有咳嗽、气喘、战栗、呻吟、垂涎、嗜睡和孤立一隅等异常现象的，立即对其涂刷标记并赶入隔离圈，待做个体检查。

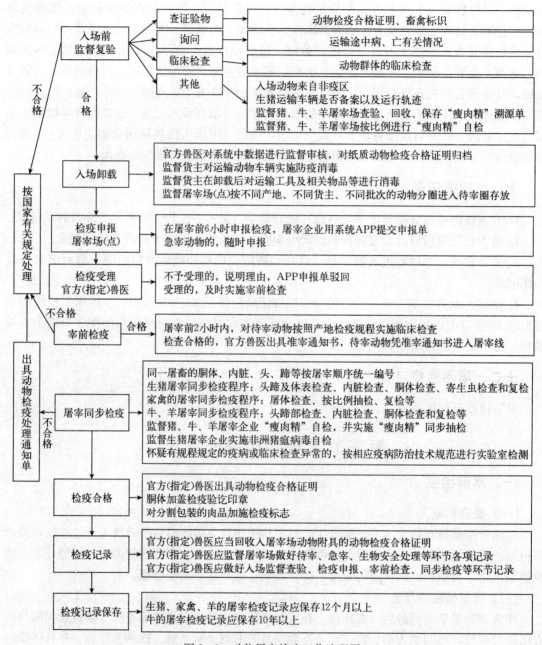

图 2-1　动物屠宰检疫工作流程图

（2）动态的观察　将圈中动物轰起或在卸载进入预检圈过程中，观察其活动姿势、体态等，如有跛行、后腿麻痹、打晃踉跄、屈背弓腰和离群掉队等异常行为的，立即对其涂刷标记并赶入隔离圈，待做个体检查。

（3）食态的观察　在动物饮水、进食时，仔细观察其饮食、咀嚼、吞咽、反刍等状态，同时观察粪便等排泄物的性状是否正常，如发现有废食、少食、不饮、不反刍、吞咽困难以及饮水异常等现象的，立即对其涂刷标记并赶入隔离圈，待做个体检查。

**2. 个体检查** 个体检查是对群体检查中发现的异常个体或者抽样检查（5%～20%）的个体进行系统的临床检查。经群体检查无异常的动物也要抽检群体总数的5%～20%做个体检查，如果发现传染病时应再抽检10%，必要时对全群进行个体检查。个体检查具体分为视诊、听诊、触诊和检测。

（1）视诊 观察动物的精神外貌、营养状况、被毛、皮肤、可视黏膜、天然孔、吻突、起卧和运动姿势、反应的灵敏度、反刍、呼吸、排泄物有无异常。如动物患中枢神经系统的疫病（如狂犬病、李氏杆菌病等）表现为有过度兴奋、惊恐不安、狂躁且攻击人畜。如病态时有的体态姿势异常，破伤风患畜形似"木马状"，神经型马立克氏病患禽"劈叉"，鸡新城疫病禽头颈扭转等等。

（2）听诊 直接或间接（用听诊器）听取动物发出的各种反常的声音，如呻吟、磨牙、嘶哑、咳嗽、喘鸣等，检查动物心音、呼吸音、胃肠蠕动音有无异常。如牛呻吟见于疼痛或病重期；鸡新城疫时发出"咯咯"声；干咳多见于感冒、慢性支气管炎等上呼吸道炎症；湿咳多见于支气管炎和牛肺疫、肺结核、肺丝虫等肺部炎症。

（3）触诊 通过触摸结合视听，进一步了解被检动物组织和器官的机能状态。触摸动物的耳、角根，初步检查其体温高低；触摸动物体表皮肤检查有无肿胀、疹块或者结节；触摸动物体表淋巴结感受其大小、形状、硬度、温度、敏感度及活动性；触摸动物胸廓和腹部观察有无敏感或压痛；对于禽类要检查嗉囊，检查其内容物性状及有无积食、气体、液体。如动物皮肤弹性降低，见于营养不良或脱水性疾病。患有马腺疫的马颌下淋巴结肿胀、化脓、有波动感，牛患梨形虫病时表现为肩前淋巴结急性肿胀。

（4）检测 重点是检测体温，并结合脉搏、呼吸检测。

## 二、屠宰同步检疫

### （一）概念和意义

屠宰同步检疫是指动物在被屠宰、放血、解体后，官方兽医通过感官检疫和剖检的方式直接检查胴体、内脏，根据其病理变化和异常现象进行综合判断，得出检验结果或进一步进行实验室检验。由于此检疫环节被分成若干环节穿插在整个屠宰加工工艺流程中进行和完成，因此被称为屠宰同步检疫。

屠宰同步检疫是对宰前检疫的必要补充，宰前检疫只能剔除一些临床症状明显或者体温变化明显的患病动物，而处于潜伏期、初期和症状不明显的患病动物会进入屠宰加工流程，这些患病动物则需要经过屠宰同步检疫剔除出来。因此屠宰同步检疫对于检出和控制疫病、保证肉食品卫生安全、防止传染病传播等具有重要意义。

### （二）屠宰同步检疫的方法

屠宰同步检疫以感官检疫（视检、剖检、触检、嗅检）的方式进行，动物检疫人员通过一般的观察，即可初步判断胴体、肉尸和内脏有无异常以及屠宰动物所患的疫病范围。

**1. 视检** 视检即观察胴体皮肤、肌肉、胸腹膜、脂肪、骨骼、关节、天然孔及各种脏器的外部色泽、形态大小、组织性状等是否正常。例如，上下颌骨膨大的（特别是牛、羊），注意检查放线菌病；喉颈部肿胀的，应注意检查炭疽和巴氏杆菌病。

**2. 剖检** 剖检是指利用器械切开并观察肉尸或脏器的隐蔽部分或深层组织的变化。这对淋巴结、肌肉、脂肪、脏器疾病的诊断是非常必要的。

**3. 触检**　用手直接触摸，以判定组织、器官的弹性和软硬度有无变化。这对发现深部组织或器官内的硬结性病灶具有重要意义。例如，在肺叶内的病灶只有通过触摸才能发现。

**4. 嗅检**　对某些无明显病变的疾病或肉品开始腐败时，必须依靠检疫人员的嗅觉来判断。例如，屠宰动物生前患有尿毒症的，肉中带有尿味；遇有屠宰动物生前药物中毒时，肉中则带有特殊的药味；腐败变质的肉，则散发出腐臭味等。

### 三、非洲猪瘟快速检测监督

生猪屠宰是连接生猪产销的关键环节，潜在风险巨大。屠宰场的生产设施设备和环境一旦被污染，病毒能够长期存活且更易在生猪和猪肉产品中循环扩增，使屠宰场成为病毒的"储存器"和"扩增器"。同时，相比其他环节，在生猪屠宰场开展检测更容易采集样品，实现最大限度的检测覆盖，是降低病毒扩散风险、切断病毒传播途径的有效手段。生猪屠宰企业的主管部门，应与屠宰企业统一思想认识、明确目标任务，督促生猪屠宰企业落实主体责任，开展非洲猪瘟自检，实现对屠宰企业非洲猪瘟自检的全过程监督，严禁未经检验检疫和非洲猪瘟检测不合格的肉品流入市场。以河北省为例，为强化屠宰企业非洲猪瘟自检制度的落实，省农业农村厅下发了《河北省农业农村部关于加强屠宰环节非洲猪瘟检测工作的通知》（冀农办发〔2019〕143号）文件，对自检过程等内容做出明确要求，屠宰企业主管部门可以参考有关内容执行。

#### （一）非洲猪瘟检测室建设基本要求

检测室应设在相对独立的区域，并与其他不相关的区域进行有效隔离，防止交叉污染。整体布局分为试剂贮存和配制区、样品制备和扩增区2个独立工作区域，需有清晰的标识，检测操作和人流、物流按照单一方向流动。内部应配备给水、排水、电力、通风、消毒及无害化处理设施。地面平整防滑，墙面、顶棚平整，易清洁消毒。工作台表面应耐热、耐腐蚀，可反复清洗消毒。

#### （二）监督屠宰企业完善非洲猪瘟 PCR 检测实验室设施设备

生猪屠宰企业非洲猪瘟 PCR 检测实验室需配置 PCR 仪或 LAMP 仪、离心机、水浴锅、冰箱（冰柜）、高压灭菌器、紫外灯等设备和移液器、一次性注射器（10毫升）、离心管（5毫升）、一次性混合血样容器、抗凝剂（柠檬酸钠：水＝1∶10）、消毒剂、消毒液容器、塑料采血管、EP 管、PCR 管、剪刀、镊子、搪瓷托盘、搅拌棒、滴头、酒精灯等实验室器材以及防护服、防护帽、鞋套、口罩、手套等防护用品。应积极鼓励有条件的屠宰企业购置Ⅱ级生物安全柜。生猪屠宰企业主管部门应针对以上设施设备逐一检查逐一核对，不得缺少任何一样，发现缺少的必须立即完善。

#### （三）监督企业规范样品采集行为

采样工作需由经过专业培训、掌握采样技术的生猪屠宰场人员实施，采样人员信息需在屠宰行业主管部门进行身份信息备案。采样人员进行血样采集时，必须穿戴防护服、一次性口罩、一次性手套，在采样数量方面，严格按照"头头采、全覆盖"的原则，使用一次性采样器具以及容量为5毫升的离心管接取血液进行采集，同批生猪应采集不多于30头的血样进行混合，屠宰生猪应100%采集血液样品。血液采集可在屠宰放血环节或待宰圈、生猪入场前进行，从前腔静脉或耳静脉抽取，每批每头生猪采集血液 2 毫升。混合血样添加 10 毫升抗凝剂，残猪、急宰猪按每头 0.5 毫升添加抗凝剂，用搅拌棒搅拌均匀，使用一次性注射器从混合均匀的血液中抽取 5 毫升血液送检。每个混合血样进行编号，同日内所有混合血样编号不得重复。用于检测的样品、备份留存的样品应统一用防水记号笔对应编号，清晰标记于采样容器上，其编号要与生猪的检疫证明号码相对应。血液样品抽取后应做好采样记录，采样记录内容包括采样日期、采样地点、采样头数、对应检疫证号码、样品类型、样品编号、采样人员等。混合后的血样应立即送检测室进行检测，特殊情况下混合血样在现场放置的时间应不超过 30 分钟。备份留存样品应在－20 ℃冷冻保存至少 1 个月以上。

血液采集可按不同来源地、屠宰批次等分批采集，采集后及时填写"生猪屠宰企业非洲猪瘟检测采样记录表"。

### （四）严格样品检测

采用农业农村部批准的商品化试剂盒检测，检测操作步骤按照试剂盒及 PCR 仪操作说明书进行。检测结束后，如实填写检测报告。结果处置按照《生猪屠宰检疫规程》和农业农村部实时发布的非洲猪瘟疫情防控相关文件执行。

### （五）样品制备后的消毒处理

实验室可使用 0.8％氢氧化钠消毒，及时对移液器吸头、桌面、台面、器具等消毒处理。对于剪刀、镊子等可重复使用的物品，可以浸泡消毒的，则用消毒剂浸泡处理 30 分钟；不能浸泡的，则喷洒消毒剂作用 30 分钟（为防止喷洒的消毒液干燥，应中途再喷洒一次），消毒剂最好现用现配制。在处理样品时，如不慎溅到台面或生物安全柜上，应立即使用 2％氢氧化钠喷洒覆盖溅出处一定时间以消除污染。消毒完毕，水分蒸发后，台面、器具内壁等可能会出现白色结晶，用蒸馏水喷洒擦拭清理干净即可。

### （六）应急处置

屠宰过程中（待宰圈或屠宰线）发现生猪疑似非洲猪瘟的，发现疑似非洲猪瘟典型病变的，要立即停止屠宰、将可疑生猪转至隔离间，要求逐头采集相应猪只的全血样品或病变明显的组织样品，组织样品首选脾脏，其次为淋巴结、扁桃体、肾脏及骨髓（骨头），并填写生猪屠宰企业非洲猪瘟检测采样记录表。用于生产饲料原料的猪血，在出场前每车次至少采集 3 个血液样品，并填写生猪屠宰企业非洲猪瘟检测采样记录表。

### （七）全过程无缝隙监管

驻场官方兽医应熟练掌握采样、检测等技术手段以及有关要求，对从采样一直到检测工作结束的过程实现无缝隙监管。驻场官方兽医应不定期抽查"留样"样品保存情况，建立"留样台账"；监督对检测样品以及用品按照规定进行无害化处理，无害化处理要求以医疗废弃物处理方式处理，由企业自行联系无害化处理单位，定期收集处理，并建立"无害化处理台账"。屠宰企业需完善非洲猪瘟 PCR 检测试剂使用台账，做到试剂购置支出使用记录有明细，妥善保管相关试剂。做好实验室生物安全防护监督，督促企业落实安全防护制度，每天对实验室进行大清洗、大消毒，清理有关杂物，检测完毕后，应对使用的设施设备进行消毒处理，做到实验室干净无污，整齐划一，防止污染面扩散，实验室内不得有蚊虫等动物进入，必须做到干净整洁。

### 四、实验室检测

实验室检测是保障屠宰检疫环节肉品质量安全的最后一道关口，凡在临床感官检疫中不能确定或怀疑某些疫病时，应进一步做实验室检测，然后依据检测结果结合临床感官检疫特征作出综合性判断。而病料采集是否合理、保存是否得法和送检是否及时，也会直接影响判断结果的正误，这是一项非常认真细致的工作，应予以高度重视。

**（一）病料的采集**（同第一章第三节中"实验室检测"相关内容）

**（二）病料的包装与送检**（同第一章第三节中"实验室检测"相关内容）

**（三）主要检测方法**

**1. 病原组检测** 采取有病变的器官、组织、血液用直接涂片法进行镜检，必要时再进行细菌分离、培养、动物接种以及生化反应来加以判定。

**2. 理化检测** 判断肉的腐败程度完全依靠细菌学检疫是不够的，还需进行理化检疫。可用氨反应、联苯胺反应、硫化氢试验、球蛋白沉淀试验、pH 测定等综合判断其新鲜程度。

**3. 血清学检测** 针对某种疫病的特殊需要，采取沉淀反应、补体结合反应、凝集试验和血液检查等方法来鉴定疫病的性质。

# 第三章　动物产品检疫

《中华人民共和国动物防疫法》中所称的动物产品，是指动物的肉、生皮、原毛、绒、脏器、脂、血液、精液、卵、胚胎、骨、蹄、头、角、筋以及可能传播动物疫病的奶、蛋等。

动物产品检疫是运用动物医学的各种诊断技术检查法定动物疫病、防止疫病传播的一项带有强制性的行政措施。具有保护人体健康、防止动物疫病传播、促进经贸发展的重要意义。

本章主要介绍动物产品的检疫申报、检疫程序及合格标准、检疫结果处理、检疫处理记录填写，并阐述如何出具检疫结果并做好检疫记录，为官方兽医在实际检疫操作中提供借鉴。

## 第一节　动物产品检疫申报

检疫申报是指动物产品在离开产地前，货主应当在规定时限内向所在地动物卫生监督机构申报检疫。

### 一、检疫申报的方式

以河北省为例，动物产品生产加工个人、单位等在出售或调运动物产品前，货主可使用河北省兽医云平台管理相对人 App 进行电子申报。

### 二、检疫申报的时限

**1.** 出售、运输动物产品，应当提前 3 天申报检疫。

**2.** 出售、运输种用动物的精液、卵、胚胎、种蛋，应当提前 15 天申报检疫。

**3.** 向无规定动物疫病区输入相关易感动物产品的，货主除按规定向输出地动物卫生监督机构申报检疫外，还应当在起运 3 天前向输入地省级动物卫生监督机构申报检疫。

### 三、重新办理检疫申报

有下列情况之一的，货主应当重新申报检疫：

（1）变更运输动物产品的品种或者数量的；

（2）变更到达地点的；

（3）改换包装或者重新拼装的；

（4）超过检疫证明有效期的。

#### 四、动物卫生监督机构的告知义务

动物卫生监督机构应当将申报的时限、方式、应提交的材料和程序等内容在显著位置公示，并使其便于当事人流览和索取。

# 第二节　动物产品检疫程序

以河北省为例，动物卫生监督机构接到动物产品检疫申报后，应当立即对申报时提交的电子材料进行审核，不符合条件的通过河北智慧兽医云平台官方兽医 App 予以驳回，并填写驳回原因同时告知申报人；受理检疫申报后，官方兽医应及时到达现场或指定地点对动物产品实施检疫。

### 一、动物产品检疫内容

**1.** 精液、卵、胚胎以及可能传播动物疫病的奶、蛋需核查供体养殖档案、生产记录、动物免疫情况、动物疫病监测记录，必要时进行实验室检测。

**2.** 动物的肉、脏器、脂、血液、骨、蹄、头、角、筋等查验原始动物检疫合格证明（动物产品 A、动物产品 B），必要时进行实验室检测。

**3.** 生皮、原毛、绒熏蒸消毒检疫。

**4.** 输入到无规定动物疫病区的相关易感动物产品，应当在输入地省级动物卫生监督机构指定的地点，按照农业农村部规定的无规定动物疫病区有关检疫要求进行检疫。检疫合格的，由输入地省级动物卫生监督机构的官方兽医出具动物检疫合格证明；不合格的，不准进入，并依法处理。

**5.** 经航空、铁路、道路、水路运输动物产品的，托运人托运时应当提供检疫证明；没有检疫证明的，承运人不得承运。

**6.** 进出口的动物产品，承运人凭进口报关单证或者海关签发的检疫单证运递。

### 二、动物产品合格标准

**1.** 经检疫符合下列条件的，由官方兽医出具动物检疫合格证明，对胴体及分割、包装的动物产品加盖检疫验讫印章或者加施其他检疫标志：

（1）无规定的传染病和寄生虫病；

（2）符合农业农村部规定的相关屠宰检疫规程要求；

（3）需要进行实验室疫病检测的，检测结果符合要求。

骨、角、生皮、原毛、绒的检疫还应当符合其他有关规定。

**2.** 出售、运输的种用动物精液、卵、胚胎、种蛋，经检疫符合下列条件的，由官方兽医出具动物检疫合格证明：

（1）来自非封锁区，或者未发生相关动物疫情的种用动物饲养场；

（2）供体动物按照国家规定进行了强制免疫，并在有效保护期内；

（3）供体动物符合动物健康标准；

（4）农业农村部规定需要进行实验室疫病检测的，检测结果符合要求；

（5）供体动物的养殖档案相关记录和畜禽标识符合农业农村部规定。

**3.** 出售、运输的骨、角、生皮、原毛、绒等产品，经检疫符合下列条件的，由官方兽医出具动物检疫合格证明：

（1）来自非封锁区，或者未发生相关动物疫情的饲养场（户）；

（2）按有关规定消毒合格；

（3）农业农村部规定需要进行实验室疫病检测的，检测结果符合要求。

**4.** 可能传播动物疫病的奶应符合以下条件：

（1）供体达到健康标准；

（2）养殖场达到国家规定疫病净化标准；

（3）养殖场在最近的检疫净化期内未检出布鲁氏菌病、结核病。

**5.** 可能传播动物疫病的蛋应符合以下条件：

（1）供体达到健康标准；

（2）养殖场达到国家规定的疫病净化标准。

**6.** 经检疫合格的动物产品到达目的地后，需要直接在当地分销的，货主可以向输入地动物卫生监督机构申请换证，换证不得收费。换证应当符合下列条件：

（1）提供原始有效的动物检疫合格证明，要求检疫标志完整，且证物相符；

（2）在有关国家标准规定的保质期内，且无腐败变质。

**7.** 经检疫合格的动物产品到达目的地，贮藏后需继续调运或者分销的，货主可以向输入地动物卫生监督机构重新申报检疫。输入地县级以上动物卫生监督机构对符合下列条件的动物产品，出具动物检疫合格证明：

（1）提供原始有效的动物检疫合格证明，要求检疫标志完整，且证物相符；

（2）在有关国家标准规定的保质期内，无腐败变质；

（3）有健全的出入库登记记录；

（4）农业农村部规定进行必要的实验室疫病检测的，检测结果符合要求。

### 三、检疫结果处理

经检疫合格的动物产品，由官方兽医出具动物检疫合格证明、加施检疫标志。实施检疫的官方兽医应当在检疫证明、检疫标志上签字或者盖章，并对检疫结果负责。

经检疫不合格的动物产品，应当在当地农业农村主管部门的监督下，由官方兽医出具检疫处理通知书，并按照《中华人民共和国动物防疫法》《动物检疫管理办法》《病死及病害动物无害化处理技术规范》等法律法规的有关规定处理，处理费用由货主承担。

## 第三节 检疫记录

动物产品检疫工作记录分为三类。一是按次数记录，二是按日记录，三是连续记录。动物产品检疫情况记录表（见表3-1）属于连续记录，由实施检疫的官方兽医填写。

**表 3 - 1  动物产品检疫工作记录表**

动物卫生监督所（分所）名称：

| 检疫日期 | 货主 | 申报单编号 | 产品种类 | 产品数量 | 检疫地点 | 检疫方式 | 出具《动物检疫合格证明》编号 | 出具《检疫处理通知单》编号 | 到达地点 | 运载工具牌号 | 官方兽医姓名 | 备注 |
|---|---|---|---|---|---|---|---|---|---|---|---|---|
|  |  |  |  |  |  |  |  |  |  |  |  |  |
|  |  |  |  |  |  |  |  |  |  |  |  |  |
|  |  |  |  |  |  |  |  |  |  |  |  |  |
|  |  |  |  |  |  |  |  |  |  |  |  |  |
|  |  |  |  |  |  |  |  |  |  |  |  |  |

备注：

1. "检疫地点"：现场检疫的，填写现场全称；在指定地点检疫的，填写指定地点名称。

2. "到达地点"：应注明到达地的省、市、县、乡、村或交易市场、加工厂名称。

3. "官方兽医姓名"：应填写出具动物检疫合格证明或检疫处理通知单的官方兽医姓名。

# 第四节  动物产品检疫流程

动物产品检疫流程见图 3 -1。

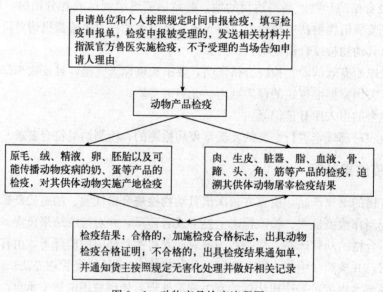

图 3 -1  动物产品检疫流程图

# 第四章 防控非洲猪瘟和非洲马瘟工作中的检疫监督

自 2018 年 8 月 3 日我国首例非洲猪瘟疫情确诊以来，党中央国务院各部委与各级相关单位高度重视，2019 年 1 月 3—4 日，时任农业农村部副部长的于康震同志赴黑龙江省绥化市明水县督导疫情处置工作，并出席非洲猪瘟防控工作督导组进驻见面会。2020 年 1 月 20 日，时任农业农村部部长的韩长赋同志在畜牧兽医局和疫控中心调研时强调再接再厉、坚持不懈、连续作战切实抓好生猪生产和非洲猪瘟防控。

2021 年 2 月 24 日，中央农村工作领导小组办公室主任，农业农村部党组书记、部长唐仁健主持召开专题会议，研究部署动物防疫工作。会议指出，动物疫病防控直接关系到畜牧业持续健康发展、畜产品稳定有效供给和人民群众生命健康，当前，全国动物疫情形势总体平稳，非洲猪瘟防控进入常态化，但也要看到，动物疫病防控形势依然严峻，必须时刻保持危机意识，不能有丝毫懈怠。2021 年 4 月 29 日，为适应非洲猪瘟防控新形势新要求，强化常态化防控，指导各地科学规范处置疫情，农业农村部在总结前期防控实践经验的基础上，结合当前防控实际，发布了《非洲猪瘟疫情应急实施方案（第五版）》，《非洲猪瘟疫情应急实施方案（2020 年第二版）》及之前版本同时废止。

本章重点阐述了非洲猪瘟和非洲马瘟的概念、发生过程及它们之间的关系。从不同角度、不同侧面对非洲猪瘟与非洲马瘟的危害性进行展开、探讨，无论非洲猪瘟在我国分布范围有多广，我们有信心有能力根除非洲猪瘟，并做好非洲马瘟的防控工作。

## 第一节 非洲猪瘟

### 一、非洲猪瘟概述

#### （一）概念

非洲猪瘟（African Swine fever，ASF），是一种急性、发热传染性很高的滤过性病毒所引起的猪病，其特征是发病过程短，但死亡率高达 100%，临床表现为发热，皮肤发绀，淋巴结、肾、胃肠黏膜明显出血。

#### （二）流行病学

非洲猪瘟病毒是唯一的虫媒 DNA 病毒，软蜱是主要的传播媒介和贮存宿主。猪是非洲猪瘟病毒唯一的自然宿主，除家猪和野猪外，其他动物不感染该病毒。本病的传染源是发病猪和带毒猪以及被污染的饲料、水源、器具等。

#### （三）发展历程

在 1921 年，肯尼亚报道了全球首起非洲猪瘟疫情并在非洲各国开始肆虐。由于非洲的野猪和钝缘蜱成为非洲猪瘟病毒的宿主，使非洲猪瘟病毒一直存在于撒哈拉以南的非洲国家，1957 年开始，非洲猪瘟先后传播至西欧和拉美国家，非洲猪瘟传出后多数被及时扑灭，但在葡萄牙、西班牙西南部和意大利的撒丁岛仍有流行。西班牙耗费 35 年根除非洲猪瘟；巴西从 1978 年发现证实第一例非瘟疫情后，耗时 6 年，最终在 1984 年成功扑灭非瘟。

**1. 西班牙根除非洲猪瘟** 1960 年，西班牙发生非洲猪瘟疫情，政府为控制非洲猪瘟投入大量资金。1985 年西班牙实施非洲猪瘟根除计划，政府的财政支持力度加大，关键措施如下：①建设流动兽医临床团队网络体系；②对所有猪场进行血清学监测；③提高饲养场及饲养设施的卫生水平；④剔除所有 ASF 暴发点，对所有的 ASF 病毒携带动物进行安乐死，消灭所有感染群；⑤对猪群的移动进行严格控制。这些措施得到了养猪业和大量社会力量的积极参与和配合，使得该病在西班牙的分布和发生率发生了极大变化。在 1987 年，西班牙境内 96％的地区已经无 ASF 临床报道。在 1989 年 10 月，西班牙实施农村包围城市不断缩小监测范围、广泛宣传报道、成立卫生防御协会等策略，到 1994 年时，西班牙境内已经无 ASF 暴发报道。1995 年 10 月西班牙正式对外宣布，ASF 根除计划顺利完成。

**2. 巴西根除非洲猪瘟** 1978 年，巴西发生非洲猪瘟疫情，政府立刻启动了紧急预案。1980 年 11 月 25 日，总统令发布了非洲猪瘟控制计划来根除非洲猪瘟，该总统令同时赋予官方和私人兽医在紧急情况下采取任何有必要的动物卫生措施的权利。

该根除计划分为三个阶段。①攻坚阶段（1980 年—1984 年）：采取的措施包括控制国际航运、控制国内生猪移动、主动监测、猪瘟疫苗免疫、对相关人员进行动物健康教育和培训、完善疫情通报系统。②巩固阶段（1984 年—1986 年）：在攻坚阶段取得的成果之上继续推进和改进控制措施，主要包括继续进行流行病学监测、加强鉴别诊断、改善动物疫病统计分析，并继续对暴发疫情进行扑杀和移动控制。③维护阶段（1987 年）继续运行猪病监测系统。

关键措施如下：①进行疫情通报；②禁止感染区和风险区内的猪自由移动；③对感染区内的所有猪只进行扑杀和焚化；④对被污染的交通工具、建筑和物品进行彻底清洗和消毒；⑤停止一切动物会发生相互接触的活动（如展览、牲畜市场等）；⑥禁止使用残羹饲喂；⑦进行动物卫生教育和培训以提高公众对紧急动物卫生活动的认识；⑧提高 ASF 疫苗生产技术，采用新的检测标准；⑨对猪场的动物卫生援助给予奖励，对观察到的所有猪病进行通告。

在全国执行根除计划的同时，巴西根据国内动物养殖分布特点、动物及动物产品流动方向、猪肉出口企业密集程度和散播该病的风险程度，又分地域、分区域地进行先后根除。巴西的根除计划可以说是最大胆有效的一次根除决策。这个计划的成功可归咎于政府的快速果断处理和措施的有效执行，以及民间团体、猪肉农商联合企业会员、兽医和其他来自私人或公益性行业专家的大力支持和积极参与。巴西政府通过大量的宣传和信息交流让农场主很愿意主动上报疫情，这使得农场主在根除计划中发挥了非常积极的作用。

由于该根除计划设计科学且执行坚决，巴西境内暴发的所有疫情都被扑灭，自 1981 年 11 月已无非洲猪瘟疫情报道且血清学监测也全部为阴性。1983 年 9 月 9 日，巴西南方区域首先宣布非洲猪瘟无疫。1984 年 12 月 5 日，巴西重新获得世界动物卫生组织的无疫认证。

## 二、我国非洲猪瘟疫情的现状

2018 年 8 月 3 日我国确诊首例非洲猪瘟疫情开始，截至 2021 年 4 月 29 日，我国共计发生 191 起非洲猪瘟疫情，其中包括 186 起家猪非洲猪瘟疫情和 5 起野猪非洲猪瘟疫情，共计扑杀大约 333 万头猪。因此我们需要不断加强对非洲猪瘟病毒特性的了解，做好疫情防控工作，避免疫情造成不必要的损失。非洲猪瘟病毒的特点是怕热不怕冷，怕干燥不怕脏，非洲猪瘟病毒对温度非常敏感，加热至 56 ℃并维持 70 分钟或加热至 60 ℃并维持 30 分钟可使其灭活，但其可在 5 ℃的血清中存活 6 年、在－20 ℃的环境下生存数年。非洲猪瘟病毒在自然环境中比较稳定，能够在污染的环境中保持感染性超过 3 天，在猪的粪便中其感染能力可持续数周，在死亡野猪的尸体中的存活时间长达 1 年。非洲猪瘟病毒在不同类别猪肉制品中具有极强的存活能力（表 4－1），病毒在肉制食品中亦比较稳定，在冰冻肉中可存活数年，在半熟肉以及泔水中可长时间存活，在腌制火腿中可存活数月，在未经烧煮或高温烟熏的火腿和香肠中能存活 3~6 个月，在 4 ℃保存的带骨肉中至少可存活 5 个月。非洲猪瘟为急性、烈性、高度接触性传染病，主要通过接触传播（直接接触、污染物间接接触传播），发病和死亡率可达 100%，给国内养猪业造成严重威胁，当前我国的非洲猪瘟疫情防控工作已经进入常态化，我们争取在政府相关部门的积极防控主导下，早日打赢消灭非洲猪瘟攻坚战！

**表 4－1 不同类别猪肉制品的定义及非洲猪瘟病毒在其中的存活时间表**

| 猪肉分类 | 咸肉 | 干肉 | 熏制肉 | 剔骨肉 | 冻结肉 | 冷冻肉 | 熟肉 |
|---|---|---|---|---|---|---|---|
| 定义 | 是指用盐腌制的猪肉 | 即冻干肉，多在冬季加工制成，它具有存放期长、不易变质、携带方便的特点 | 是指以烟为主要加工工艺，利用木屑、茶叶、甘蔗皮、红糖等材料的不完全燃烧而产生的肉制品 | 是指剔除猪肉中的骨头后而剩下来的肉 | 是指采用－25 ℃以下的低温使肉块速降温并完全冻结，然后保存在稳定的－18 ℃条件下，以冻结状态销售的肉品 | 是指畜肉宰杀后，经预冷，继而在－18 ℃以下急冻，深层肉温－6 ℃以下的肉品 | 是指高温加工到 70 ℃以上 20 分钟后，形成的肉 |
| 非洲猪瘟病毒存活时间 | 182 天 | 300 天 | 30 天 | 30 天 | 1 000 天 | 110 天 | 0 天 |

### 三、非洲猪瘟检疫中的临床检查和实验室诊断

#### （一）临床症状

发热，体温可达 41 ℃以上直到死前 2 天体温始下降。共济失调，尤其后肢站立不起，脉搏加快，咳嗽且呼吸困难，眼、鼻有黏液脓性分泌物。带血下痢，粪便表面有血液和黏液覆盖。呕吐，血液变化似猪瘟，耳、四肢、腹部皮肤有出血点，可视黏膜潮红、发绀，病死率高达 100%，妊娠母猪流产，胎儿全身水肿、皮肤有瘀血点。

#### （二）病理变化

皮下出血，过量体液存在于心脏（具有淡黄色流体的心包积水）和体腔（水肿、腹水）。心脏表面（心外膜）、膀胱和肾脏（皮层和肾盂）有出血点；脾脏肿大变黑；肺可能出现充血和淤点，气管和支气管有泡沫，肺泡水肿和间质性肺水肿；胃、小肠和大肠中过量的凝

血，肝充血和胆囊出血。

### （三）实验室诊断

**1. 试纸检测方法** 胶体金试纸检测方法是以胶体金作为示踪标志物，利用层析技术实现抗原抗体特异性检测的一种新型的免疫检测技术。该方法具有快速、灵敏、特异性好等优点，该方法操作简单，无须仪器设备，直接采血滴加到试纸条上 20 分钟后即可查看结果，尤其适合临床的快速诊断，但该方法的敏感性较高，易出现假阳性。

**2. PCR 法** PCR 方法操作简单、检测快速，是一种分子生物学检测技术，但该方法的敏感性有限，且扩增后电泳检测需要使用溴化乙锭，具有一定的毒性。PCR 检测方法具有很好的实用性，检测结果准确率较高，可以有效地应用于 ASF 的诊断以及防控。

**3. 荧光定量 PCR 方法** 荧光定量 PCR 方法是将光谱技术引入到 PCR 反应中，通过荧光信号的强弱变化定量测定特异性扩增产物的量，解决了常规 PCR 方法敏感性低和电泳检测中溴化乙锭对环境的污染问题。荧光定量 PCR 方法敏感性高、特异性强，已逐步成为 ASF 的临床诊断、检疫、食品安全检验的重要方法。

**4. ELISA 方法** ELISA 方法具有高通量、检测快速、操作简单的特点，是目前常用的免疫学诊断技术，可用于猪群中 ASF 感染的大规模调查。该方法敏感性高、重复性好、特异性强、准确性高等，但作为血清学检测技术该方法具有一定的滞后性，无法对 ASF 的早期感染做出诊断。

## 四、非洲猪瘟防控监管措施

非洲猪瘟病毒发现至今已百年，各国科学家一直想方设法研制非洲猪瘟疫苗，但是目前仍然没有研发出来。根据《中华人民共和国动物防疫法》《重大动物疫情应急条例》《非洲猪瘟疫情应急实施方案》等法律法规规定，坚持目标导向，强化底线思维；坚持疫情防控与产业发展"两手抓"，严格"内防外堵"，注重"强基固本"，通过科学定位防控目标，建立覆盖生猪养殖、运输、屠宰到猪肉加工、消费以及病死动物无害化处理等环节的全链条，防控成员单位各负其责、联防联控的闭环防控体系，严格落实防控责任，优化完善防控措施，有力有序有效防控非洲猪瘟疫情。

### （一）疫情处置、疫情排查

加强基层动物防疫、野生动物疫源疫病监测队伍和设施建设，确保监测防控工作的有序开展；加大野猪监测巡查力度，严防家猪与野猪之间传播疫情；坚持包村包场排查工作机制，养殖场户要明确排查报告员，每天向包村包场责任人报告生猪存栏、发病、死亡等情况。市、县农业农村部门要指定专人负责信息动态监控，提高疫情早期发现处置能力。落实好各项措施和要求，力争在最短时间内拔除疫点，坚决防止疫情扩散蔓延。

### （二）防控体系

建立覆盖生猪养殖、运输、屠宰到猪肉加工、消费以及病死动物无害化处理等环节的全链条监测体系。省级防控机构对年出栏量在 5 000 头以上的规模猪场进行采样监测，市级防控机构对年出栏量在 2 000 头以上的规模猪场进行采样监测，县级防控机构对年出栏量在 2 000 头以下的规模猪场进行随机抽样检测。

**（三）运输车辆备案**

以河北省为例，生猪的运输过程中应严格运输轨迹、检疫证明验证，实现河北智慧兽医云平台的车辆全程轨迹可追溯；对于运行轨迹异常、未实施装前卸后清洗消毒、未按规定地点运输和检疫证明未回收的车辆暂停运输生猪行为。

**（四）洗消中心设置**

坚持集中与常规消毒相结合的模式，设置洗消中心等对人员、车辆、物资、环境、猪舍、厂房、车间、饮水及养殖废弃物等进行彻底清洗消毒。

**（五）养殖场户"密罐式"管理**

严格落实养殖企业防疫主体责任。督促养殖场户健全并切实落实防疫管理制度，建立完善养殖生产记录，提升非洲猪瘟防控水平。引导养殖户科学饲养管理，严把人流、物流、车流、猪流"四个关口"。提高养殖场自检能力，分类分期推行养殖场生猪进场前检测、出场前检测、日常定期检测和调入生猪隔离饲养、患病猪只隔离饲养的"三检两隔离"制度。自检阳性的，按规定及时报告。严厉打击不履行疫情报告义务、逃避检疫、拒绝监督检查、不如实提供防疫资料等违法违规行为。

**（六）无害化处理**

完善病死猪无害化处理制度，加强病死猪无害化处理，及时发现并清除非洲猪瘟病原。定期对无害化处理场环境、车间、运输车辆进行病原检测，指导做好消毒灭源工作；及时开展病死猪疫情排查，加强对病死猪收集车辆和无害化处理场处理过程的监管，严厉打击随意丢弃病死猪等违法行为。

**（七）屠宰企业落实非洲猪瘟检测制度**

加大上市生猪产品和屠宰企业暂存产品抽检力度。市级农业农村部门每半年组织开展1次检测能力比对，不合格的暂停其屠宰行为。加强对屠宰企业的监督抽检，落实县级监督机构月抽检、市级监督机构季抽检、省级监督机构随机抽检和省市监督机构抽检同步措施，对抽检呈阳性的企业实施飞行检查和定期抽检制度。

**（八）餐厨剩余物管理**

严禁使用餐厨剩余物饲喂生猪，抓好专项排查整治，严厉惩处餐厨剩余物喂猪行为。

**（九）防控技术**

推进防控关键技术研究，力争在疫苗研发方面有所突破。

**（十）5大区防控措施**

自2021年5月1日起在全国范围开展非洲猪瘟等重大动物疫病分区防控工作。将全国划分为5个大区：北部区、东部区、中南区、西南区和西北区；推动建立分区防控和区域联防机制，建立区域内省际联席会议制度，统筹抓好疫病防控、调运监管和市场供应等工作。

**（十一）省际公路检查站和指定通道**

加强跨省调运监管，推进生猪及其产品跨省调运经指定通道运输。着力调整优化区域内生猪生产和流通方式，科学规划生猪产业布局，支持建设现代冷鲜肉品流通和配送体系，引导大型养猪企业转型升级，就近建立屠宰场，"变运猪为运肉"。

**（十二）非洲猪瘟无疫区**

强化疫病监测和调运监管，提升区域防控能力。同时，鼓励引导具备条件的大型企业建设非洲猪瘟无疫小区。

### （十三）加强宣传培训

针对养殖企业和中小型养殖场户、生猪保险理赔员、动物防疫人员、生猪贩运人员和基层兽医人员，分类开展培训，提高相关人员的非洲猪瘟防控意识，降低职业人群传播疫情的风险。

### （十四）境外疫情防堵和国际合作

强化生猪产品"打私"国际合作，全面落实反走私综合治理各项措施。

### （十五）保护生猪基础产能

加大产业扶持力度，切实抓好生猪生产，稳定基础产能，科学规划生猪养殖规模和布局，维护正常市场秩序。

## 五、非洲猪瘟防控策略探讨

**1. 县级政策支持** 2020 年全球新冠肺炎疫情大面积暴发，我国经过精心组织不断优化防控措施，取得了令世界瞩目的成绩，受到了世卫组织的高度评价。当前我国养猪业深受非洲猪瘟疫情影响，严重影响我国畜牧业的健康发展，部分县级政府借鉴我国新冠疫情防控模式，建立以县级非洲猪瘟 PCR 实验室为单位的检测机构，在规定的时间内，官方兽医与养猪户协同采样送检，经实验室检测结果为阳性的样品所属养殖场、屠宰场、冷库等场所一律停止经营并限期整改。支持公安、交通部门配合农业农村部门严厉打击非法运输调运生猪及其产品的活动。支持市场监督部门与农业农村部门联合打击私屠滥宰现象，鼓励低生物安全的养猪企业升级改造或者转产转行。

**2. 县级财政支持** 养殖、生产、经营业主主动配合检测出非洲猪瘟病毒的，县级财政部门应在一周之内发放相关补助。

**3. 国家技术支持** 依托中国动物卫生于流行病学中心等专业机构或省级、市级权威机构的指导，主动配合做好非洲猪瘟病毒检疫、检测、防控等工作。

（1）严格检疫监管 县级动物卫生监督机构协同乡镇派驻官方兽医对各大养殖场、屠宰场、冷库等相关场所实施"围网扑鱼"策略进行非洲猪瘟病毒检测，同时严格实施产地检疫和屠宰检疫工作。

（2）联防联控机制 农业农村部会同交通运输、公安部门科学布设检查站点，确保生猪出入把关不留空当；建立联合执法工作机制，确保检查人员应派尽派；交通运输部门组织公路管理机构和收费公路经营管理单位，依托公路治超站和收费站，配合农业农村部门全面做好联防联控工作，发现可疑车辆及时通知农业农村部门并协助做好相关处置工作；公安部门协助农业农村、交通运输部门对生猪运输车辆进行监督检查，及时依法处置阻碍检查、暴力抗法以及其他突发情况；充分利用无人机、人工智能、农业天眼等现代化手段，三部门统筹协调力量资源，建立健全情况通报、联合作战、信息共享、案件移交等联防联控工作机制。

## 六、非洲猪瘟在我国的未来趋势

国际上曾根除消灭非洲猪瘟的国家目前只有 13 个，其中古巴、比利时、法国三个国家是消灭了又重新发生。从国外防控"非瘟"的正反案例不难看出，主动加强血清学监测和排查，严格清除病毒携带和感染猪只；严格控制生猪移动和猪只来源；加强生物安全措施，并减少与传染源接触机会；及时上报疫情，严格集中无害化处理病死猪只是行之有效的防控措施。由于非洲猪瘟病毒已在我国定殖，将其彻底根除净化绝非一朝一夕能够完成的，需要做好打"持久战"的准备。因此农业农村部于 2020 年 8 月印发了《非洲猪瘟常态化防控技术指南（试行版）》，针对非洲猪瘟防控新形势，及时调整优化防控策略，建立常态化防控机制，其中一项重要任务就是针对当前存在的问题，制定相应的技术标准和规范，指导生产经营主体查漏补缺，有效降低非洲猪瘟发生风险。按照"系统梳理、分类指导、精准防控"的原则，《非洲猪瘟常态化防控技术指南（试行版）》共分为 3 大部分，涉及 10 个方面，对生猪养殖、运输、屠宰和病死猪无害化处理等环节的风险因素和防控技术要点进行了系统梳理，以期引导各类生产经营者做好精准防控，不断提升生物安全水平，切断疫情传播途径，为生猪生产加快恢复保驾护航。伴随着非洲猪瘟常态化防控工作的深入开展和相应控制措施的认真落实，在不久的将来我国一定可以根除非洲猪瘟。

# 第二节 非洲马瘟

## 一、非洲马瘟概述

### （一）概念

非洲马瘟是由非洲马瘟病毒引起的马属动物的一种急性或亚急性传染病，以发热、皮下结缔组织与肺水肿以及内脏出血为特征，只能通过昆虫传播。马对此病的易感性最高，病死率高达 95％。非洲马瘟是由病毒引起的单蹄兽的急性或亚急性传染病。

### （二）流行病学

本病发生有明显的季节性和地域性，多见于温热潮湿季节，传播迅速，常呈地方流行或暴发流行，主要流行于非洲撒哈拉沙漠以南地区，在中东、欧洲、亚洲西南部等地时有发生。中国尚无本病发生。病毒的贮藏宿主目前尚未研究清楚，马、骡、驴、斑马等单蹄兽是本病毒的易感宿主。马尤其幼龄马易感性最高，骡、驴依次降低。大象、野驴、骆驼、犬因接触感染的血及马肉也偶可感染。本病的传染源为病马、带毒马及其血液、内脏、精液、尿、分泌物及其脱落组织。传播媒介是库蠓，其中拟蚊库蠓是最重要的传播媒介。

### （三）发展历程

本病主要流行于非洲大陆中部热带地区，并传播到南部非洲，有时也传播到北部非洲。据记载，全球共有 41 个国家报告疫情，多为非洲国家。该病主要流行于非洲南部，曾传播到北非、中东、阿拉伯半岛、西南亚和地中海区域国家，1959—1963 年，中东和西南亚的疫情导致 30 多万匹马死亡。1987—1990 年，非洲马瘟传播至西班牙、葡萄牙。中国尚无本病发生。2020 年 3 月 27 日，泰国官方向世界动物卫生组织（OIE）紧急通报，2 月 24 日呵叻府（Nakhon Ratchasima）农场发生 1 起非洲马瘟，涉及易感动物为 341 匹马，其中 62 匹发病，42 匹死亡，这是该国首次发生非洲马瘟疫情。

## 二、目前我国非洲马瘟的状况

中国尚无本病发生。OIE 将非洲马瘟列为 A 类疫病，我国将非洲马瘟列为一类动物疫病。本病发生有明显的季节性和地域性，多见于温热潮湿季节，常呈地方流行或暴发流行，传播迅速；厚霜、地势高燥、自然屏障等影响媒介昆虫繁殖或运动的气候、地理条件，可使本病显著减少。

我国《非洲马瘟防控手册》的出台过程：2020 年 4 月 22 日，农业农村部办公厅发布《关于做好非洲马瘟防范工作的通知》，通知要求高度重视非洲马瘟防范工作、开展紧急监测、严格处置突发疫情、夯实技术储备、加强宣传培训；2020 年 5 月 29 日，中国动物疫病预防控制中心发布《非洲马瘟防控手册》，内容涉及三部分，即非洲马瘟的概述、非洲马瘟的防控措施和非洲马瘟的诊断。

### 三、非洲马瘟的检疫

#### （一）临床症状

潜伏期通常为 2～14 天。按病程长短、症状和病变部位，一般分为肺型（急性型）、心型（亚急性型、水肿型）、肺心型、发热型和神经型。

**1. 肺型**　多见于本病流行暴发初期或新发病的地区，呈急性经过。病畜体温升高达 40～42 ℃，精神沉郁、呼吸困难，心跳加快；眼结膜潮红，畏光流泪；肺出现严重水肿，呼吸困难，并有剧烈咳嗽，鼻孔扩张，流出大量含泡沫样液体；病程为 11～14 天，常因窒息而死。

**2. 心型**　又称水肿型，病程较慢，多为亚急性经过，常见于免疫马匹或弱毒株病毒感染的马匹，以发热并持续几周为特征。病毒体温一般不超过 40.5 ℃，眼上窝、眼皮、面部、颈部、肩部、胸腹下及四肢水肿，多因缺氧和心脏病变于 1 周内死亡。

**3. 肺心型**　较常见，病畜呈现肺型与心型症状，常因肺水肿和心脏衰竭导致病畜在1 周内死亡。

**4. 发热型**　又称亚临床型，此型多见于免疫或部分免疫的马匹。症畜症状轻微，仅见体温升高到 40 ℃，持续 1～3 天，厌食、结膜微红、脉搏和呼吸均加快。

**5. 神经型**　一般很少见到。

马感染非洲马瘟病死率变动幅度很大，最低为 10%～25%，最高可达 90%～95%，骡和驴的病死率分别为 50% 和 10%。耐过本病的马匹只能对同一型病毒的再感染有一定的免疫力。

#### （二）病理变化

肺型病变为：肺水肿；胸膜下、肺间质和胸淋巴结水肿，心包点状淤血，胸腔积水；最特征和最常见的病理变化是皮下和肌间组织胶冻样浸润，此病变以眶上窝、眼和喉最为显著。

#### （三）实验室诊断

本病实验室诊断常用的方法包括病毒分离鉴定、RT - PCR 核酸检测、ELISA 抗原检测、竞争性 ELISA 抗体检测、血清中和试验、琼脂扩散试验、红细胞凝集试验等。

### 四、非洲马瘟的监管

#### （一）疫苗问题

根据《OIE 陆生动物卫生法典》，一个国家/地区在被认定为无非洲马瘟国家/地区时，该国家/地区内的马匹不能系统性接种非洲马瘟疫苗。我国目前属于无非洲马瘟国家，因此未得到相关管理部门批准，不能接种非洲马瘟疫苗。

### （二）防控问题

据专家分析，我国已在国内检出非洲马瘟传播媒介昆虫，疫情传入我国的风险较高；我国马属动物均易感，从业人员对该病认知有限，疫情传入我国后的暴露风险高且后果和损失将非常严重。各地要高度警惕境外传入风险，密切关注境外疫情动向，加强非洲马瘟防控知识和技术的宣传与培训，做好应急准备工作。西南、西北边境省份畜牧兽医部门要与海关、林草、边防等部门密切协作，强化联防联控，按照职责分工，抓好疫情预警、边境地区防控、口岸检疫、野生马属动物巡查、打击走私、宣传培训等工作，严防非洲马瘟疫情传入。

### （三）防控策略

尚无有效的药物治疗方案。感染区应对未感染马进行免疫接种，如多价苗、单价苗（适用于病毒已定型）、单价灭活苗（仅适用于血清4型）。我国尚未发现此病，为防止此病从国外传入，禁止从发病国家输入易感动物。发生可疑病例时，按《中华人民共和国动物防疫法》规定，采取紧急、强制性的控制和扑灭措施，采样进行病毒鉴定，确定病原及血清型，扑杀病马及同群马，尸体进行深埋或焚烧销毁处理。并采用杀虫剂、驱虫剂或筛网捕捉等控制媒介昆虫。从污染国参赛返回的马匹，必须进行严格的检疫，并隔离观察2个月，当发现可疑病例时，应及时确诊，并进行严格的隔离、消毒；病死马应做焚烧或深埋处理，并对周围环境进行严格消毒。

# 第三节　非洲猪瘟与非洲马瘟的关系

## 一、生存共性与传播区别

### （一）生存共性

非洲猪瘟和非洲马瘟均起源于非洲大陆。从地理位置和气候特点来看，非洲大体是一个起伏不大的高原，赤道横贯大陆中部，全年气温较高，最高气温可达近60℃，有"热带大陆"之称，气候干燥雨量较少。非洲猪传播媒介都有虫媒，非洲猪瘟的传播虫媒是软蜱，非洲马瘟的传播虫媒主要是库蠓，其次是伊蚊、蜇蝇等。

### （二）传播途径的区别

自非洲猪瘟在我国发生以来，根据目前所掌握的数据分析，主要是通过非法运输生猪及其产品、餐厨剩余物（泔水）饲喂生猪、养殖场所内人员车辆带毒三种方式传播的；而非洲马瘟在我国尚未发生，据相关资料显示该病主要通过库蠓、伊蚊和库蚊吸血等媒介昆虫传播，其次可通过病马、带毒马及其血液、内脏、精液、尿、分泌物及所有脱落组织进行传播。

### （三）传播速度的区别

非洲猪瘟传播速度慢，自然传播速度为2～5千米/月，它的传播除了虫媒外，主要是通过生猪运输、饲料饲喂、泔水等人为帮助进行扩散，所以说是人为疾病。非洲马瘟传播迅速，但有疫苗可以使用，非洲猪瘟无疫苗可以使用。

## 二、联防联控

### （一）从两者生存共性的角度优化环境

非洲猪瘟和非洲马瘟同源于非洲大陆的两种一类动物疫病，都是虫媒传播，非洲大陆的气候条件是：热带沙漠气候、热带草原气候、热带雨林气候。现有研究表明非洲猪瘟的发生传播没有明显的地域性和季节性；但非洲马瘟在地势干燥、有厚霜、自然屏障好的地域发生概率低，多发生在温热潮湿的季节，虫媒的大量繁殖增加非洲马瘟的发生概率。这些发生非洲马瘟的地域气候等特征可以作为非洲猪瘟防控及净化的前期条件加以考虑。

### （二）从两者传播区别的角度同栏共养

非洲猪瘟在我国之所以传播速度快，主要是人为因素造成的，如果消除主要人为因素的传播，非洲猪瘟病毒的传播会很慢。非洲马瘟的传播迅速在于借助虫媒的传播，但非洲猪瘟的虫媒传播速值很低，都是可防可控的。试从两种不同物种之间寻找突破点，马的嗅觉是很发达的，能鉴别污水或有害的饲草饲料，对受污染的水和饲料拒绝饮用，让马匹和生猪在一起生活，可作为"哨兵猪"长期生存在养猪场所，起到保护生猪健康作用。

### （三）从非洲马瘟防控的角度同步防控

这两种动物疫病的防控措施可以同步进行，我国现有的马属动物分布比较集中，而且数量有限，而且管理规范化程度很高。虫媒是非洲猪瘟和非洲马瘟的传播途径之一，因此防控非洲猪瘟防范非洲马瘟应对养殖场所进行杀蜱灭蚊，及时清理场内积水，以防止蚊虫滋生，并在环境中喷洒杀虫剂，防止软蜱和蚊的侵入与扩散。在做好非洲猪瘟防控的过程中兼顾预防非洲马瘟的入侵，取得一举两得的成绩。

## 三、结论

英国 Pirbright 研究所的琳达·迪克森等人在英国《兽医杂志》撰文中指出，人们对非洲猪瘟病毒的感染机制和保护性反应并不是很了解，也没有发现确实有效的保护性抗原，阻碍了疫苗的合理设计，因此全球尚无安全的非洲猪瘟疫苗生产报道，目前已知非洲猪瘟病毒共有 24 个基因型，通过数据比对，在我国不同疫区分离的非洲猪瘟病毒均为基因 II 型，流行的毒株均为强毒株，单一的病毒毒株对于我国的疫苗研发使用具有良好的条件。同时，在没有生产安全可靠的非瘟疫苗前，做好疫情制度的不断完善和排查检测工作，加大生物安全知识普及力度依然是主要任务，通过优化环境、同栏共养、同步防控来做好联防联控，符合国际动物卫生组织提出在两种动物之间进行大胆尝试协同联防联控的全球倡议，有利于防控非洲猪瘟防范非洲马瘟，保障我国畜牧业的生产生活稳定。

# 2 第二篇
## 动物防疫监督管理

# 第五章　重点场所防疫管理

## 第一节　动物饲养场的监管

随着我国畜牧养殖业集约化、规模化、现代化程度的不断提高，规模饲养场、养殖小区在整个饲养环节中的占比日益提高，由其提供的畜禽产品在市场上占据了绝对的比重，为切实消除养殖环节动物疫病传播隐患，确保提供安全可靠的畜禽产品，严格规范做好规模养殖场、养殖小区监督管理工作的意义重大。

界定动物饲养场监管的法律法规依据：《中华人民共和国动物防疫法》《中华人民共和国畜牧法》《中华人民共和国农产品质量安全法》，以河北省为例，还包括《河北省畜禽养殖场养殖小区规模标准和备案程序管理办法》《河北省动物疫病风险评估分级管理办法（试行）》（冀牧医防发〔2013〕8号）等法律法规。

### 一、规模养殖场的监督检查职责

#### （一）畜禽养殖场、养殖小区的备案情况

畜禽养殖场、养殖小区应当依法向所在县级农业农村部门备案，取得畜禽养殖代码。畜禽养殖代码由县级农业农村部门按照备案顺序统一编号，每个畜禽养殖场、养殖小区只有一个畜禽养殖代码。畜禽养殖代码由6位县级行政区域代码和4位顺序号组成，作为养殖档案编号。

**1. 畜禽养殖场和畜禽养殖小区备案规模标准**　生猪养殖场常年存栏量在100头以上；奶牛养殖场常年存栏量在50头以上；肉牛养殖场常年存栏量在50头以上；肉羊养殖场常年存栏量在200只以上；蛋鸡养殖场常年存栏量在2 000只以上；肉鸡养殖场常年存栏量在3 000只以上；养兔场常年存栏量在300只以上。养狐（貉、貂）场常年存栏量在300只以上；养鹿（鸵鸟）场常年存栏量在50只以上。

生猪养殖小区常年存栏量在200头以上；奶牛养殖小区常年存栏量在150头以上；肉牛养殖小区常年存栏量在200头以上；肉羊养殖小区常年存栏量在300只以上；蛋鸡养殖小区常年存栏量在5 000只以上；肉鸡养殖小区常年存栏量在10 000只以上。

其他畜禽养殖场、养殖小区备案规模标准由县级畜牧兽医行政主管部门自行确定；畜禽养殖场、养殖小区备案规模标准由省级畜牧兽医行政主管部门根据畜牧业发展实际进行调整。

**2. 备案程序**　以河北省为例，申请备案的养殖场、养殖小区，向所在县级农业农村部门提出申请，填写河北省畜禽养殖场、养殖小区备案申请表。县级农业农村部门自收到备案申请之日起，15个工作日内组织有关人员进行现场核实。情况属实的，登记备案，发给畜禽养殖代码。

**3. 备案情况** 养殖场或养殖小区对已备案内容进行变更的，应当以书面形式向县级畜牧兽医行政主管部门提出变更备案内容的申请。

县级农业农村部门应将本行政区域内养殖场、养殖小区备案情况于每年 11 月底前报设区市农业农村部门，设区市农业农村部门汇总后于每年 12 月 15 日前报省农业农村部门。

### （二）技术人员情况

养殖场应给为其服务的畜牧、兽医技术人员设立专门兽医室、官方兽医办公室。

### （三）饲养管理情况

用水必须符合国家饮用水标准。不得使用国家禁止的饲料、饲料添加剂及兽药，并严格落实休药期的规定；同一场和小区只饲养一种畜禽。

### （四）动物防疫条件情况

具备法律、法规和国务院畜牧兽医行政主管部门规定的防疫条件，并取得动物防疫条件合格证。

### （五）病死畜禽、污水污物、医疗废弃物等无害化处理情况

有对畜禽粪便、废水和其他固体废弃物进行综合利用的沼气池等设施或者其他无害化处理设施。病死畜禽按照当地农业农村部门建立的无害化处理体系实施集中无害化处理。兽医医疗废弃物按相关规定予以无害化处理。

### （六）养殖档案填写及保存情况

**1.** 畜禽养殖场、养殖小区应当建立养殖档案，载明以下内容：畜禽的品种、数量、繁殖记录、标识情况、来源和进出场日期；饲料及饲料添加剂等投入品和兽药的来源、名称、使用对象、时间和用量等有关情况；检疫、免疫、监测、消毒情况；畜禽发病、诊疗、疫病预防、控制、净化、消灭情况、死亡及无害化处理情况及报告情况；畜禽养殖代码；国务院畜牧兽医行政主管部门规定的其他内容。

**2.** 种畜场饲养种畜应当建立个体养殖档案，注明标识编码、性别、出生日期、父系和母系品种类型、母本的标识编码等信息。种畜调运时应随同携带个体养殖档案并注明调出和调入地。

**3.** 养殖档案保存时间：商品猪、禽等为 2 年，牛为 20 年，羊为 10 年，种畜禽长期保存。

**4.** 畜禽养殖场、养殖小区建立的养殖档案及种畜个体养殖档案格式按农业农村部规定文本填写。

### （七）动物防疫管理制度制定和张贴落实情况

建立健全各项动物防疫制度，并公示张贴上墙、认真贯彻落实。

### （八）其他监督检查事项

依据上级各项文件安排、布置，结合当地实际工作的需要，规范做好规模养殖场、养殖小区的其他监督检查事项，如免疫抗体采血监测、检疫申报、流行病学调查、专项工作的落实情况、进出人员及车辆的登记消毒、养殖场日常消毒管理、养殖场生产安全、养殖环节"瘦肉精"抽测等新形势下需要强化和覆盖的其他新增监管事项。

## 二、规模养殖场、养殖小区监督检查的方式和模式频次（以河北省为例）

### （一）监督检查方式

《河北省畜禽养殖场养殖小区规模标准和备案程序管理办法》规定各级农业农村部门应对备案规模养殖场、养殖小区实行动态管理，进行不定期抽查。

### （二）监管模式频次

各级农业农村主管部门应依据《河北省动物疫病风险评估分级管理办法（试行）》等法律法规的相关规定，对照河北省动物疫病风险评估评审表（动物饲养和养殖小区）对辖区内所有的规模养殖场、养殖小区逐一进行评估测评，划分动物疫病风险等级，C级表示高风险，B级表示较高风险，A级表示低风险。并对评级结果汇总公开，依据评级结果对规模养殖场、养殖区实行动物防疫评级动态管理，具体监管模式和频次如下：评级为A级［90分以上（含90分）］的每60日监督检查不少于1次；评级为B级［60分（含60分）至90分之间］的每45日监督检查不少于1次；评级为C级（60分以下或一项以上关键项不合格或未评估级别）的每30日监督检查不少于1次；监督检查人员应不低于两人，采取现场检查加留取视频相结合的模式开展，规范填写监督检查记录，一式两份，一份留畜禽养殖场、养殖小区保存，一份留监督检查机构保存，对于监督检查中能现场整改的事项督促现场整改，不能现场整改的事项，下达限期责令整改通知书，涉及违法违规的立即立案处理，涉及刑事犯罪的行为立即依法移交公安司法部门处理。

### （三）河北省动物疫病风险评估评审表（表5-1）

**表5-1　河北省动物疫病风险评估评审表**（动物饲养场和养殖小区）

| 单位名称 | | | | 风险级别 | A□　B□　C□ |
|---|---|---|---|---|---|
| 负 责 人 | | 联系电话 | | 评分结果 | |
| 地　　址 | | | | | |
| 序号 | 风险因素 | | | 分值 | 得分 | 备注 |

| 序号 | 项目 | 评分内容 | 分值 | 得分 | 备注 |
|---|---|---|---|---|---|
| 1 | ▲证照 | 查有无动物防疫条件合格证 | 10 | | |
| 2 | 选址 | 距离生活饮用水源地、动物屠宰加工场所、动物和动物产品集贸市场是否500米以上；距离种畜禽场是否1 000米以上；距离动物诊疗场所是否200米以上；动物饲养场（养殖小区）之间距离是否500米以上 | 4 | | 种畜禽参照第45、46、47、48项评估 |
| 3 | | 是否距离动物隔离场所、无害化处理场所3 000米以上 | 2 | | 种畜禽参照第45、46、47、48项评估 |

| 序号 | 风险因素 | | 分值 | 得分 | 备注 |
|------|----------|----------|------|------|------|
| | 项目 | 评分内容 | | | |
| 4 | 选址 | 距离城镇居民区、文化教育科研等人口集中区域及公路、铁路等主要交通干线是否 500 米以上 | 2 | | 种畜禽参照第 45、46、47、48 项评估 |
| 5 | 布局 | 场区周围是否建有围墙 | 2 | | |
| 6 | | 场区出入口处是否设置与门同宽，长 4 米、深 0.3 米以上的消毒池 | 3 | | |
| 7 | | 生产区与生活办公区是否分开，是否有隔离设施 | 3 | | |
| 8 | | 生产区入口处是否设置更衣消毒室，各养殖栋舍出入口是否设置消毒池或消毒垫 | 3 | | |
| 9 | | 生产区内清洁道、污染道是否分设 | 3 | | |
| 10 | | 生产区内各养殖栋舍之间距离是否在 5 米以上或者有隔离设施 | 2 | | |
| 11 | 设施设备 | 场区入口处是否配置消毒设备 | 2 | | |
| 12 | | 生产区是否有良好的采光、通风设施设备 | 2 | | |
| 13 | | 圈舍地面和墙壁是否硬化，以便清洗消毒 | 2 | | |
| 14 | | 是否设有配备疫苗冷冻（冷藏）设备、消毒和诊疗等防疫设备的兽医室，是否有兽医机构为其提供相应服务 | 3 | | |
| 15 | | 是否有与生产规模相适应的无害化处理、污水污物处理设施设备 | 3 | | |
| 16 | | 是否有相对独立的引入动物隔离舍和患病动物隔离舍 | 3 | | |
| 17 | | 动物饲养场、养殖小区是否配有与其养殖规模相适应数量的执业兽医或者乡村兽医 | 2 | | |

（续）

| 序号 | 风险因素 | | 分值 | 得分 | 备注 |
|---|---|---|---|---|---|
| | 项目 | 评分内容 | | | |
| 18 | 设施设备 | 是否有必要的防鼠、防鸟、防虫设施或者措施 | 2 | | |
| 19 | | 储存的兽药是否有假、劣兽药以及禁止使用的药品和其他化合物、人用药品、原料药 | 2 | | |
| 20 | 防疫管理 | 是否有疫情发生史 | 2 | | |
| 21 | | 是否报告动物疫情 | 2 | | |
| 22 | | 是否按规定实施免疫 | 2 | | |
| 23 | | 是否开展了免疫抗体检测 | 2 | | |
| 24 | | 场内是否饲养其他畜禽动物 | 3 | | |
| 25 | 档案记录 | 是否建立免疫制度 | 1 | | |
| 26 | | 是否建立用药制度 | 1 | | |
| 27 | | 是否建立检疫申报制度 | 1 | | |
| 28 | | 是否建立疫情报告制度 | 1 | | |
| 29 | | 是否建立消毒制度 | 1 | | |
| 30 | | 是否建立无害化处理制度 | 1 | | |
| 31 | | 是否建立畜禽标识等制度 | 1 | | |
| 32 | | 是否报告年度动物防疫条件情况 | 1 | | |
| 33 | | 养殖档案建立是否齐全 | 1 | | |
| 34 | | 畜禽品种、数量、繁殖记录、标识情况、来源和进出场日期等记录是否及时、规范 | 2 | | |
| 35 | | 饲料、用药、检疫、免疫、监测、消毒情况、无害化处理记录是否及时、规范 | 4 | | |
| 36 | 检疫监督 | 出栏动物是否按要求向当地动物卫生监督机构申报检疫 | 3 | | |
| 37 | | 引进的动物是否附有检疫证明 | 2 | | |

（续）

| 序号 | 风险因素 | | 分值 | 得分 | 备注 |
|---|---|---|---|---|---|
| | 项目 | 评分内容 | | | |
| 38 | 检疫监督 | 畜禽发病、死亡和无害化处理情况是否及时、规范 | 2 | | |
| 39 | | 应加施畜禽标识的动物是否加施了畜禽标识 | 2 | | |
| 40 | | 是否诚信经营，是否存在违法记录 | 2 | | |
| 41 | | 是否按规定实施瘦肉精检测 | 2 | | |
| 42 | 种乳用动物管理 | 跨省引进的乳用、种用动物是否按照规定进行了隔离饲养 | 2 | | |
| 43 | | 引进种用、乳用动物是否向省动物卫生监督机构申请办理审批手续 | 2 | | |
| 44 | | 种用、乳用动物和宠用动物是否符合健康标准 | 2 | | |
| 45 | 种畜禽场防疫条件 | 距离生活饮用水源地、动物饲养场、养殖小区和城镇居民区、文化教育科研等人口集中区域及公路、铁路等主要交通干线是否1 000米以上 | 3 | | |
| 46 | | 距离动物隔离场所、无害化处理场所、动物屠宰加工场所、动物和动物产品集贸市场、动物诊疗场所是否3 000米以上 | 3 | | |
| 47 | | 是否有国家规定的动物疫病的净化制度 | 1 | | |
| 48 | | 种畜场是否设置单独的动物精液、卵、胚胎采集等区域 | 1 | | |

1. 评分结果为所有项目分值总和。

2. 带▲号的是关键评估项目；如果有一项不符合要求，则评为"C级"。

3. 本表总分100分。

4. 总得分90分以上者，为"A级"；总得分为60至90分者，为"B级"；总得分低于60分者，为"C级"。

监督人员： 被监督单位负责人： 评审时间：

## 三、规模养殖场、养殖小区监管贯彻落实

### （一）常规监督检查开展模式

监督检查每场每月不低于一次，监督检查人员不少于两人，采用现场监督检查方式开展，统一填写监督检查记录，检查过程留取视频资料，检查记录和检查影像资料每月统一汇总，设立专人整理归档留存备查。监督检查样表参考表5-2和表5-3。

**表5-2　检查记录**（适用动物饲养场和养殖小区）

饲养场（养殖小区）名称：＿＿＿＿＿＿＿＿＿＿＿＿＿＿＿＿

检查时间：＿＿＿年＿＿月＿＿日＿＿时＿＿分至＿＿时＿＿分

地　　点：＿＿＿＿＿＿＿＿＿＿＿＿＿＿＿＿＿＿＿＿＿＿＿＿＿

检查人员：＿＿＿＿＿＿＿＿＿＿＿＿＿＿　记录人员：＿＿＿＿＿＿＿＿＿＿＿＿＿

监督检查情况：

| 检查内容 | 结果 | 检查内容 | 结果 |
|---|---|---|---|
| 是否建立疫情报告制度 | | 畜禽标识佩戴情况 | |
| 是否建立免疫制度 | | 饲养动物是否按强制免疫计划进行免疫接种，并有相关记录 | |
| 是否建立检疫申报制度 | | 出栏动物是否按要求向当地动物卫生监督机构申报检疫，并有相关记录 | |
| 是否建立消毒制度 | | 动物流行病学调查是否无异常 | |
| 是否建立无害化处理制度 | | 是否有无害化处理（移交）记录 | |
| 养殖档案建立情况 | | 跨省引进的乳用、种用动物是否按照规定进行了隔离饲养 | |
| 是否有消毒记录 | | 引进种用、乳用动物是否向省动物卫生监督机构申请办理审批手续 | |
| 是否有与生产规模相适应的无害化处理设施 | | 种用、乳用动物是否接受动物疫病预防控制机构定期检测 | |
| 依据＿＿＿＿号文、＿＿＿＿号文、＿＿＿＿号文、＿＿＿＿号文等文件要求对饲养场（养殖小区）进行检查是否发现问题，是否存在易爆易燃等安全隐患，饲养场负责人是否承诺不存在上述专项检查中的违法违规等事项。各养殖场（小区）在防控新冠肺炎工作中的场区消毒、人员体温检测和人员排查等是否细致到位。 | | | |
| 评价意见 | | | |
| 整改要求 | | | |

饲养场（养殖小区）负责人（签字）：　　　　　　　检查人员（签字）：

　　　　　　　　　　年　月　日　　　　　　　　　　　　　　年　月　日

### 表 5-3 养殖场安全生产督导检查表

| 养殖场户名称 | | | | 负责人 | |
|---|---|---|---|---|---|
| 地址 | | | | 联系电话 | |
| 序号 | 检查项目 | 检查内容 | | 是否存在安全生产隐患 | |
| 01 | 安全生产隐患 | 保温灯、沼气池等设施设备是否安全使用 | | □现场未发现隐患，□＿＿＿＿＿＿ | |
| 02 | | 水、电、管线有无安全问题 | | □现场未发现隐患，□＿＿＿＿＿＿ | |
| 03 | | 是否具有消防安全措施 | | □现场未发现隐患，□＿＿＿＿＿＿ | |
| 04 | | 锅炉等设施设备是否规范使用 | | □现场未发现隐患，□＿＿＿＿＿＿ | |
| 05 | | 是否对突然大风降温等气象灾害有提前准备 | | □现场未发现隐患，□＿＿＿＿＿＿ | |
| 06 | | 有无其他安全生产隐患 | | □现场未发现隐患，□＿＿＿＿＿＿ | |
| 07 | 安全生产隐患 | 告知养殖场户增强生产安全意识。当前是各类火灾、触电等安全事故高发、频发时期，养殖场要切实提高安全意识，注意消防、用电、用水安全，加强电线老化检查更换，做好圈舍修缮，防范安全生产事故 | | □已告知，□＿＿＿＿＿＿＿＿＿＿＿＿ | |
| 需要整改内容 | | | | | |
| 养殖场户负责人承诺签印 | | 以上检查内容我已认真负责如实回答，并将积极做好我场日常安全自查工作，形成"安全自查、隐患自改、责任自负"的自主管理形式，积极配合政府有关部门的安全生产监督检查，及时发现和排除事故隐患，切实履行我场安全生产主体责任。<br><br>养殖场户负责人签印： | | | |
| 检查人员签字： | | | | | |
| | | | 检查日期： 年 月 日 | | |

**（二）鼓励规模养殖企业建立二级洗消中心，对进出养殖场区运输畜禽、饲料等运输车辆彻底消毒**

建立养殖场运输车辆出入登记台账，对进出车辆实施消毒并做好登记记录，及时归档备查，同时通过远程视频监控接受官方兽医的实时监督管理。

**（三）日常畜禽养殖场（户）免疫抗体检测**

制定年度畜禽养殖环节免疫抗体监测计划，对区内养殖环节的畜禽养殖场（户）采取随机取样、集中监测，并将监测结果汇总备案，对免疫不合格的养殖场（户）通知其补免的工作流程并开展相关工作。

**（四）养殖场的消毒**

督促养殖场做好场区、圈舍、无害化处理场所的内部日常消毒，同时做好消毒记录，留档备案。

**（五）规模养殖场医疗废弃物的处理管理**

依据《医疗废物管理条例》的规定，按照"规模养殖场日常收集贮存＋医疗废弃物处理企业定期使用专用车辆组织回收运输至处理企业依法实施集中无害化处理"的模式对养殖环节的医疗废弃物进行集中无害化处理。畜牧兽医综合执法人员应定期对养殖环节的医疗废弃物处理工作开展情况进行监督检查。

**（六）规模养殖场远程无线视频监控系统**

为了进一步适应当前生猪养殖场"蜜罐式"管理新模式、充分利用远程无线视频传输新技术优势、化解官方兽医监管与规模饲养场之间接触困难的实际矛盾、最大限度地消除疫情传播隐患，要求规模生猪饲养场安装监控视频系统，利用无线信号传输技术，将场内生产、消毒、无害化处理、猪群健康监测等情况实时传输到驻场官方兽医的手机上供官方兽医监督管理使用，官方兽医一旦通过监管视频发现需要协调解决事项，第一时间通知规模养殖场予以完善解决。

**（七）规模养殖场病死畜禽无害化处理监督管理**

与保险公司积极协调联动，派出的官方兽医对无害化处理收集运输全程监督，整个过程实行痕迹化管理，并全程逐场拍照，分户建档备查，病死猪无害化处理各项记录规范、数据准确、手续完善，进一步强化无害化处理收集车辆的装前、卸载后消毒的监督管理，消毒照片留档备查。

装车完毕后对车辆加施封条，然后起运，到达委托的无害化集中处理场后由驻场官方兽医监督揭开加施的封条，卸载收集的病死畜禽，中途不得揭开封条，保证运输过程安全有序。

收集装运完成起运前、无害化处理场卸载病死畜禽后对运输车辆进行彻底消毒。

**（八）监管档案管理**

动物卫生监督机构每次监督检查后应如实填写监督检查记录。主要内容包括监督检查内容、监督检查发现问题及整改意见、被监督检查人员签字、执法人员签字等。

监督检查记录、整改记录、问题处理决定等档案材料及时归档，设立专人保管备查。

### 四、规模养殖场、养殖小区监管流程

规模养殖场、养殖小区监管流程见图5-1。

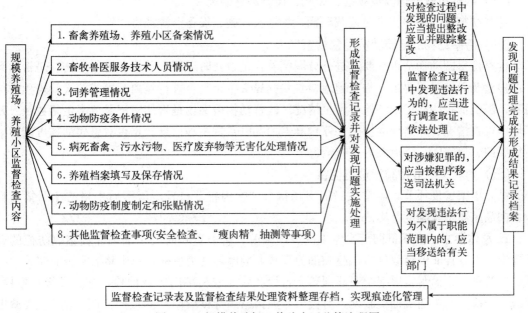

图5-1 规模养殖场、养殖小区监管流程图

# 第二节 动物屠宰企业的监管

动物屠宰环节一头连着养殖，一头连着市场，是连接动物产销的关键环节，在非洲猪瘟防控中起着承上启下的关键作用。动物屠宰企业监管是保障肉品质量安全的重要内容。依据《中华人民共和国动物防疫法》《生猪屠宰管理条例》及有关法律、法规、标准，以及农业农村部《生猪屠宰厂（场）监督检查规范》，县级以上地方人民政府农业农村主管部门对动物屠宰活动中的动物防疫实施监督管理。

### 一、监管内容

#### （一）屠宰资质

① 动物防疫条件情况和动物防疫条件合格证申办情况。为有效预防控制动物疫病、维护公共卫生安全，根据《中华人民共和国动物防疫法》和《动物防疫条件审查办法》，对动物屠宰企业动物防疫条件申办、持证、异动情况实施监督。发现不符合规定条件的按照《中华人民共和国动物防疫法》《动物防疫条件审查办法》的有关规定处理。②取得生猪定点屠宰证书、生猪屠宰标志牌情况。

#### （二）动物入场环节的监管，从源头防范动物疫病的传入

结合屠宰检疫的入场查证验物环节，监督动物（猪、牛、羊）屠宰企业回收瘦肉精自检

合格报告书（溯源单）或未添加使用"瘦肉精"保证书（溯源单）情况；监督屠宰企业开展猪、牛、羊"瘦肉精"抽检和生猪的非洲猪瘟病毒自检情况；监督屠宰企业的动物运输车辆备案和运行轨迹入场情况。

### （三）入场运载车辆以及场地、设施、设备消毒情况

监督动物屠宰场和货主对运载车辆、场地及设施、设备清洗消毒。

### （四）待宰动物的健康状况监督检查

检查待宰圈动物是否按要求进行分圈编号，是否及时对猪牛羊体表进行清洁，是否达到宰前停食及静养时间要求，临床健康检查状况异常生猪是否进行隔离观察或按检验规程进行急宰，随机抽查待宰记录和检疫申报情况。监督动物屠宰场是否如实记录待宰生猪数量、临床健康检查情况、隔离观察情况、停食静养情况以及货主等信息。是否对患病动物可能污染的待宰圈、急宰间、隔离圈等进行消毒。

### （五）对屠宰企业检验检疫的监督

结合屠宰检疫环节，监督生猪屠宰场执行"瘦肉精"自检、屠宰后生猪的非洲猪瘟自检、肉品品质检验制度落实。

**1. 总体要求**　全面贯彻落实党中央、国务院、省委省政府关于加强非洲猪瘟防控的有关要求。以管控非洲猪瘟疫情风险和助力畜牧业健康发展为目标，对生猪屠宰企业实施"高压式"管理，全面落实屠宰企业非洲猪瘟自检和农业农村部门监督抽检，落实县级月抽检、市级季抽检、省级随机抽检制度，对检出非洲猪瘟病毒核酸阳性的按照"四查清"（查清生猪来源、查清产品去向、查清企业责任、查清官方兽医履职情况）原则进行追溯核查，并严格按规定处理。

（1）企业全自检　生猪定点屠宰企业严格执行"头头采、批批检、全覆盖"的要求，对屠宰的每一头生猪都要采集血液样品进行非洲猪瘟检测。

（2）部门频抽检　县级农业农村部门在辖区内屠宰企业自检基础上每月实施一次抽检，抽取生猪血液、环境等样品各10份；市级农业农村部门每季度对辖区内的屠宰企业组织一次抽样检测，抽取血液、环境等样品各5份；市、县级动物卫生机构抽检阳性的按要求送省动物疫病预防控制中心确诊。

（3）问题严处理　对农业农村部门抽检非洲猪瘟病毒核酸阳性的，责令屠宰企业暂停屠宰活动，彻底清洗消毒，15日后，经评估合格后方可恢复生产。

**2. 肉品品质检验制度落实情况**　监督屠宰场是否按照检验规程对生猪的头、体表、内脏、胴体进行检验，是否摘除肾上腺、甲状腺、病变淋巴结，是否对检验不合格的生猪产品进行修割，是否对待宰生猪或者在屠宰过程中进行"瘦肉精"等检验，是否对检验合格的生猪产品出具肉品品质检验合格证并在胴体上加盖检验合格印章，是否如实完整记录肉品品质检验、"瘦肉精自检"等检验结果。

### （六）监督动物屠宰场落实无害化处理情况

检查屠宰企业是否对待宰死亡生猪、检验检疫不合格生猪或者生猪产品及召回生猪产品进行无害化处理，是否采用密闭容器运输病害生猪或生猪产品，是否如实记录无害化处理病害生猪或生猪产品数量，以及处理时间、处理人员等。

### (七) 检查屠宰企业生猪产品出场情况

监督动物屠宰场和货主对出入场动物产品运输工具、相关场地及物品进行消毒；检查出场生猪产品是否附有肉品品质检验合格证和动物检疫合格证明；检查出场生猪产品胴体外表面是否加盖检验合格章、动物检疫验讫印章，经包装生猪产品是否附具检验合格标志、加施检疫标志；检查动物屠宰场是否如实记录出场生猪产品规格、数量、肉品品质检验证号、动物检疫证明号、屠宰日期、销售日期以及购货者名称、地址、联系方式等信息。

### (八) 检查屠宰企业管理制度制定情况

检查动物屠宰场是否建立生猪进场检查登记制度、待宰巡查制度、生猪屠宰和肉品品质检验制度、肉品品质检验人员持证上岗制度、生猪屠宰场证 (章、标志牌) 使用管理制度、生猪屠宰统计报表制度、无害化处理制度、消毒制度、检疫申报制度、疫情报告制度、设施设备检验检测保养制度等。

### (九) 监督动物屠宰场制度落实情况、各环节记录及保存情况

监督检查动物屠宰场是否按要求报告动物疫情信息、是否按照国家《生猪等畜禽屠宰统计报表制度》的要求及时报送屠宰相关信息、是否按要求报告安全生产信息。监督检查动物屠宰场是否及时将进场查证验物登记记录、分圈编号记录、待宰记录、肉品品质检验记录、"瘦肉精"等检验记录、无害化处理记录、消毒记录、生猪来源和产品流向记录、设施设备检验检测保养记录等归档，并保存两年以上。

### (十) 对检查过程中发现的问题的处理

对检查过程中发现的问题，应当提出整改意见，并跟踪整改；对监督检查过程中发现违法行为的，应当进行调查取证并依法处理；对涉嫌犯罪的，应当按程序移送司法机关；对发现违法行为不属于职能范围内的，应当移送给有关部门。

### (十一) 依托屠宰企业视频追溯系统，实现动态监管

《关于加强非洲猪瘟防控工作的意见》要求，加强部门信息系统共享，对非洲猪瘟防控各环节实行"互联网＋"监管，用信息化、智能化、大数据等手段提高监管效率和水平。生猪定点屠宰企业贯彻落实畜禽 (猪、牛、羊) 定点屠宰场视频追溯系统安装指导意见，在入场验收、待宰静养、肉品检验、无害化处理、肉品出场、非洲猪瘟检测室等关键点安装摄像头，严格执行 24 小时无盲区无间断视频监控制度，确保农业农村部门畜禽屠宰监管人员及企业业主可通过电脑或手机端查看；视频监控损坏的场方要立即修复，否则农业农村部门畜禽屠宰监管人员有权建议停止屠宰，驻场官方兽医有权拒绝出具检疫合格证明。畜禽屠宰监管人员要将有关情况做好记录，并及时上报主管机关。依托企业视频监控追溯系统，并与驻场官方兽医办公室及县级远程视频监控中心联网，实现对屠宰企业关键风险点的实时动态监管。

## 二、监管频次要求

**1.** 农业农村主管部门应当按照《生猪屠宰厂 (场) 监督检查规范》要求，对生猪屠宰场进行全面监督检查，每年至少进行一次。

**2.** 农业农村主管部门应当按照《生猪屠宰厂 (场) 监督检查规范》要求，对生猪屠宰

场进行日常监督检查。根据疫病风险评估、动物卫生监督管理等相关规定确定监管频次。

**3.** 在动物疫情排查、公共卫生和食品安全事件处置、受县级以上人民政府农业农村主管部门指派或者存在生猪产品质量安全隐患等特定条件下，应当增加对生猪屠宰场监督检查的频次。

### 三、监管档案管理

农业农村主管部门应当建立生猪屠宰场监督检查档案管理制度。实行一场一档，全面记录监督检查、问题整改落实和违法行为查处情况，做到痕迹化管理，并对所存资料进行分年归档。

### 四、监督检查记录（仅供参考）

#### （一）日常检查记录（表5-4）

**表5-4 检查记录**（适用动物屠宰场所）

动物屠宰加工场所名称：＿＿＿＿＿＿＿＿＿＿＿＿＿＿＿＿＿

检查时间：＿＿＿年＿＿月＿＿日＿＿时＿＿分至＿＿时＿＿分

地　　点：＿＿＿＿＿＿＿＿＿＿＿＿＿＿＿＿＿＿＿＿＿＿＿＿＿

检查人员：＿＿＿＿＿＿＿＿＿＿＿＿＿＿　记录人员：＿＿＿＿＿＿＿＿

检查情况：

| 检查内容 | 结果 | 检查内容 | 结果 |
|---|---|---|---|
| 是否取得动物防疫条件合格证 | | 运输动物车辆入口是否设置与门同宽，长4米、深0.3米的消毒池 | |
| 是否建立动物入场和产品出场登记制度 | | 生产区与生活办公区是否有隔离设施 | |
| 是否建立检疫申报制度 | | 入场动物卸载区域是否有固定的车辆消毒场地，并配备有车辆清洗消毒设备 | |
| 是否建立疫情报告制度 | | 动物入场口和动物产品出场口是否分别设置 | |
| 是否建立消毒制度 | | 屠宰加工间入口是否设置人员更衣消毒室 | |
| 是否建立无害化处理制度 | | 是否有与屠宰规模相适应的独立的检疫室 | |
| 入场动物检疫证明是否证物相符 | | 是否有待宰圈、患病动物隔离观察圈、急宰间 | |
| 动物进场登记是否及时、规范 | | 是否有无害化处理设施 | |
| 出场的动物产品记录是否及时、规范 | | 待宰动物畜禽标识是否齐全 | |

（续）

| 检查内容 | 结果 | 检查内容 | 结果 |
|---|---|---|---|
| 无害化处理记录是否及时、规范 | | 畜禽标识回收销毁记录是否及时、规范 | |
| 评价意见 | | | |
| 整改要求 | | | |

动物屠宰加工场所负责人（签字）：　　　　　　　　检查人员（签字）：

　　　　　年 月 日　　　　　　　　　　　　　　年 月 日

备注：检查结果项"是"填"√"，"否"填"×"。

## （二）生猪屠宰场（厂）年度监督检查记录表（表5-5）

### 表5-5　年度监督检查记录表

屠宰场（厂）名称：　　　　负责人：　　　　地址：　　　　　　　电话：

| 检查内容 | | 检查要求 | 检查结果 | 备注 |
|---|---|---|---|---|
| 一、屠宰资质 | 1. 生猪定点屠宰证书和标志牌 | 是否取得生猪定点屠宰证书、生猪屠宰标志牌 | 是□ 否□ | |
| | | 生猪定点屠宰证书上的企业名称、经营范围、法定代表人、经营地点是否与营业执照相符 | 相符□ 不符□ | |
| | | 生猪屠宰标志牌是否悬挂于场区显著位置 | 是□ 否□ | |
| | 2. 动物防疫条件合格证 | 是否取得动物防疫条件合格证 | 是□ 否□ | |
| | | 动物防疫条件合格证上企业名称、经营范围、法定代表人、经营地点是否与营业执照相符 | 相符□ 不符□ | |
| 二、布局及设施设备 | 1. 布局 | 场区是否划分为生产区和非生产区 | 是□ 否□ | |
| | | 生产区是否分为清洁区与非清洁区 | 是□ 否□ | |
| | | 生产区是否设置生猪与废弃物出入口 | 是□ 否□ | |
| | | 生产区是否设置人员和生猪产品出入口 | 是□ 否□ | |
| | | 生猪产品与生猪、废弃物在场内是否设置通道 | 是□ 否□ | |

（续）

| 检查内容 | | 检查要求 | 检查结果 | 备注 |
|---|---|---|---|---|
| 二、布局及设施设备 | 2. 设施设备 | 是否按设计屠宰能力配备屠宰设施设备，且正常运行 | 是□ 否□ | |
| | | 是否配备与生产规模相适应的检验检疫设施设备，且正常运行 | 是□ 否□ | |
| | | 是否配备与生产规模相适应的病害猪无害化处理设施设备，且正常运转 | 是□ 否□ | |
| | | 是否配备与生产规模和产品种类相适应的冷库，且正常运转 | 是□ 否□ | |
| | | 是否配备符合要求的运输车辆，且正常运转 | 是□ 否□ | |
| | | 是否配备与屠宰生产相适应的供排水设备，且正常运转 | 是□ 否□ | |
| | | 是否配备与屠宰生产相适应的照明设备，且正常运转 | 是□ 否□ | |
| | | 是否有充足的冷、热水源 | 是□ 否□ | |
| | | 是否定期对设施设备进行检修、保养，且有相关记录 | 是□ 否□ | |
| 三、进场 | | 是否查验动物检疫合格证明 | 是□ 否□ | |
| | | 是否对进场生猪进行临床健康检查 | 是□ 否□ | |
| | | 是否查验畜禽标识佩戴情况 | 是□ 否□ | |
| 四、待宰 | | 是否按要求分圈编号 | 是□ 否□ | |
| | | 是否及时对生猪体表进行清洁 | 是□ 否□ | |
| | | 是否达到宰前停食静养的要求 | 是□ 否□ | |
| | | 对临床健康检查状况异常生猪是否进行隔离观察或者按检验规程急宰 | 是□ 否□ | |
| | | 随机抽取待宰记录和检疫申报单存根，是否按规定进行检疫申报 | 是□ 否□ | |
| | | 是否如实记录待宰生猪数量、临床健康检查情况、隔离观察情况、停食静养情况及货主等信息 | 是□ 否□ | |

| 检查内容 | | 检查要求 | 检查结果 | 备注 |
|---|---|---|---|---|
| 五、生猪屠宰 | 1. 屠宰生产 | 是否按淋浴、致昏、放血、浸烫、脱毛、编号、去头、去蹄、去尾、雕圈、开膛、净膛、劈半（锯半）、整修复验、整理副产品、预冷等工艺流程进行屠宰操作 | 是□ 否□ | |
| | | 是否回收畜禽标识，并按规定保存、销毁 | 是□ 否□ | |
| | 2. 肉品品质检验 | 是否按照检验规程对头、体表、内脏、胴体进行检验 | 是□ 否□ | |
| | | 对胴体检查，是否摘除肾上腺、甲状腺、病变淋巴结，是否对检验不合格的生猪产品进行修割 | 是□ 否□ | |
| | | 是否对待宰生猪或者在屠宰过程中进行"瘦肉精"等检验 | 是□ 否□ | |
| | | 是否对检验合格的生猪产品出具《肉品品质检验合格证》，在胴体上加盖检验合格印章 | 是□ 否□ | |
| | | 是否如实完整记录肉品品质检验、"瘦肉精"等检验结果 | 是□ 否□ | |
| 六、无害化处理 | | 是否对待宰死亡生猪、检验检疫不合格生猪或者生猪产品，以及召回生猪产品进行无害化处理 | 是□ 否□ | |
| | | 是否采用密闭容器运输病害生猪或生猪产品 | 是□ 否□ | |
| | | 是否如实记录无害化处理病害生猪或生猪产品数量、处理时间、处理人员等 | 是□ 否□ | |
| 七、出场生猪产品 | | 出场生猪产品是否附有肉品品质检验合格证和动物检疫合格证明 | 是□ 否□ | |
| | | 胴体外表面是否加盖检验合格章、动物检疫验讫印章，经包装生猪产品是否附具检验合格标志、加施检疫标志 | 是□ 否□ | |
| | | 是否如实记录出场生猪产品规格、数量、肉品品质检验证号、动物检疫证明号、屠宰日期、销售日期以及购货者名称、地址、联系方式等信息 | 是□ 否□ | |

（续）

| 检查内容 | | 检查要求 | 检查结果 | 备注 |
|---|---|---|---|---|
| 八、肉品品质检验人员和屠宰技术人员条件要求 | | 肉品品质检验人员是否经考核合格 | 是□　否□ | |
| | | 肉品品质检验人员和屠宰技术人员是否持有依法取得的健康证明 | 是□　否□ | |
| 九、消毒 | | 是否在运输动物车辆出入口设置与门同宽，长4米、深0.3米以上的消毒池 | 是□　否□ | |
| | | 入场动物卸载区域是否有固定的车辆消毒场地，并配有车辆清洗、消毒设备 | 是□　否□ | |
| | | 是否在屠宰间出入口设置人员更衣消毒室，且正常使用 | 是□　否□ | |
| | | 加工原毛、生皮、绒、骨、角的，是否设置封闭式熏蒸消毒间 | 是□　否□ | |
| | | 是否对屠宰车间、屠宰设备、器械等及时清洗、消毒 | 是□　否□ | |
| 十、管理制度 | | 是否建立生猪进场检查登记制度、待宰巡查制度且执行良好 | 是□　否□ | |
| | | 是否建立生猪屠宰和肉品品质检验制度且执行良好 | 是□　否□ | |
| | | 是否建立肉品品质检验人员持证上岗制度且执行良好 | 是□　否□ | |
| | | 是否建立生猪屠宰场证（章、标志牌）使用管理制度且执行良好 | 是□　否□ | |
| | | 是否建立生猪屠宰统计报表制度且执行良好 | 是□　否□ | |
| | | 是否建立无害化处理制度、消毒制度且执行良好 | 是□　否□ | |
| | | 是否建立检疫申报制度、疫情报告制度且执行良好 | 是□　否□ | |
| | | 是否建立设施设备检验检测保养制度且执行良好 | 是□　否□ | |
| 十一、信息报送 | | 是否按要求报告动物疫情信息 | 是□　否□ | |
| | | 是否按照国家《生猪等畜禽屠宰统计报表制度》的要求，及时报送屠宰相关信息 | 是□　否□ | |
| | | 是否按要求报告安全生产信息 | 是□　否□ | |

（续）

| 检查内容 | | 检查要求 | 检查结果 | 备注 |
|---|---|---|---|---|
| 十二、档案管理 | | 是否将进场查证验物登记记录、分圈编号记录、待宰记录、肉品品质检验记录、"瘦肉精"等检验记录、无害化处理记录、消毒记录、生猪来源和产品流向记录、设施设备检验检测保养记录等归档 | 是□ 否□ | |
| | | 上述各种记录是否保存两年以上 | 是□ 否□ | |
| 处理意见 | 对上述不符合要求的事项，应当在　　年　　月　　日前整改。 | | | |
| 监督检查人员（签字）：　　　　　　　年　　月　　日 | | | | |
| 厂方负责人员（签字）：　　　　　　　年　　月　　日 | | | | |

备注：本表一式两份，一份交给企业，一份存档。

## （三）生猪屠宰场（厂）日常检查记录表（表5-6）

### 表5-6　日常检查记录表

屠宰场（厂）名称：　　　　　　负责人：　　　　地址：　　　　　　电话：

| 检查内容 | 检查要求 | 检查结果 | 备注 |
|---|---|---|---|
| 设施设备 | 1. 屠宰设施设备能否正常运行 | 能□ 否□ | |
| | 2. 无害化处理设施设备能否正常运转 | 能□ 否□ | |
| 进场 | 3. 是否查验动物检疫合格证明 | 是□ 否□ | |
| | 4. 是否对进场生猪进行临床健康检查 | 是□ 否□ | |
| | 5. 是否查验畜禽标识佩戴情况 | 是□ 否□ | |
| 待宰 | 6. 是否按要求进行分圈编号 | 是□ 否□ | |
| | 7. 是否及时对生猪体表进行清洁 | 是□ 否□ | |
| | 8. 是否达到宰前停食静养的要求 | 是□ 否□ | |
| | 9. 对临床健康检查状况异常生猪是否进行隔离观察或者按检验规程急宰 | 是□ 否□ | |
| | 10. 是否按规定进行检疫申报 | 是□ 否□ | |
| | 11. 是否如实记录待宰生猪数量、临床健康检查情况、隔离观察情况、停食静养情况及货主等信息 | 是□ 否□ | |
| 屠宰 | 12. 是否按照屠宰工艺流程进行屠宰操作 | 是□ 否□ | |
| | 13. 是否按照检验规程进行肉品品质检验 | 是□ 否□ | |
| | 14. 是否摘除肾上腺、甲状腺、病变淋巴结，是否对检验不合格的生猪产品进行修割 | 是□ 否□ | |

（续）

| 检查内容 | 检查要求 | 检查结果 | 备注 |
|---|---|---|---|
| 屠宰 | 15. 是否对待宰生猪或者在屠宰过程中进行"瘦肉精"等检验 | 是□ 否□ | |
| | 16. 是否对检验合格的生猪产品出具肉品品质检验合格证并在胴体上加盖检验合格印章 | 是□ 否□ | |
| | 17. 是否对屠宰车间、屠宰设备、器械及时清洗、消毒 | 是□ 否□ | |
| | 18. 是否如实完整记录肉品品质检验、"瘦肉精"等检验结果 | 是□ 否□ | |
| 无害化处理 | 19. 是否对待宰死亡生猪、检验检疫不合格生猪或者生猪产品进行无害化处理 | 是□ 否□ | |
| | 20. 是否如实记录无害化处理病害生猪或者生猪产品数量、处理时间、处理人员等 | 是□ 否□ | |
| 出场生猪产品 | 21. 出场肉类是否附有肉品品质检验合格证和动物检疫合格证明 | 是□ 否□ | |
| | 22. 胴体外表面是否加盖检验合格章、动物检疫验讫印章，经包装生猪产品是否附具检验合格标志、加施检疫标志 | 是□ 否□ | |
| | 23. 是否如实记录出场生猪产品规格、数量、肉品品质检验证号、动物检疫证明号、屠宰日期、销售日期以及购货者名称、地址、联系方式等信息 | 是□ 否□ | |
| 人员条件 | 24. 肉品品质检验人员是否经考核合格 | 是□ 否□ | |
| | 25. 肉品品质检验人员和屠宰技术人员是否持有依法取得的健康证明 | 是□ 否□ | |
| 信息报送 | 26. 是否按要求报告动物疫情 | 是□ 否□ | |
| | 27. 是否按照国家《生猪等畜禽屠宰统计报表制度》的要求，及时报送屠宰相关信息 | 是□ 否□ | |
| | 28. 是否按要求报告安全生产信息 | 是□ 否□ | |
| 档案管理 | 29. 是否将进场查证验物登记、分圈编号、待宰、品质检验、"瘦肉精"等检验记录、无害化处理、消毒、生猪来源和产品流向、设施设备检验检测保养记录等归档 | 是□ 否□ | |
| 其他内容 | （各地可结合监管工作需要增加监督检查内容） | | |
| 处理意见 | 对上述不符合要求的事项，应当在　　　年　　月　　日前整改。 | | |
| 监督检查人员（签字）： | | 年　　月　　日 | |
| 厂方负责人员（签字）： | | 年　　月　　日 | |

备注：本表一式两份，一份交给企业，一份存档。

### 五、动物屠宰企业监管流程

动物屠宰企业监管流程见图 5-2。

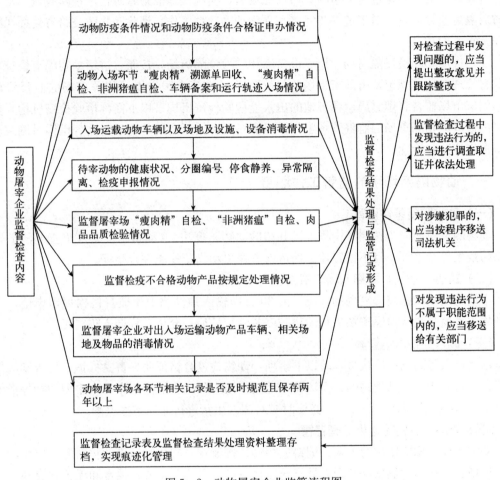

图 5-2 动物屠宰企业监管流程图

## 第三节 动物隔离场所的监管

随着我国畜牧养殖行业的蓬勃发展，加速了全国畜禽动物的流通，通过对动物实施隔离观察，有效将疫病感染动物、疑似感染动物和病源携带动物与健康动物在空间上隔开，确保切断传染途径，以杜绝疫病扩散。依照《中华人民共和国动物防疫法》《动物防疫条件审查办法》，动物卫生监督机构对动物隔离等动物防疫措施实施监督管理。

动物隔离场所分为跨省动物检疫隔离场、进境动物检疫隔离场。

（1）跨省动物检疫隔离场 根据动物防疫监管工作的需要，目前跨省调运及长距离调运动物传播动物疫病的风险很大，为有效防范此风险，切实阻断跨省调运动物传播疫病风险，很有必要设置跨省动物检疫隔离场，在此背景下，"跨省动物检疫隔离场"的理念应运而生，该隔离场主要是检查省外调入目的地省份的动物或在流通中无有效检疫合格证明的动物是否患有传染病的隔离观察场所，该场所是根据不同省份不同地域的实际状况进行的具有前瞻性、有规划有方案的推进建设事项，布局完成后，实施属地监督管理，承担跨省调运动物的入省后隔离监管职责，对于进一步完善和强化动物防疫工作、消除动物防疫跨省传播风险具有非常重要的意义。

（2）进境动物检疫隔离场　用于进口动物的检疫隔离场，按照《进境动物隔离检疫场使用监督管理办法》规定，由国家市场监督管理总局主管全国进境动物隔离场的监督管理工作。国家市场监督管理总局设在各地的出入境检验检疫机构（以下简称检验检疫机构）负责辖区内进境动物隔离场的监督管理工作。隔离场所在辖区内的动物卫生监督机构对调入调出的畜禽实施监督管理。

## 一、动物隔离场所的监管工作职责

### （一）动物防疫条件监管

动物隔离场所应当按照《中华人民共和国动物防疫法》《动物防疫条件审查办法》取得动物防疫条件合格证，且不得转让、伪造或者变更动物防疫条件合格证。

### （二）跨省（进境）动物入场申报监管

申请适用动物检疫隔离场的，应提前 30 日向输入地动物卫生监督机构提出申请，由当地动物卫生监督机构对隔离场进行动物防疫条件审核后，允许动物调入隔离场。

### （三）调入动物入场查验

动物进入隔离场前应认真查验以下事项：动物检疫合格证明、畜禽标识；检查动物健康情况；引入乳用、种用动物的，运达输入地隔离场内隔离舍隔离观察，大中型动物隔离期为 45 天，小型动物隔离期为 30 天。必要时应对调入生猪进行非洲猪瘟检测。

### （四）垫料污物的无害化处理监管

动物入场运输所使用的车辆、饲料、垫料、排泄物及其他被污染的物料等，应在动物运抵隔离场后，在动物隔离场管理人员指导监督下进行采购、清洗、消毒和无害化处理。

### （五）隔离期满调出动物监督管理

隔离期满，动物出场时必须是健康动物，且应向当地动物卫生监督机构申报检疫，取得动物检疫合格证明，且运载工具经消毒后方可出场，并做好登记，登记内容包括动物种类、生长阶段、出场舍号、隔离观察时间、售出货主或运抵地址、数量、申报检疫证明号等，经当地动物卫生监督机构检疫、检测，确认健康、免疫合格后方可解除隔离进行混群饲养或交易。

### （六）检疫不合格病死畜禽无害化处理监管

检疫不合格的或患有疑似动物疫病的动物，按照《动物防疫法》《病死及死因不明动物处置办法（试行）》和《病死及病害动物无害化处理技术规范》的规定处理。

### （七）污水污物无害化处理监管

粪便、垫料和污水执行 HJ/T 81—2001 的规定；污染物的排放应符合 GB 18596—2001 的规定。

## 二、动物隔离场所的监管频次

**1.** 动物卫生监督机构应当按照《中华人民共和国动物防疫法》的要求，对动物隔离场所进行全面监督检查，每年至少进行一次。

**2.** 以河北省为例，动物卫生监督机构应当根据《河北省动物疫病风险评估分级管理办法（试行）》及动物隔离场所动物疫病风险评估等级确定监管频次，但每2个月不得少于1次。

**3.** 在进行重大动物疫病、疫情排查、公共卫生和食品安全事件处置中应当加强对动物隔离场所监督检查的频次。

## 三、动物隔离场所监督检查记录

**1. 检查记录**（表5-7）

### 表5-7 检查记录（适用动物隔离场所）

动物隔离场所名称：＿＿＿＿＿＿＿＿＿＿＿＿＿＿＿＿＿＿＿＿

检查时间：＿＿＿年＿＿月＿＿日＿＿时＿＿分至＿＿时＿＿分

地　　点：＿＿＿＿＿＿＿＿＿＿＿＿＿＿＿＿＿＿＿＿＿＿＿＿＿＿＿＿＿＿

检查人员：＿＿＿＿＿＿＿＿＿＿＿＿＿＿＿　记录人员：＿＿＿＿＿＿＿＿＿＿＿＿＿＿＿

监督检查情况：

| 检查内容 | 结果 | 检查内容 | 结果 |
|---|---|---|---|
| 是否取得动物防疫条件合格证 | | 是否配备无害化处理设备 | |
| 是否有动物入场检疫合格证明及畜禽标识佩戴齐全 | | 是否配备与其规模相适应的执业兽医 | |
| 是否严格执行隔离观察期限 | | 消毒是否及时、规范 | |
| 评价意见 | | | |
| 整改要求 | | | |

动物隔离场所负责人（签字）：　　　　　　　　检查人员（签字）：

　　　　　　　年　月　日　　　　　　　　　　　年　月　日

备注：检查结果项"是"填"√"，"否"填"×"。

**2. 监管档案管理**　动物卫生监督机构每次监督检查后应如实填写监督检查记录，主要内容包括以下几个方面：①监督检查内容；②监督检查中发现的问题及整改意见；③被监督检查人员签字；④执法人员签字。

监督检查记录、整改记录、问题处理决定等档案材料应及时归档，并设立专人保管备查。

### 四、动物隔离场所监管流程

动物隔离场所监管流程见图 5 - 3。

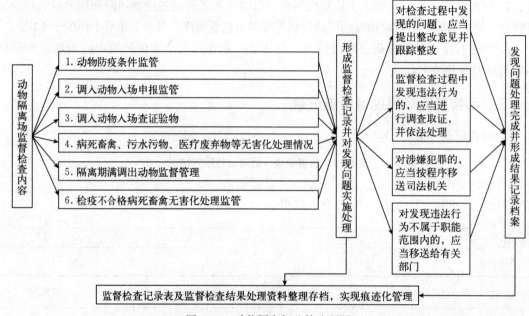

图 5 - 3　动物隔离场监管流程图

## 第四节　动物和动物产品集中无害化处理场所的监管

病死畜禽无害化处理工作是一项惠及民生、保障人民群众食品安全的公益性事业，病死畜禽通过无害化处理可以有效防控重大疫病，减少疫病传播，保证人民群众餐桌上的安全。对动物和动物产品集中无害化处理场所的监管是无害化处理工作中的重要环节，是无害化处理工作的最后一站，在无害化处理工作中起着至关重要的作用。

以河北省为例，动物卫生监督机构依据《中华人民共和国动物防疫法》《动物防疫条件审查办法》《河北省人民政府办公厅关于建立病死畜禽无害化处理机制的实施意见》等法律法规，对动物和动物产品无害化处理场所的动物防疫条件实施监督检查，有关单位和个人应当予以配合，不得拒绝和阻碍。

### 一、动物和动物产品集中无害化处理场所的监管职责

#### （一）动物防疫条件监管

动物和动物产品无害化处理场所的动物防疫条件应符合《中华人民共和国动物防疫法》第二章第二十四条之规定。

**1.** 场所的位置与居民生活区、生活饮用水水源地、学校、医院等公共场所的距离符合

国务院农业农村主管部门的规定。

**2.** 生产经营区域封闭隔离，工程设计和有关流程符合动物防疫要求。

**3.** 有与其规模相适应的污水、污物处理设施，病死动物、病害动物产品无害化处理设施设备或者冷藏冷冻设施设备，以及清洗消毒设施设备。

**4.** 有与其规模相适应的执业兽医或者动物防疫技术人员。

**5.** 有完善的隔离消毒、购销台账、日常巡查等动物防疫制度。

**6.** 具备国务院农业农村主管部门规定的其他动物防疫条件。

动物和动物产品无害化处理场所除应当符合前款规定的条件外，还应当具有病原检测设备、检测能力和符合动物防疫要求的专用运输车辆。

### （二）选址及布局的监管

动物和动物产品集中无害化处理场所的选址及布局应符合《动物防疫条件审查办法（修订草案征求意见稿）》第五章第十七条之规定。

**1.** 场区周围建有围墙。

**2.** 场区出入口处设置与门同宽，长 4 米、深 0.3 米以上的消毒池，并设有单独的人员消毒通道。

**3.** 无害化处理区与生活办公区分开，并有隔离设施。

**4.** 无害化处理区内设置染疫动物扑杀间、无害化处理间、冷库等。

**5.** 动物扑杀间、无害化处理间入口处设置人员更衣室，出口处设置消毒室。

### （三）设施设备的监管

动物和动物产品无害化处理场所应当具有下列设施设备：

**1.** 配置机动消毒设备；

**2.** 动物扑杀间、无害化处理间等配备相应规模的无害化处理、污水污物处理设施设备；

**3.** 有运输动物和动物产品的专用密闭车辆。

### （四）接收管理

病死畜禽及病害畜禽产品运至无害化处理场时，应有专人核对无害化处理交接单，核查登记数量与实际接收数量是否相符，经审核无误后签字确认，并填写入场台账。如果接收数量与登记数量不符，接收人员应立即向负责人汇报，由负责人组织查明情况。同时，无害化处理场应向动物卫生监督机构书面报告，说明情况及已经采取的措施。

### （五）暂存管理

进入无害化处理场的病死畜禽及病害畜禽产品若不能立即处置，应当存放于暂存库房或装置中。

### （六）无害化处理

无害化处理过程中要严格按照设备操作要求对病死畜禽进行无害化处理操作。

### （七）无害化处理产物再利用

可以对无害化处理产生的干物质、油脂等物品进行再利用，但无害化处理场必须与利用厂家（个人）签署协议，明确可销售、使用的范围及禁止事项。

### （八）相关制度制定与张贴上墙

无害化处理场应设置病死畜禽接收登记制度、病死畜禽暂存制度、无害化处理安全操作制度、无害化处理产品存放制度、消毒制度、运输安全管理制度、无害化处理后的物品流向登记、安全警卫管理制度、人员防护制度等。

### （九）无害化处理场场区消毒管理

**1.** 场内设有专职消毒工作人员，有必备消毒器械，并有 30 日以上的消毒药品库存。

**2.** 在场区出入口、生产区门口设置符合要求的消毒池，定期清洗、更换消毒药，常年保持消毒液的有效浓度。

**3.** 选择符合国家规定的，对病原体敏感的消毒药，严格按比例配制，消毒药应现配现用、交替使用。

**4.** 处理场内的地面经常打扫，保持场内清洁卫生；定期进行消毒，消毒后再用清水冲洗，确保场内无污水、血渍、污物积聚。生活区每季度大消毒不少于一次。

**5.** 发现动物疫情时的消毒，按国家疫情处理的规定执行。

**6.** 病死畜禽及其产品的暂存区、卸货区内地面、墙体、空气的消毒可通过设置在上述区域屋顶的自动消毒喷淋系统进行，采用低毒、高效、无腐蚀性的消毒药。

**7.** 主处理设备、其他辅助设备的消毒，每周一次。

## 二、监管频次要求

**1.** 动物卫生监督机构应当按照《中华人民共和国动物防疫法》的要求，对动物和动物产品集中无害化处理场所进行全面检查，每年至少进行一次。

**2.** 以河北省为例，动物卫生监督机构应当根据《河北省动物疫病风险评估分级管理办法（试行）》《河北省动物卫生监督管理办法》及动物和动物产品集中无害化处理场所动物疫病风险评估等级确定监管频次，但每 2 个月不得少于 1 次。

**3.** 在进行重大动物疫病、疫情排查、公共卫生和食品安全事件处置过程中应当加强对动物和动物产品集中无害化处理场所监督检查的频次。

## 三、动物和动物产品集中无害化处理场所监督检查记录

### 1. 检查记录（表 5-8）

**表 5-8　检查记录**（适用动物和动物产品无害化处理场所）

无害化处理场所名称：＿＿＿＿＿＿＿＿＿＿＿＿＿＿＿＿＿

检查时间：＿＿＿年＿＿月＿＿日＿＿时＿＿分至＿＿时＿＿分

地　　点：＿＿＿＿＿＿＿＿＿＿＿＿＿＿＿＿＿＿＿＿＿＿＿

检查人员：＿＿＿＿＿＿＿＿＿＿＿＿　　记录人员：＿＿＿＿＿＿＿＿＿＿＿＿

监督检查情况：

| 检查内容 | 结果 | 检查内容 | 结果 |
|---|---|---|---|
| 是否取得动物防疫条件合格证 | | 是否建有运输车辆消毒通道 | |
| 是否有人员防护制度 | | 是否有病害动物和动物产品入场登记制度 | |
| 是否有无害化处理后的物品流向登记制度 | | 是否有驻场官方兽医 | |

（续）

| 检查内容 | 结果 | 检查内容 | 结果 |
|---|---|---|---|
| 是否有冷库出入库登记制度 | | 无害化处理情况是否及时、规范 | |
| 无害化处理设施设备是否正常运行 | | 生产区与生活办公区是否有隔离设施 | |
| 评价意见 | | | |
| 整改要求 | | | |

无害化处理场所负责人（签字）：　　　　　　　　检查人员（签字）：

年　月　日　　　　　　　　　　年　月　日

备注：检查结果项"是"填"√"，"否"填"×"。

**2. 台账记录**　　台账记录应使用由畜牧主管部门统一印制的无害化处理出入场台账及处理记录，每天统计接收和处理的病死畜禽数量。台账和记录应包括病死畜禽及相关畜禽产品来源、种类、数量、畜禽标识号、运输人员、联系方式、车牌号、接收时间及经手人员等；处理台账和记录应包括处理时间、处理方式、处理数量及操作人员等。

## 四、动物和动物产品集中无害化处理场所监管流程（图5-4）

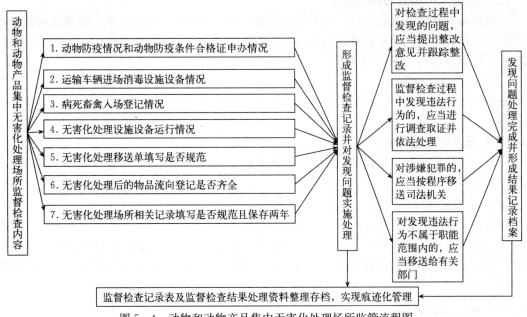

图5-4　动物和动物产品集中无害化处理场所监管流程图

# 第五节 动物专业交易市场的监管

动物专业交易市场是一个重要的动物防疫控制环节，应当符合规定的动物防疫条件。建立健全动物专业交易市场的动物卫生监督管理制度，切实做好动物防疫工作和畜禽市场的流通监管，对有效预防和控制重大动物疫病的发生和流行、稳定畜禽市场流通秩序、确保消费安全和人们身体安全非常重要。

动物卫生监督机构依据《中华人民共和国动物防疫法》《动物防疫条件审查管理办法》及其他相关法律、法规，对动物专业交易市场的动物防疫条件实施监督检查，有关单位和个人应当予以配合，不得拒绝和阻碍。

## 一、动物专业交易市场监管职责

### （一）动物防疫条件情况

按照《中华人民共和国动物防疫法》《动物防疫条件审查管理办法》，动物专业交易市场应当符合以下动物防疫条件并取得动物防疫条件合格证：

**1.** 市场周围有围墙，场区出入口处设置与门同宽，长 4 米、深 0.3 米以上的消毒池；

**2.** 场内设管理区、交易区、废弃物处理区等，各区相对独立；

**3.** 交易区内不同种类动物交易场所相对独立；

**4.** 有清洗、消毒和污水污物处理设施设备；

**5.** 有定期休市和消毒制度；

**6.** 有专门的兽医工作室。

### （二）对进入市场的动物的监管

严格落实动物凭证入场制度，查验动物产地检疫合格证明、动物标识，核对动物数量和种类是否与产地检疫证明相符并进行临床抽查。了解动物在运输途中的患病、死亡情况，并回收相关检疫证明后，准许进场交易。

### （三）防疫消毒情况

监督畜主对其运输工具卸后进行清洗、消毒。交易市场应配备专人对交易市场场地进行清洗消毒。

### （四）无害化处理情况

交易市场应该配备无害化处理设备，对经检疫不合格的动物如：染疫、病死、死因不明动物及时进行无害化处理。

### （五）有关记录保存情况

在动物交易市场执行任务的官方兽医，应当认真做好检疫监督登记和记录档案，登记内容应包括监督日期、畜（货）主姓名、动物种类、数量、产地、产地检疫证明号码、动物检疫证明票编号、运输车辆车牌号码、联系电话、违法行为情况、检出患病动物数、官方兽医签名等。

## 二、监管频次要求

**1.** 动物卫生监督机构应当按照《中华人民共和国动物防疫法》的要求，对动物专业交易市场进行全面监督检查，每年至少进行一次。

2. 以河北省为例，动物卫生监督机构应当根据《河北省动物疫病风险评估分级管理办法（试行）》《河北省动物卫生监督管理办法》及动物专业交易市场动物疫病风险评估等级确定监管频次，但每 2 个月不得少于 1 次。

3. 在进行重大动物疫病、疫情排查、公共卫生和食品安全事件处置中应当加强对动物专业交易市场监督检查的频次。

### 三、动物专业交易市场监督检查记录

检查记录见表 5 - 9。

**表 5 - 9  检查记录**（适用动物专业交易市场）

动物专业交易市场名称：＿＿＿＿＿＿＿＿＿＿＿＿＿＿＿＿＿

检查时间：＿＿＿年＿＿月＿＿日＿＿时＿＿分至＿＿时＿＿分

地　　点：＿＿＿＿＿＿＿＿＿＿＿＿＿＿＿＿＿＿＿＿＿＿＿＿

检查人员：＿＿＿＿＿＿＿＿＿＿＿＿＿＿＿记录人员：＿＿＿＿＿＿＿＿＿＿＿＿＿＿＿

监督检查情况：

| 检查内容 | 结果 | 检查内容 | 结果 |
|---|---|---|---|
| 是否取得动物防疫条件合格证 | | 是否建有消毒制度 | |
| 是否有消毒设施设备及消毒药品 | | 是否有无害化处理设备 | |
| 各项记录填写是否规范、齐全 | | 是否有驻场办公室及配备官方兽医 | |
| 消毒、无害化处理记录是否及时、规范 | | | |
| 评价意见 | | | |
| 整改要求 | | | |

动物专业交易市场负责人（签字）：　　　　　　　　　检查人员（签字）：
　　　　　　　年　月　日　　　　　　　　　　　年　月　日

备注：检查结果项"是"填"√"，"否"填"×"。

### 四、动物专业交易市场监管流程

动物专业交易市场监管流程见图 5 - 5。

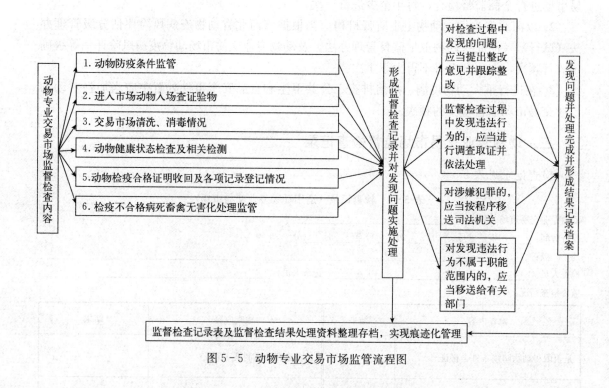

图 5-5　动物专业交易市场监管流程图

# 第六节　动物诊疗机构的监管

动物诊疗机构是对患病动物进行诊断、治疗及对健康动物进行疾病预防活动的经营单位，是动物防疫执法监管和行政监管的重要环节。2021 版《中华人民共和国动物防疫法》规定，动物诊疗机构包括动物医院、动物诊所以及其他提供动物诊疗服务的机构。本节摘录了动物防疫、畜牧兽医法律法规监管项目的规定，从动物诊疗机构的诊疗活动管理、诊疗用药管理、动物疫情管理等多方面进行了归纳。

**1. 监管内容**

（1）动物诊疗许可条件情况和动物诊疗许可证申办情况　设立从事动物诊疗活动的机构，应当向县级以上地方人民政府农业农村主管部门申请动物诊疗许可证。受理申请的农业农村主管部门应当依照《中华人民共和国动物防疫法》和《中华人民共和国行政许可法》的规定进行审查。经审查合格的，发给申请机构动物诊疗许可证；不合格的，应当通知申请人并说明理由。发现不符合规定条件的按照《中华人民共和国动物防疫法》和《动物诊疗机构管理办法》的有关规定处理。动物诊疗机构必备条件包括以下几个方面。

① 场所　有固定的动物诊疗场所，且动物诊疗场所使用面积符合省、自治区、直辖市人民政府农业农村主管部门的规定。以河北省为例，《河北省动物诊疗机构管理实施办法》对场所面积进行了细化，规定动物诊疗所用房使用面积 40 米$^2$ 以上，动物医院用房使用面积 150 米$^2$ 以上。

② 选址 动物诊疗场所选址应距离畜禽养殖场、屠宰加工场、动物交易场所不少于200米。《河北省动物诊疗机构管理实施办法》对诊疗场所的选址进行了增加，除上述内容外还增加了距离中小学校、幼儿园、医院不得少于200米。

③ 出入口 动物诊疗场所应设有独立的出入口，出入口不得设在居民住宅楼内或者院内，不得与同一建筑物的其他用户共用通道。

④ 布局 具有布局合理的诊疗室、手术室、药房等设施。

⑤ 设备 具有手术、消毒、冷藏、常规化验、污水处理等器械设备。

⑥ 人员 动物诊所需具有1名以上取得执业兽医师资格证书的人员；动物医院需具有3名以上取得执业兽医师资格证书的人员。

动物诊疗机构应当使用规范的名称。不具备从事动物颅腔、胸腔和腹腔手术能力的，不得使用"动物医院"的名称。

（2）动物诊疗许可证、执业兽医从业资格证公示情况 动物诊疗机构应当依法从事动物诊疗活动，建立健全内部管理制度，在诊疗场所的显著位置悬挂动物诊疗许可证和公示从业人员基本情况。动物诊疗许可证是从事动物诊疗活动的合法凭证，任何单位和个人不得伪造、涂改或者转让。从事动物诊疗等经营活动的执业兽医，应当向所在地县级人民政府农业农村主管部门备案。

（3）病例和处方笺使用情况 执业兽医开具兽医处方应当亲自诊断，并对诊断结论负责。动物诊疗机构应当使用规范的病例、处方笺，病例、处方笺应当印有动物诊疗机构名称。病例档案应当保存3年以上。

（4）动物诊疗机构用药情况

① 常用一般性药品

A. 规范用药 动物诊疗机构应当按照国家兽药管理的规定使用兽药，不得使用假劣兽药和农业农村部规定禁止使用的药品及其他化合物。动物诊疗机构使用的兽用生物制品，必须从具有兽用生物制品经营资质的经营单位采购。

B. 禁止用药 一是禁止使用假、劣兽药以及国务院农业农村主管部门规定禁止使用的药品和其他化合物；二是禁止将人用药品用于动物。

C. 禁止经营兽药 未持有兽药经营许可证不得经营兽药。

② 特殊药品 兽用麻醉药品、精神药品、毒性药品和放射性药品等特殊药品，应依照国家有关规定管理使用。

③ 兽药不良反应报告 国家实行兽药不良反应报告制度；兽药生产企业、经营企业、兽药使用单位和开具处方的兽医人员发现可能与兽药使用有关的严重不良反应，应当立即向所在地人民政府农业农村主管部门报告。

（5）动物疫情报告情况 从事动物诊疗活动的单位和个人发现动物染疫或者疑似染疫的，应当立即向所在地农业农村主管部门或者动物疫病预防控制机构报告，并采取隔离等控制措施，防止动物疫情扩散。任何单位和个人不得瞒报、谎报、迟报、漏报动物疫情，不得授意他人瞒报、谎报、迟报动物疫情，不得阻碍他人报告动物疫情。

（6）病死动物、动物病理组织和医疗废弃物的无害化处理情况 动物诊疗机构不得随意抛弃病死动物、动物病理组织和医疗废弃物，不得排放未经无害化处理或者处理不达标的诊疗废水。动物诊疗机构应当参照《医疗废弃物管理条例》的有关规定处理医疗废弃物。

（7）管理制度建立及其他监管内容

① 管理制度　动物诊疗机构应具有完善的诊疗服务、疫情报告、卫生消毒、兽药处方、药物和无害化处理等管理制度。

② 分支机构　动物诊疗机构设立分支机构的，应当按照《动物诊疗机构管理办法》的规定另行办理动物诊疗许可证。

③ 兼营分设　动物诊疗机构兼营宠物用品、宠物食品、宠物美容等项目的，兼营区域与动物诊疗区域应当分列独立设置。

**2. 监管频次要求**

（1）农业农村主管部门、动物卫生监督机构应当按照《动物诊疗机构管理办法》要求，对动物诊疗机构进行全面监督检查，每年至少进行一次。

（2）农业农村主管部门、动物卫生监督机构应当按照《动物诊疗机构管理办法》要求，对动物诊疗机构进行日常监督检查；以河北省为例，农业农村主管部门、动物卫生监督机构应当根据《河北省动物卫生监督管理办法》确定日常监管频次，每2个月不得少于1次。

（3）在动物疫情排查、公共卫生事件处置或受县级以上人民政府农业农村主管部门指派等特定条件下，应当增加对动物诊疗机构监督检查的频次。

**3. 监管档案管理**　动物卫生监督机构应当建立动物诊疗机构监督检查档案管理制度。实行一个动物诊疗机构一个档，全面记录监督检查、问题整改落实和违法行为查处情况，做到痕迹化管理，并分年归档。

# 第七节　动物产品贮藏场所的监管

动物被屠宰加工制成动物产品，动物产品经过再加工后，有的直接进入交易地点出售，有的则进行冷冻贮藏，冷藏时间少则数天，多则数月甚至更长时间。随着人民生活水平的日益提高，动物产品的需求量随之提高，畜牧业生产发展区域间的不平衡使得动物产品的跨区域流通量大而频繁，运输时对冷冻贮藏的需求增加，冷库经营者、冷冻动物产品经营者也随即增多，相关部门对其中存在的产品质量安全隐患不能掉以轻心。因此，加强冷库经营者和冷冻动物产品经营者的监督管理直接关系到冷冻动物产品的质量安全，确保冷冻动物产品不发生重大质量安全事件，也是动物卫生监督机构的一项非常重要而艰巨的任务。

以河北省为例，依据《中华人民共和国动物防疫法》《中华人民共和国农产品质量安全法》《中华人民共和国食品安全法》《国务院关于加强食品等产品安全监督管理的特别规定》《动物防疫条件审核管理办法》《河北省动物疫病风险评估及分级管理办法（试行）》等法律法规对动物产品贮藏场所实施监督管理。

## 一、动物产品贮藏场所的监管职责

**1. 进场查证验物。**监督场所对进场动物产品进行查证验物，检查进场动物产品是否持有有效检疫合格证明，是否有检疫合格标志，动物检疫合格证明与货物数量、重量、品种是否相符。

**2.** 检查场所建立健全进库出库台账情况。结合场所冷库建立情况，对每个冷库建立出入库台账，详细记录进库、出库情况，进库台账内容包括进入时间、数量（重量）、检疫证明编号、检疫标识情况、有无腐烂变质情况、接收人等内容；出库台账内容包括出库时间、数量（重量）、出库检疫证明编号、检疫标识情况、有无腐烂变质等内容。

**3.** 检查场所"大清洗、大清理、大消毒"制度执行情况。督导动物产品贮藏场所建立"大清洗、大清理、大消毒"台账，定期对冷库外围周边进行消毒，消毒药品使用戊二醛。

**4.** 检查选址、布局、内部建筑、无害化处理设施及消毒设备是否符合动物防疫条件的规定。

**5.** 检查动物产品贮藏场所是否建立了各种动物防疫制度、动物产品出入库登记制度、出库申报检疫制度和清库消毒制度等。

**6.** 检查在动物产品入库前的索证索票，是否凭有效动物检疫合格证明贮藏动物产品。

**7.** 检查动物产品贮藏场所动物产品经营者是否在动物产品出入库时进行了申报检疫备案登记。

**8.** 检查动物产品贮藏场所无害化处理设施能否正常运行，是否对疑似染疫或不合格的动物产品实施了无害化处理，是否建立健全无害化处理记录。

## 二、监管频次和要求

《河北省动物疫病风险评估及分级管理办法（试行）》文件中，将"动物产品贮藏场所"纳入评估范围，在实际工作中对该场所进行风险评估，根据等级划分确定监管频次，A级60天1次，B级45天1次，C级30天1次。

## 三、动物产品贮藏场所监督检查记录

**1. 检查记录**（表5-1）

表5-10 **中国动物卫生监督检查记录**（适用动物产品贮藏场所）

动物产品贮藏场所名称：_____

检查时间：_____年___月___日___时___分至___时___分

检查地点：_____

官方兽医：_____ 记录人员：_____

监督检查情况：

| 检查内容 | 结果 | 检查内容 | 结果 |
|---|---|---|---|
| 交易地区地面、墙面和台面是否防水、易清洁 | | 消毒记录是否及时、规范 | |
| 是否建立消毒制度 | | 是否有进、出库台账 | |

（续）

| 检查内容 | 结果 | 检查内容 | | 结果 |
|---|---|---|---|---|
| 入场动物产品货主名称 | 品种 | 数量 | 检疫证明 | 检疫标志 |
| | | | | |
| | | | | |
| | | | | |
| | | | | |
| | | | | |
| 评价意见 | | | | |
| 整改要求 | | | | |

场所负责人（签字）：　　　　　　　　　　执法人员（签字）：
　　年　月　日　　　　　　　　　　　　　　年　月　日

**2. 监督检查档案管理**　动物卫生监督机构以及贮藏场所均建立健全监督检查档案，设立档案盒，档案盒竖版标签注明××贮藏场所监督检查记录，档案盒内设档案夹，监督检查记录按监管频次进行归档，监督检查记录至少保存 12 个月以上。

## 四、动物产品贮藏场所监管流程

动物产品贮藏场所监管流程见图 5-6。

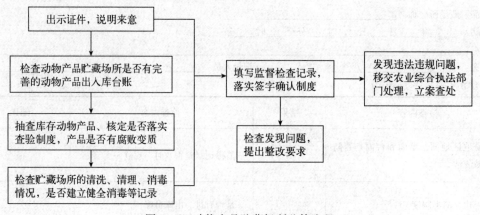

图 5-6　动物产品贮藏场所监管流程

强化动物产品贮藏场所的分级管理工作，具体强化以下几点措施，提升监管水平。

## （一）加强培训

有针对性地加强《中华人民共和国动物防疫法》《中华人民共和国农产品质量安全法》《中华人民共和国食品安全法》《国务院关于加强食品等产品安全监督管理的特别规定》《动物防疫条件审核管理办法》等法律法规和冷库管理、冷库消毒、冷库动物产品的科学贮藏等知识培训，提高冷冻动物产品经营者的法律意识和科学防疫意识，引导冷库经营者自觉地按法律、法规的规定和科学的经营管理方法进行经营活动，同时提高官方兽医监管的责任心，明确监管范围和监管职责。

## （二）督导制度建设

重点是动物产品出入库制度和环境消毒制度。要求所有动物产品要凭有效检疫合格证明和检疫标志登记出入库，发现检疫证明过期或动物产品外包装没有检疫标志或证物不符、无证无章、来路不明者或可疑动物产品，一律不准进入冷库，应立即停止挪动并通知农业综合执法部门进行处理。出库时，原有检疫证明过期的，一律补检方可出库。将"大清理、大清洗、大消毒"制度贯穿始终，坚持冷库内应定期清理消毒、冷库外围环境应保持清洁和定期常规消毒的制度，完善消毒档案。

## （三）严格监管

依照动物疫病风险评估结果，对贮藏场所进行监管，监督冷库动物产品的出入库及贮藏情况。冷库必须凭有效的动物检疫合格证明贮藏动物产品，督促加强对承租户的管理，引导承租户自觉遵守动物检疫证明登记出入库管理等制度，防止不合格的动物产品流入；对入库贮藏动物产品实行报验备案登记，对出库销售或移入其他冷库的，主动到移入地辖区动物卫生监督机构报检；加强官方兽医对所辖区域的管理，官方兽医应定期监督巡查与临时抽查相结合，不能仅仅当"开票员"，发现违法违规问题应移交农业综合执法部门并坚决予以查处，以身作则、严于律己。

# 第六章 病死动物和病害动物产品的无害化处理管理

## 第一节 集中无害化处理概述

无害化处理是指用物理、化学等方法处理病死及病害动物和相关动物产品，消灭其所携带的病原体，消除危害的过程。

无害化处理应以适宜区域范围内统一收集、集中处理为重点，推动建立集中处理为主、自行分散处理为补充的处理方式，逐步提高专业无害化处理覆盖率。

集中无害化处理是指将一定地域范围内的病死及病害动物和相关动物产品统一收集、暂存、转运到按照环境保护和动物防疫等法定要求建设的无害化处理场所，并利用配套建设的工业化处置设施进行处理，以彻底消灭其所携带的病原体，有效防止环境污染的处理方式。

### 一、无害化处理的历史变化

#### （一）从分散处理方式转向集中处理方式

尽管养殖业主是病死动物无害化处理的直接责任人，但由于其常存在自行处理能力不足、法律意识淡薄以及利益驱使等原因，随意丢弃甚至贩卖病死动物的行为时有发生，政府监管部门则缺乏行之有效的无害化处理运行机制和监管手段。为从根源上解决这些问题，上海、宁波等地率先探索建立病死动物"统一收集集中处理"体系，将养殖环节病死畜禽无害化处理流程全面纳入监管视线。随着集中无害化处理模式的逐步推广以及土地等因素的制约，诸如化制、焚烧、高温发酵等技术，其相应设备的研发与应用已较为成熟，单次处理量大，可适用于区域性大中型病死动物集中无害化处理场。在此背景下，集中无害化处理的模式应运而生并已逐步推广开来。

#### （二）从低技术含量转向高技术含量

科技是第一生产力，技术创新和技术革命是推动病死动物无害化处理工作进步的动力。化尸池、深埋、小型焚烧炉等低层次、粗放式的处理方式或设备的处理，对生态环境带来很大的负荷。近几年来，通过技术引进和自主研发，我国无害化处理技术的"含金量"有了明显提升。如病死动物的回转窑焚烧处理技术、炭化焚烧技术等，充分利用动物本身的有机物成分等可燃物质，作为能源并利用回收系统对其进行回收，实现节能减排的目的；高温发酵设备所用的复合菌种在温度达到 100 ℃以上时仍能对动物尸体进行分解，且分解过程不产生明显臭味；大型化制机等设备采用了自动化流水线，工作人员可通过电脑实现全过程操作，防止二次污染。由此看来，节能减排、低碳环保、数字智能将是今后我国无害化处理技术发展的主要方向。

### （三）从单纯注重无害化转向无害化、资源化并重

病死动物不仅给生态环境和公共卫生安全带来隐患，也给畜牧业生产带来巨大的经济损失。除了单纯无害化处理外，将处理对象中含有的油脂、有机物等成分作为资源加以利用，对于建立节约型社会、发展循环经济有着非常重要的社会意义和经济意义。如湿化法处理产生油脂，发酵法制取肥料等。

### （四）从处理终端扩展至"收集-处理"全过程

所谓"收集-处理"全过程，就是从病死动物收集、运输到无害化处理的整个过程。养殖场（户）点多面广，从源头收集到无害化处理场的过程也存在动物疫病扩散的风险。近几年来，各地开始注重动物尸体收集运输环节中所用技术的研发。如宁波鄞州对厢式冷藏车进行改造，可通过皮带运输装置直接将病死动物尸体投入装载厢体，避免收集车与养殖场直接接触导致疫病的扩散；上海病死动物无害化处理中心牵头开发的动物无害化运输特种车辆，配备有密封系统、液压尾板装载系统、卫星定位行车记录仪、消毒和污水收集系统等，达到生物安全防护标准。

### （五）无害化处理规程从无到有，并不断完善提高

1994年5月，全国动物检疫标准化技术委员会第二次全体会议在北京香山举行，历时四天。会议除了重点审议新制定的十个动物检疫标准之外，还对如何落实农业部关于加快动物检疫标准化进程的指示精神进行了认真讨论，并审议通过了《病害肉尸及其产品无害化处理规范》等十个动物检疫标准。

1996年10月3日，国家技术监督局正式发布《畜禽病害肉尸及其产品无害化处理》（GB 16548—1996），作为我国第一批动物检疫国家标准中的强制标准，于1997年2月1日起开始实施。

1997年版《中华人民共和国动物防疫法》第十六条第二款规定，染疫动物及其排泄物、染疫动物的产品、病死或者死因不明的动物尸体，必须按照国务院畜牧兽医行政管理部门的有关规定处理，不得随意处置。1997年版《中华人民共和国动物防疫法》第三十八条规定，经检疫不合格的动物、动物产品，由货主在动物检疫员监督下做防疫消毒和其他无害化处理；无法做无害化处理的，予以销毁。此版《中华人民共和国动物防疫法》明确规定了病害畜禽及其产品必须进行无害化处理。至此，动物无害化处理已经成为法律法规赋予的权利。

2005年10月21日，为规范病死及死因不明动物的处理，防止动物疫病传播，杜绝屠宰、加工、食用病死动物，保护畜牧业发展和公共卫生安全，依据《中华人民共和国动物防疫法》，农业部制定了《病死及死因不明动物处置办法（试行）》[以下简称《办法（试行）》]。《办法（试行）》全文仅1 400字左右，共17条，但是却首次明确建立了病死或死因不明动物报告制度、病死或死因不明动物死亡病因鉴定制度、病死及死因不明动物举报制度等基本制度，并规定了疑似外来病或者是国内新发疫病的诊断程序等。《办法（试行）》是作为农医发〔2005〕25号文件的附件下发执行的，其诞生对于我国的动物疫情防控和动物尸体管理意义重大，尤其对于当前高致病性禽流感的防控，特别是人禽流感的预防作用不可小视，对于从源头治理动物尸体危害和充分发挥动物尸体管理有积极的作用。

2011年11月29日，《关于做好生猪规模化养殖场无害化处理补助相关工作的通知》

（农办财〔2011〕163 号）规定对养殖场（户）自身产生的病死动物，按每处理 1 头病死猪给予 80 元补助的标准进行补贴，补贴费用由各级财政按规定承担。自此，为防止疫病传播、保障畜产品质量安全，国家逐步加大了对病死畜禽无害化处理的监管及补贴力度，陆续出台了一系列规范政策。

2013 年 9 月 23 日，在农业部关于印发《建立病死猪无害化处理长效机制试点方案》的通知中，全国确定 212 个首批试点区、县开展病死猪无害化处理长效机制工作。

2013 年 10 月 15 日，为进一步规范病死动物无害化处理操作技术，有效防控重大动物疫病，确保动物产品质量安全；根据《中华人民共和国动物防疫法》等法律法规，农业部制定并印发《病死动物无害化处理技术规范》农医发〔2013〕34 号（以下简称《规范》）。该《规范》规定了病死动物尸体及相关动物产品无害化处理方法的技术工艺和操作注意事项，以及在处理过程中包装、暂存、运输、人员防护和无害化处理记录要求，它是我国规范病死动物无害化处理的第一部国家标准。

2017 年 7 月 3 日，根据《中华人民共和国动物防疫法》《生猪屠宰管理条例》《畜禽规模养殖污染防治条例》等有关法律法规，农业部组织制定了《病死及病害动物无害化处理技术规范》，《病死动物无害化处理技术规范》（农医发〔2013〕34 号）同时废止。

## 二、病死畜禽无害化处理体系总体要求

病死畜禽无害化处理要遵循 24 字原则，即"政府主导、市场运作；统筹规划、因地制宜；财政补助、保险联动"。要强化政府公共管理责任，实行必要的政策和资金支持；要引入市场机制，调动企业和社会参与病死畜禽无害化处理场所建设运营的积极性；要建设病死畜禽无害化处理体系，做到科学规划、合理布局，要考虑不同地区的实际情况，加强分类指导，坚持集中处理与分散处理相结合，因地制宜并选择环保、低能耗、资源循环利用的无害化处理技术和工艺；要建立病死畜禽无害化处理和养殖业保险财政补助制度，并将二者结合，形成病死畜禽无害化处理与养殖业保险互相促进、合作共赢的局面。

## 三、病死畜禽无害化处理体系责任分配

从事动物饲养、屠宰、经营、隔离以及动物产品生产、经营、加工、贮藏等活动的单位和个人是病死畜禽无害化处理的第一责任人，应当按照国家有关规定做好病死动物、病害动物产品的无害化处理，或者委托动物和动物产品无害化处理场所进行处理。从事动物、动物产品运输的单位和个人，应当配合做好病死动物和病害动物产品的无害化处理，不得在运输途中擅自弃置和处理有关动物和动物产品。任何单位和个人不得买卖、加工、随意弃置病死动物和病害动物产品。在生产经营活动中，发现病死畜禽，要及时报告当地农业农村部门，以便及时进行疫病调查，防止疫情扩散。

我国对动物疫病防控工作实行属地管理，地方各级人民政府对本地区病死畜禽无害化处理负总责。在江河、湖泊、水库等水域发现的死亡畜禽，由所在地县级人民政府组织收集、处理并溯源。在城市公共场所和乡村发现的死亡畜禽，由所在地街道办事处、乡级人民政府组织收集、处理并溯源。在野外环境发现的死亡野生动物，由所在地野生动物保护主管部门对其进行收集和处理。

### 四、病死畜禽无害化处理配套保障政策

各级财政对病死动物和病害动物产品无害化处理提供补助，补助标准和补助办法由县级以上人民政府财政部门会同农业农村、野生动物保护等有关部门制定。保障政策包括：按照"谁处理、补给谁"的原则，建立与养殖场、无害化处理率相挂钩的财政补助机制；将病死猪无害化处理补助范围由规模养殖场（区）扩大到生猪散养户；无害化处理设施建设用地要按照土地管理法律法规的规定，优先予以保障；无害化处理设施设备可以纳入农技购置补贴范围；从事病死畜禽无害化处理的单位和个人，按规定享受国家有关税收优惠；无害化处理收集与处理建设用地优先予以保障；将病死畜禽无害化处理作为保险理赔的前提条件，不能确认无害化处理的，保险机构不予赔偿。

### 五、养殖环节病死猪无害化处理补助政策及标准

2011年农业部、财政部办公厅下发了《关于做好生猪规模化养殖场无害化处理补助相关工作的通知》（农财办〔2011〕163号），明确对50头以上规模养殖场（小区）养殖环节病死猪无害化处理费用给予每头80元的补助。2017年财政部出台《动物防疫等补助经费管理办法》（财农〔2017〕43号）明确将养殖环节无害化处理补助由原来的"根据处理头数据实结算"变为"按照因素法进行分配"的"包干下达"。针对部分地方仍然存在病死畜禽无害化处理责任意识不够到位、体系布局不够合理、保障措施不够完善、监管机制不够健全等问题，为全面提升病死畜禽无害化处理工作效率，切实加强动物疫病防控力度，保护生态环境，保障食品安全，促进畜牧业绿色发展，2020年2月11日农业农村部、财政部出台《农业农村部 财政部关于进一步加强病死畜禽无害化处理工作的通知》（农牧发〔2020〕6号），指出要解决现存问题应从以下方面着手。一是要加强中央财政经费保障。中央财政统筹加强养殖环节病死畜禽无害化处理补助资金保障力度，综合生猪养殖量、处理量和集中专业处理率等因素，测算分配资金并切块下达，由各省包干使用。采取预拨资金方式，在每年年底前提前下达来年部分补助资金，补助资金不得用于重大动物疫病扑杀畜禽、屠宰环节病死畜禽和病害畜禽产品无害化处理补助。财政部、农业农村部推动建立完善绩效评价体系，加强病死畜禽无害化处理补助政策绩效评价。二是要发挥地方财政统筹作用。省级农业农村部门、财政部门要在科学测算无害化处理成本基础上，充分考虑无害化处理企业建设、运营成本及合理收益，合理确定本省无害化处理补助对象，按照处理方式、病死畜禽大小等因素分类确定补助标准，经省级政府同意后报农业农村部、财政部备案。各地要严格按照确定的补助标准，统筹省市县资金安排，足额安排资金；要强化省级财政的统筹作用，对落实和推动无害化处理补助政策确有困难的县市，可降低或取消县市财政承担比例；要加快预算执行进度，中央和省级财政资金下达后，市县财政应在三个月内将补助资金给付到位，并采取定期结算等方式及时发放补助，切实减轻无害化处理企业资金压力，确保无害化处理体系有效运行。有条件的地区应当加强地方财政支持，探索建立养殖场户委托处理病死畜禽付费机制，将牛、羊、禽等其他畜种纳入无害化处理补助覆盖范围。

以河北省唐山市为例，为贯彻落实农业农村部、财政部决策部署，提高动物疫病防控水平，强化农业源污染防治，2020年10月河北省农业农村厅、河北省财政厅印发了《河北省

病死畜禽无害化处理分类补助方案》（冀农财发〔2020〕30号），提出了按病死猪大小分为55厘米以下、55～100厘米和100厘米以上三段实施补助，其中55厘米以下不超过45元/头、55～100厘米不超过90元/头、100厘米以上不超过160元/头的分段补助指导标准，并鼓励有条件的市县将牛、羊、禽等其他动物纳入补助范围。为加快推进除病死猪以外的其他病死畜禽及特种畜禽胴体集中无害化处理工作，2020年11月唐山市农业农村局、唐山市财政局印发了《唐山市养殖环节病死畜禽无害化处理分类补助方案》（唐农办字〔2020〕234号），提出：病死牛体长小于100厘米（含），每头补助200元；病死牛体长大于100厘米小于150厘米的，每头补助300元；病死牛体长大于150厘米（含）的，每头补助400元。病死马属动物参照病死牛的标准执行，病死羊参照病死猪的标准执行。其他病死畜禽按照每吨2 000元补助，特种畜禽胴体按照每吨1 500元补助的分类补助指导标准，并力争三年内所有病死畜禽及特种畜禽胴体全部实现集中无害化处理，切实做到病死畜禽集中无害化处理的全覆盖，减少疫病传播概率，提高动物疫病防控水平，促进畜牧业绿色健康发展。

## 第二节　无害化处理方法

为进一步规范病死及病害动物和相关动物产品无害化处理操作，防止动物疫病传播扩散，保障动物产品质量安全，根据《中华人民共和国动物防疫法》《生猪屠宰管理条例》《畜禽规模养殖污染防治条例》等有关法律法规，农业部发布了《病死及病害动物无害化处理技术规范》（以下简称为《规范》），于2017年7月3日起执行。《规范》适用于国家规定的染疫动物及其产品、病死或者死因不明的动物尸体、屠宰前确认的病害动物、屠宰过程中经检疫或肉品品质检验确认为不可食用的动物产品，以及其他应当进行无害化处理的动物及动物产品。《规范》规定了病死及病害动物和相关动物产品无害化处理的技术工艺和操作注意事项，处理过程中病死及病害动物和相关动物产品的包装、暂存、转运、人员防护和记录等要求。其中无害化处理方法分为焚烧法、化制法、高温法、深埋法、化学处理法。

### 一、焚烧法

焚烧法是指在焚烧容器内，使病死及病害动物和相关动物产品在富氧或无氧条件下进行氧化反应或热解反应的方法。

适用对象包括国家规定的染疫动物及其产品、病死或者死因不明的动物尸体，屠宰前确认的病害动物、屠宰过程中经检疫或肉品品质检验确认为不可食用的动物产品，以及其他应当进行无害化处理的动物及动物产品。

#### （一）直接焚烧法

**1. 技术工艺**　①可视情况对病死及病害动物和相关动物产品进行破碎等预处理。②将病死及病害动物和相关动物产品或破碎产物，投至焚烧炉本体燃烧室，经充分氧化、热解，产生的高温烟气进入二次燃烧室继续燃烧，产生的炉渣经出渣机排出。③燃烧室温度应≥850℃。燃烧所产生的烟气从最后的助燃空气喷射口或燃烧器出口到换热面或烟道冷风引射口之间的停留时间应≥2秒。焚烧炉出口烟气中氧含量应为6%～10%（干气）。④二次燃烧室出口烟气经余热利用系统、烟气净化系统处理，达到 GB 16297 要求后排放。⑤焚烧炉渣与除尘设备收集的焚烧飞灰应分别收集、贮存和运输。焚烧炉渣按一般固体废物处理或作资源化利用；焚烧飞灰和其他尾气净化装置收集的固体废物需按 GB 5085.3 要求作危险废物鉴定，如属于危险废物，则按 GB 18484 和 GB 18597 要求处理。

**2. 操作注意事项** ①严格控制焚烧进料频率和重量，使病死及病害动物和相关动物产品能够充分与空气接触，保证其完全燃烧。②燃烧室内应保持负压状态，避免焚烧过程中发生烟气泄露。③二次燃烧室顶部设紧急排放烟囱，应急时开启。④烟气净化系统应包括急冷塔、引风机等设施。

**（二）炭化焚烧法**

**1. 技术工艺** ①病死及病害动物和相关动物产品投至热解炭化室，在无氧情况下经充分热解，产生的热解烟气进入二次燃烧室继续燃烧，产生的固体炭化物残渣经热解炭化室排出。②热解温度应≥600 ℃，二次燃烧室温度≥850 ℃，焚烧后烟气在 850 ℃以上停留时间≥2s。③烟气经过热解炭化室热能回收后，降至 600 ℃左右，经烟气净化系统处理，达到 GB 16297 要求后排放。

**2. 操作注意事项** ①应检查热解炭化系统的炉门密封性，以保证热解炭化室的隔氧状态。②应定期检查和清理热解气输出管道，以免发生阻塞。③热解炭化室顶部需设置与大气相连的防爆口，热解炭化室内压力过大时可自动开启泄压。④应根据处理物种类、体积等严格控制热解的温度、升温速度及物料在热解炭化室里的停留时间。

## 二、化制法

化制法是指在密闭的高压容器内，通过向容器夹层或容器内通入高温饱和蒸汽，在干热、压力或蒸汽、压力的作用下，处理病死及病害动物和相关动物产品的方法。

化制法不得用于患有炭疽等芽孢杆菌类疫病，以及牛海绵状脑病、痒病的染疫动物及产品、组织的处理。其他适用对象同焚烧法。

**（一）干化法**

**1. 技术工艺** ①可视情况对病死及病害动物和相关动物产品进行破碎等预处理。②病死及病害动物和相关动物产品或破碎产物输送入高温高压灭菌容器。③处理物中心温度≥140 ℃，压力≥0.5 兆帕（绝对压力），时间≥4 小时（具体处理时间随处理物种类和体积大小而设定）。④加热烘干产生的热蒸汽经废气处理系统处理后排出。⑤加热烘干产生的动物尸体残渣传输至压榨系统处理。

**2. 操作注意事项** ①搅拌系统的工作时间应以烘干剩余物基本不含水分为宜，根据处理物量的多少，适当延长或缩短搅拌时间。②应使用合理的污水处理系统，有效去除有机物、氨氮，使排放的污水达到 GB 8978 要求。③应使用合理的废气处理系统，有效吸收处理过程中动物尸体腐败产生的恶臭气体，达到 GB 16297 要求后排放。④高温高压灭菌容器操作人员应符合相关专业要求，持证上岗。⑤处理结束后，需对墙面、地面及其相关工具进行彻底清洗消毒。

**（二）湿化法**

**1. 技术工艺** ①可视情况对病死及病害动物和相关动物产品进行破碎预处理。②将病死及病害动物和相关动物产品或破碎产物送入高温高压容器，送入总质量不得超过容器总承受力的五分之四。③处理物中心温度≥135 ℃，压力≥0.3兆帕（绝对压力），处理时间≥30分钟（具体处理时间根据处理物种类和体积大小而设定）。④高温高压结束后，对处理产物进行初次固液分离。⑤固体物经破碎处理后，送入烘干系统；液体部分送入油水分离系统处理。

**2. 操作注意事项**　①高温高压容器操作人员应符合相关专业要求，持证上岗。②处理结束后，需对墙面、地面及其相关工具进行彻底清洗消毒。③冷凝排放水应冷却后排放，产生的废水应经污水处理系统处理，使其达到GB 8978要求。④处理车间废气应通过安装自动喷淋消毒系统、排风系统和高效微粒空气过滤器（HEPA过滤器）等进行处理，达到GB 16297要求后排放。

### 三、高温法

高温法是指常压状态下，在封闭系统内利用高温处理病死及病害动物和相关动物产品的方法。

高温法不得用于患有炭疽等芽孢杆菌类疫病，以及牛海绵状脑病、痒病的染疫动物及产品、组织的处理。其他适用对象同焚烧法。

**1. 技术工艺**　①可视情况对病死及病害动物和相关动物产品进行破碎等预处理。处理物或破碎产物体积（长×宽×高）≤125厘米³（5厘米×5厘米×5厘米）。②向容器内输入油脂，容器夹层经导热油或其他介质加热。③将病死及病害动物和相关动物产品或破碎产物输送入容器内，与油脂混合。常压状态下，维持容器内部温度≥180 ℃，持续时间≥2.5小时（具体处理时间随处理物种类和体积大小而设定）。④加热产生的热蒸汽经废气处理系统后排出。⑤加热产生的动物尸体残渣传输至压榨系统处理。

**2. 操作注意事项**　①搅拌系统的工作时间应以烘干剩余物基本不含水分为宜，根据处理物量的多少，适当延长或缩短搅拌时间。②使用合理的污水处理系统，有效去除有机物、氨氮，使产生的污水达到GB 8978要求。③应使用合理的废气处理系统，有效吸收处理过程中动物尸体腐败产生的恶臭气体，达到GB 16297要求后排放。④高温高压灭菌容器操作人员应符合相关专业要求，持证上岗。⑤处理结束后，需对墙面、地面及其相关工具进行彻底清洗消毒。

### 四、深埋法

深埋法是指按照相关规定，将病死及病害动物和相关动物产品投入深埋坑中并覆盖、消毒，处理病死及病害动物和相关动物产品的方法。

深埋法适用于发生动物疫情或自然灾害等突发事件时病死及病害动物的应急处理，以及边远和交通不便地区零星病死畜禽的处理；不得用于患有炭疽等芽孢杆菌类疫病，以及牛海绵状脑病、痒病的染疫动物及产品、组织的处理。

**1. 选址要求**　①应选择地势高燥，处于下风向的地点。②应远离学校、公共场所、居民住宅区、村庄、动物饲养和屠宰场所、饮用水源地、河流等地区。

**2. 技术工艺**　①深埋坑体容积根据实际处理动物尸体及相关动物产品数量确定。②深埋坑底应高出地下水位 1.5 米以上，要防渗、防漏。③坑底洒一层厚度为 2～5 厘米的生石灰或漂白粉等消毒药。④将动物尸体及相关动物产品投入坑内，最上层距离地表 1.5 米以上。⑤使用生石灰或漂白粉等消毒药消毒。⑥覆盖距地表 20～30 厘米，厚度不少于 1～1.2 米的覆土。

**3. 操作注意事项** ①深埋覆土不要太实，以免腐败产气造成气泡冒出和液体渗漏。②深埋后，在深埋处设置警示标识。③深埋后，第一周内应每日巡查 1 次，第二周起应每周巡查 1 次，连续巡查 3 个月，发现有深埋坑塌陷处应及时加盖覆土。④深埋后，立即用氯制剂、漂白粉或生石灰等消毒药对深埋场所进行 1 次彻底消毒，第一周内应每日消毒 1 次，第二周起应每周消毒 1 次，连续消毒三周以上。

## 五、化学处理法

### （一）硫酸分解法

硫酸分解法是指在密闭的容器内，将病死及病害动物和相关动物产品用硫酸在一定条件下进行分解的方法。

硫酸分解法不得用于患有炭疽等芽孢杆菌类疫病，以及牛海绵状脑病、痒病的染疫动物及产品、组织的处理。其他适用对象同焚烧法。

**1. 技术工艺** ①可视情况对病死及病害动物和相关动物产品进行破碎等预处理。②将病死及病害动物和相关动物产品或破碎产物投至耐酸的水解罐中，并按每吨处理物加入水 150～300 千克，后加入 98％的浓硫酸 300～400 千克（具体加入水和浓硫酸量随处理物的含水量而设定）。③加热使水解罐内升至 100～108 ℃，维持压力≥0.15 兆帕，反应时间≥4 小时，至罐体内的病死及病害动物和相关动物产品完全分解为液态。

**2. 操作注意事项** ①所用强酸应按国家危险化学品安全管理、易制毒化学品管理有关规定执行，操作人员应做好个人防护。②操作过程中注意要先将水加入耐酸的水解罐中，后加入浓硫酸。③控制处理物总体积不得超过容器容量的 70％。④酸解反应的容器及储存酸解液的容器均要求耐强酸。

### （二）化学消毒法

适用于被病原微生物污染或疑似被污染的动物皮毛消毒。

**1. 盐酸食盐溶液消毒法技术工艺** ①用 2.5％盐酸溶液和 15％食盐水溶液等量混合，将皮张浸泡在此溶液中，并使溶液温度保持在 30 ℃左右，浸泡 40 小时，1 米² 的皮张用 10 升消毒液（或按 100 毫升 25％食盐水溶液中加入盐酸 1 毫升配制消毒液，在室温 15 ℃条件下浸泡 48 小时，皮张与消毒液之比为 1∶4）。②浸泡后捞出沥干，放入 2％（或 1％）氢氧化钠溶液中，以中和皮张上的酸，再用水冲洗后晾干。

**2. 过氧乙酸消毒法技术工艺** ①将皮毛放入新鲜配制的 2％过氧乙酸溶液中浸泡 30 分钟。②将皮毛捞出，用水冲洗后晾干。

**3. 碱盐液浸泡消毒法技术工艺** ①将皮毛浸入 5％碱盐液（饱和盐水内加 5％氢氧化钠）中，室温（18～25 ℃）浸泡 24 小时，并随时加以搅拌。②取出皮毛挂起，待碱盐液流净，放入 5％盐酸液内浸泡，使皮上的酸碱中和。③将皮毛捞出，用水冲洗后晾干。

# 第三节　无害化处理体系建设及管理

病死畜禽无害化处理体系包括集中无害化处理及收集体系和自行无害化处理体系，按照"政府主导、统筹规划、分类建设、市场运作、财政补助"的原则，整体规划，同步建设。推行病死畜禽无害化处理市场化运作模式，充分运用市场机制，鼓励市场主体参与病死畜禽无害化处理工作，统筹规划，合理布局病死畜禽集中无害化收集处理体系，组织建设覆盖饲养、屠宰、经营、运输等各环节的病死畜禽无害化处理场所，处理场所的设计处理能力要高于日常病死畜禽处理量。建成"布局合理、配置到位、管理规范"的收集体系。

## 一、无害化处理场的选址布局和建设

### （一）无害化处理场的选址要求

1. 应符合国家及当地城乡总体发展规划要求，符合环境和自然保护要求，并通过环境影响评价。

2. 场所应当通过当地动物防疫风险评估。

3. 应综合考虑病死畜禽无害化处理的服务区域、地理位置、水文地理、气象条件、交通条件、电力保障、土地利用现状、基础设施状况、辐射范围、运输距离及公众意见等因素。

### （二）布局及基础设施建设要求

1. **基础设施**　场内道路应采用混凝土或沥青铺设，能直达各主要建筑，净道、污道分开，满足运输、消防、管线铺设等要求。场区建筑和道路以外的场地应平坦、无积水，行车道宽度不宜小于 6 米，人行道宽度应为 1.5～2 米；除主体道路外其他道路全部绿化美化；场区应建有封闭式围墙，围墙高度应不低于 2 米；生产区出入口处设置与门同宽、长 4 米、深 0.3 米以上的消毒池和喷雾消毒设备，人员出入口单独设置喷雾消毒通道；生活区与生产区出入口之间设置更衣室和人员出入消毒通道；应设有洗消场所，在洗消场所内应设置有消毒设施设备，场地采用防渗、防滑、易清洗、耐腐蚀材料建设配备消毒、污水收集设施设备；水电暖齐全，能满足无害化处理场的生产和生活要求；有储备冷库 20 米³。

2. **场区布局**　划分为无害化处理区和生活办公区两大区域，两者之间应设置建筑墙体等隔离设施；生产区内设置染疫动物扑杀间、无害化处理车间、冷库、锅炉房、电力控制室、清洗消毒场所、洗手间等；生活区包括办公室、官方兽医室、警卫室、视频监控室、员工宿舍、食堂、浴室、洗手间、供暖设施等。

3. **场区卫生**　场区干净整洁，无垃圾、污水、污物，用具摆放整齐。

### （三）设施设备要求

1. **染疫动物扑杀间**　应为单独封闭式建筑，设有扑杀器、消毒液、污水处理设备等，地面采用防渗、防滑、易清洗、耐腐蚀材料。

2. **处理车间**　车间顶棚、墙面采用光滑、无毒、不渗水、耐冲洗材料，车间地面采用防渗、防滑、易清洗、耐腐蚀材料；主处理车间通风方式、面积能满足无害化处理工艺的要求，并方便操作；预粉碎处理车间应与其他车间以建筑墙体等实体物进行物理隔离；车间内应具备立体消毒设施。

**3. 无害化处理设备** 要优先选择化制、发酵、碳化等既能实现无害化处理又能资源化利用的环保处理设施设备。推荐选择推广厂家较多、技术比较成熟且能够达到环保要求的无害化处理设备，相关设备应该有外观美观、耐腐蚀、易清理等特点。

**4. 锅炉房** 应为单独封闭式建筑，设施设备安全标准等符合国家相关要求。

**5. 电力控制室** 应为单独封闭式建筑，设施设备安全标准等符合国家相关要求。

**6. 参观通道** 应用透明玻璃与主车间进行有效物理隔离。

**7. 视频监控室** 在场区内各生产环节、安全警卫及附属的收集系统等部位安装电子视频监控系统，实现场区全过程监控，可实时回放一个月内视频资料。

**8. 浴室、洗手间** 设有防蝇、防鼠及污水排放设施。

**9. 运输车辆** 选择专用的运输车辆或封闭厢式运载工具，车厢应有恒温冷藏功能和良好的密封、隔热性能，内部表面应采用防水、耐腐蚀、便于消毒和清洗的材料，车厢的密封材料同样应耐腐蚀，车厢制冷空气循环系统应与驾驶室空调系统隔离。车厢外部颜色应为白色或银灰色，装配牢固的门锁，车辆外观印有明显标志；运载量应≥1吨，配备行车记录仪、GPS定位和视频监控；要在公安、畜牧、食品药品监督等部门备案。

**10. 消防设施设备** 符合国家相关消防规定，达到消防部门相关要求。

**11. 应急焚烧室** 应为单独封闭式建筑，配备符合本场应急处置的无害化焚烧处理设备，烟尘排放符合《危险废物焚烧污染控制标准》（GB 18484—2020）规定。

**12. 洗消中心** 加强对非洲猪瘟等重大动物疫病的防控，确保运营车辆洗消到位，确保生物安全，建设病死畜禽无害化处理场运输车辆洗消设施。

（1）选址与设计 洗消设施应选在场区合适位置，且必须符合"单向流动、净污分开"的原则，有符合环保要求的污水收集和处理系统或将产生的污水与无害化处理场污水处理总系统连接合并处理。

（2）基础设施 洗消基础设施参考长为6米、宽为4米、高为2.5米，前后开门（卷帘门），确保车辆能够顺畅通过并便于洗消操作；采取钢架结构墙体、"人"字形屋顶，内置防腐铝塑板或其他耐腐蚀材料；地面水泥硬化，设置斜坡（坡度在5%以上），下有排水槽，上面铺设格栅板，预留泥沙沉积池，有符合环保要求的污水收集系统（收集池）或与场区污水收集系统相连；冬季应设有保暖设施。

（3）相关设备和装具 自动洗车设施必须确保车辆四周和上下冲洗到位，另外配备专业高压喷水或高温高压蒸汽洗车机1台（专业高压喷水机冬季需配有加热设备），可移动式高温高压消毒机2台，快速吹水干燥机（热风机）1台；洗消人员应穿戴全套防护装具；配备可移动式紫外线消毒灯，用于驾驶室消毒。

（4）信息管理系统 安装实时监控系统，并在值班室呈现监控画面，实现对洗消过程全流程监督，且对洗消全过程进行录像备案，做到全程可视化、可追溯，确保运输车辆洗消程序符合标准。

（5）沥水停车场 车辆洗消后，如不运营可将车辆停放在停车场将水自然沥干。停车场位置应选在朝阳、水泥地面硬化，并有一定坡度的地方。

### （四）人员要求

工作人员应身体健康并取得健康证，管理人员和专业技术人员应熟悉动物无害化处理的相关法律、法规及专业知识，特种设备（锅炉、灭菌器、叉车）操作人员应持证上岗。

### （五）无害化处理场建成验收要求

市、县畜牧兽医主管部门负责组织质量监督，财政、工商、食品药品监督及环保等有关部门组成验收小组，进行验收。验收程序如下。

**1. 申请** 病死畜禽无害化处理场建设完成后，向所在地县级畜牧兽医主管部门书面提出验收申请。

必须提供以下材料：当地政府部门批准建设的文件或会议纪要；财务审计报告；工商营业执照；动物防疫条件合格证；当地环保部门出具的废气、废水监测合格报告；所使用设备在当地相关主管部门的备案材料；设备厂家提供的证明材料等。

**2. 县级初验** 县级畜牧兽医主管部门接到申请后，在 10 个工作日内，组织相关部门人员进行初验。初验合格的，出具验收报告、汇总相关材料，报市级畜牧兽医主管部门提出验收申请。现场检查内容包括：场区布局、基础设施、卫生是否符合要求；设施与设备处理方式是否环保、是否有检验监测，视频监控设备、车辆和消防是否符合要求；是否有财务制度、登记管理制度、无害化处理管理制度、安全生产管理制度、人员管理制度、监管制度并遵照执行。

**3. 市级复验** 市级畜牧兽医主管部门接到县级畜牧兽医主管部门申请后，在 10 个工作日内，组织相关部门人员进行复验。

## 二、无害化处理场的防疫要求

**1.** 动物和动物产品无害化处理场所布局应当符合下列条件：

（1）距离生活饮用水源地 3 000 米以上；

（2）场区周围建有围墙；

（3）场区出入口处设置与门同宽、长 4 米、深 0.3 米以上的消毒池，并设有单独的人员消毒通道；

（4）无害化处理区与生活办公区分开，并有隔离设施；

（5）无害化处理区内设置染疫动物扑杀间、无害化处理间、冷库等；

（6）动物扑杀间、无害化处理间入口处设置人员更衣室，出口处设置消毒室。

**2.** 动物和动物产品无害化处理场所应当具有下列设施设备：

（1）配置机动消毒设备；

（2）动物扑杀间、无害化处理间等配备相应规模的无害化处理、污水污物处理设施设备；

（3）无害化处理工程设计和工艺流程符合动物防疫要求；

（4）有运输动物和动物产品的专用密闭车辆。

**3.** 动物和动物产品无害化处理场所应当建立病害动物和动物产品消毒记录（表 6-1）、集中无害化处理运输单（表 6-2）、无害化处理后的物品流向登记（表 6-3）、人员防护等制度。

表 6-1 无害化处理场所消毒记录

| 序号 | 时间 | 消毒对象 | 消毒剂名称 | 消毒方法 | 消毒人员 | 备注 |
|---|---|---|---|---|---|---|
| 1 | | | | | | |
| 2 | | | | | | |
| 3 | | | | | | |
| 4 | | | | | | |
| 5 | | | | | | |
| 6 | | | | | | |
| 7 | | | | | | |

表 6-2 集中无害化处理运输单

收集点：_____　　　　　　　　　　　　　　　　　　编号：_____

| 运输车辆车牌号 | 畜禽种类 | 运输数量 | 移交时间 | 收集时间段 | 车辆到达无害化处理场时间 | 备注 |
|---|---|---|---|---|---|---|
| | | | 年 月 日 | 年 月 日<br>至<br>年 月 日 | 年 月 日 | |
| 确认签字 | 收集点移交人员<br>（电子平台数据录入人员） | | | 无害化处理场运输人员 | 监管人员（抽查） | 驻场官方兽医签字 |
| | | | | | | |

表 6-3 无害化处理后的物品流向登记

| 销售时间 | 物品名称 | 购买方名称 | 重量 | 单价 | 总价 | 备注 |
|---|---|---|---|---|---|---|
| | | | | | | |
| | | | | | | |
| | | | | | | |
| | | | | | | |
| | | | | | | |

**4.** 无害化处理场区的消毒应符合如下要求。

（1）场内设有专职消毒工作人员，有必备消毒器械，并有 30 日以上的消毒药品库存。

（2）在场区出入口、生产区门口设置符合要求的消毒池，定期清洗、更换消毒药，常年保持消毒液的有效浓度。

（3）选择符合国家规定的、对病原体敏感的消毒药，严格按比例配制，消毒药应现配现用，交替使用。

（4）处理场内的地面应经常打扫，保持场内清洁卫生；定期进行消毒，消毒后再用清水冲洗，确保场内无污水、血渍、污物积聚。生活区每季度大消毒不少于一次。

（5）发现动物疫情时的消毒，按国家疫情处理的规定执行。

（6）病死畜禽及其产品的暂存区、卸货区地面、墙体、空气的消毒。通过设置在上述区域屋顶的自动消毒喷淋系统进行消毒，采用低毒、高效、腐蚀性的消毒药。

（7）主处理设备、其他辅助设备的消毒应每周进行一次。

## 三、病死动物运输车辆的监督管理

病死动物运输车辆专门用于转运病死畜禽尸体的集中收集、集中运输和集中处理，按照定时、定点、定场的方式统一收集病死畜禽，实现病死动物尸体运输过程的安全、高效、无污染。

### （一）病死动物运输车辆必备条件

**1.** 运输车辆必须是密闭车，每辆车的容积不小于 8 米$^3$，外观喷涂统一标识，且配备GPS 定位系统和装卸病死畜禽的监控录像设备，保障有效的监控管理。车辆应配备相应的消毒防护设备，保障动物疫病防控措施的实施。配备的运输车辆数量应满足指定辖区的病死畜禽收集任务。

**2.** 车辆产权明确，车辆所有人与当地政府或者畜牧兽医主管部门指定区域内的有关养殖场点签订病死畜禽收集合同期限不得少于 2 年，并较好地完成收集任务；运输车辆应至少使用 5 年以上，在此期间一旦发现车辆改作他用，将被视为骗取国家资金，并对其所有人追究相关责任。

**3.** 车辆所有人应遵守相关防疫法规，履行收集病死畜禽过程中的动物防疫职责，采取有效措施，防止动物疫病传播。

**4.** 运输车辆选择运输专用车辆或封闭厢式运载工具，车厢四壁及底部应使用耐腐蚀材料，并采取防渗措施。

**5.** 运输车辆在当地或者指定运输区域县级畜牧兽医、公安、交通、食品药品监督主管部门申请备案。

### （二）车辆管理

**1. 车辆配置管理** 无害化处理场应根据处理规模，配备足够数量的运输车辆和相应的专职司机及运输人员，并在运输车辆中配备以下用品：收集病死畜禽的工具、消毒设备与消毒药品；应急照明工具；病死畜禽无害化处理交接单；病死畜禽收集专用袋；个人防护服、防护手套等防护用品。

**2. 运送管理** 出发前必须对每辆车的车况进行检查，确保监控录像设备和 GPS 处于正常状态，并对车辆配备的物品进行检查，确保完备；运输车辆要严格按照运送路线行驶，避免进入人口密集区或其他养殖场所，运输车辆不得搭乘其他无关人员，不得装载或混装其他货物；病死畜禽的装卸应尽可能采用机械作业，尽量减少人工操作，如需手工操作应做好人员防护；若运输途中或装卸过程中发生意外，参照有关规定进行处置；车辆驶离暂存、养殖等场所前，应对车轮及车厢外部进行消毒；卸载后，应对运输车辆及相关工具等进行彻底清洗、消毒。

**3. 车辆手续变更** 病死畜禽运输车辆如需改作其他用途，应经彻底消毒处置并取消备案，按照有关规定重新办理车辆用途变更手续。

## 四、病死动物无害化处理监管平台建设与管理

### （一）建设监管平台的目标

监管平台通过报备、收集、存储、运输、处理全流程监管，使无害化处理过程实现信息化处理和监管；降低办公成本，开源节流；将省、市、县域数据整合，形成统一报表，减少人工成本，避免误差，提高效率。

### （二）监管平台工作流程

监管平台将病死畜禽无害化处理流程中工作节点内容固化到系统中，并对完成情况进行记录，确保处理工作的流程化和标准化（图 6-1）。

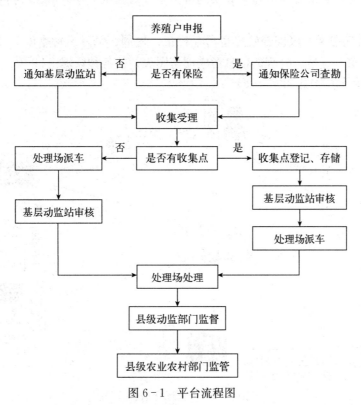

图 6-1 平台流程图

## （三）监管平台功能模块（图6-2）

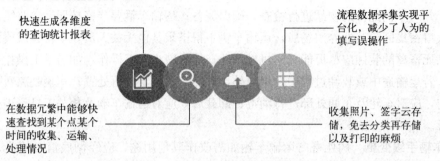

图6-2 监管平台功能模块示意图

### （四）平台建设内容

**1. 养殖户申报端** 养殖户通过手机直接上报畜禽死亡数量和入保险情况，同时能够对以往的送交情况进行数量查询、保险查询、赔付查询。通过养殖户的上报，平台能够清晰地知道养殖户的位置和联系电话等信息。

**2. 收集运输端** 实现病死畜禽的数量登记、保险登记、装车登记、死亡诊断、合格数量判定、照相留存，摒弃纸质单据填写的麻烦和纸张的浪费，实现掌上完成操作，方便高效。

**3. 处理场电脑端** 掌握各收集点的入库和处理情况，处理信息动态图表。

**4. 动监机构电脑端** 基层动监站对收集信息进行审核、养殖信息管理、耳标发放及登记管理；县级动监机构对处理场每天收集的畜禽量、处理量、库存量、产物数量及流向进行录入和监管。

**5. 数据统计动态图** 根据养殖户畜禽存栏量、每周、每月、每季度畜禽的死亡量进行详细分析，将收集、运输、处理的信息形成动态图表，使各种数据一目了然。

### （五）平台运行示意图（图6-3）

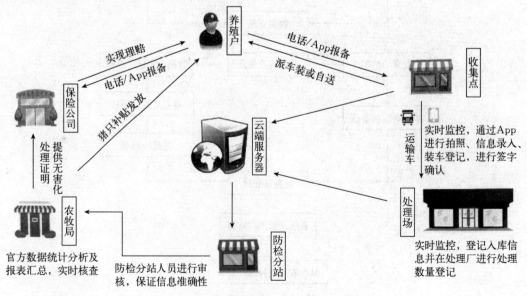

图6-3 平台运行示意图

# 第四节 病死动物无害化处理程序

**1. 申报受理** 以河北省为例，2021年1月1日河北省智慧兽医云平台已经正式上线运行，养殖场（户）发现病死畜禽时，应在24小时内通过养殖365 App实施病死畜禽无害化处理电子申报，基层动物卫生监督机构在接到报告24小时内按规定指派两名（以上）工作人员，到现场对病死动物进行勘查并通过官方兽医版App予以受理。

**2. 勘查鉴定** 勘查包括病死动物的种类、数量、大小、动物死因等。官方兽医人员根据勘查的结果现场出具病死动物鉴定单（表6-4），并由基层动物卫生监督机构、养殖场（户）签字确认留存。同时拍摄病死动物尸体及养殖场（户）与病死动物全景照片，登陆病死动物无害化处理监管平台录入相关信息。

表6-4 病死动物鉴定单

编号＿＿＿＿＿＿＿＿

| 日期 | 养殖场（户）名称 | 动物种类 | 动物数量 | 死亡原因 | 官方兽医人员 | 养殖场（户）负责人 |
|---|---|---|---|---|---|---|
|  |  |  |  |  |  |  |
|  |  |  |  |  |  |  |
|  |  |  |  |  |  |  |
|  |  |  |  |  |  |  |
|  |  |  |  |  |  |  |

备注：此表一式三份，第一联收集（暂存）场所留存、第二联养殖场（户）留存、第三联交县级动物卫生监督机构核定。

**3. 病死动物暂存** 养殖场（户）应按相关规定配备与其养殖规模相适应的冷藏、冷冻暂存设备，并做好冷储场所的消毒工作，防止二次污染。

**4. 收集转运**

（1）防疫技术按《病死及病害动物无害化处理技术规范》执行。

（2）病死动物包装按《病死及病害动物无害化处理技术规范》执行。

（3）病死动物收集点应根据养殖密度、充分考虑无害化处理场和辖区内养殖场（户）分布情况，科学预算、合理设置收集点，收集点应能防水、防渗、防鼠、防盗，且易于清洗和消毒，并在收集点附近设置明显警示标识。

（4）病死动物无害化收集车辆应按《病死及病害动物无害化处理技术规范》执行并且配备GPS定位系统和装卸病死畜禽的监控录像设备，动物卫生监督机构、无害化处理场可随时掌控车辆实时运行轨迹。

（5）在收集（暂存）场所，官方兽医查验病死动物鉴定单，核对有关信息无误后出具病死动物收集单（表6-5）。收集完毕，官方兽医、养殖场（户）负责人共同在病死动物收集单上签字，分别留存。

表 6 – 5　病死动物收集单

编号＿＿＿＿＿＿

| 无害化处理日期 | 养殖场（户）名称 | 养殖场（户）地址 | 身份证号/联系方式 | 动物饲养量 | 无害化处理数量/头 | | 无害化处理方式 | | | | | 处理数量/头 | 养殖场（户）负责人签字 | 官方兽医签字 | 保险人员签字 |
|---|---|---|---|---|---|---|---|---|---|---|---|---|---|---|---|
| | | | | | 动物种类 | 保险 | 深埋 | 化制 | 高温处理 | 化学处理 | 其他 | | | | |
| | | | | | | | | | | | | | | | |
| | | | | | | | | | | | | | | | |
| | | | | | | | | | | | | | | | |
| | | | | | | | | | | | | | | | |

备注：此表一式两份，第一联交县级动物卫生监督机构留存，第二联交各收集（暂存）场所留存。

（6）跨县域转运病死动物的，应报上一级政府，明确各自责任划分，合理规划路线，严格按照病死动物转运管理制度要求，如实记录相关信息，实现全程可控、可追溯。

**5. 无害化处理**

（1）以河北省为例，病死动物无害化处理场（所）建设按 DB13/T 2152 执行。

（2）收集车辆通过消毒通道进入无害化处理场（所），并按规定严格消毒。

（3）驻场（所）官方兽医（两人以上）核对通过收集环节收集的病死动物，信息核对无误后，开具准予处理通知单。

（4）病死动物凭准予处理通知单按《病死及病害动物无害化处理技术规范》进行无害化处理。

（5）感染炭疽、结核病等特殊动物疫病死亡的动物以及包装物、其他污染物应进行焚烧处理。

**6. 保险联动**

（1）实施联动保险报案　养殖场（户）发现病死畜禽死亡时，要同时向保险公司和动物卫生监督机构报案，保险公司和动物卫生监督机构共同核实信息无误后启动查勘工作。

（2）实施联动现场查勘　基层动物卫生监督机构工作人员、保险查勘人员接到任务后，双方约定时间、地点共同到达现场，对死亡畜禽进行联合查勘。核实动物防疫情况、查找死因、进行死亡确认、病死猪还需要测量体长（体重）、注销专标等。

以河北省为例，按照《河北省畜牧兽医局关于印发河北省病死畜禽无害化处理监督管理办法（实行）的通知》（冀牧医防函〔2016〕8 号）的要求，养殖场（户）自行无害化处理的，养殖场（户）应对病死猪拍照存档作为证据保存，核准数量填写"养殖场（户）病死畜禽自行处理登记单"，并由养殖场（户）负责人、官方兽医人员、保险查勘等相关人员进行签字确认。对集中无害化处理的，经保险公司和动物卫生监督机构确认，核对病死猪的种类、数量、大小或重量，对病死猪拍照存档、核准数量，养殖场（户）、保险公司人员、官方兽医人员填写病死动物收集单。

（3）实施联动无害化处理 病死畜禽运送到无害化处理场后，由无害化处理场工作人员负责对病死畜禽的种类、数量、大小或重量进行核实，在"病死畜禽集中无害化处理移送单"上签字、确认，回收保险专标，对病死畜禽实施无害化处理（需留存视频备查），并经官方兽医签字确认。

（4）实施联动保险理赔 保险公司根据保险理赔有关规定和病死动物（保险标的物）的无害化处理情况，核实"养殖场（户）病死畜禽自行处理登记单""病死畜禽集中无害化处理移送单"，进行理赔前置审核，完成养殖保险理赔工作，并将赔付情况通报畜牧兽医主管部门。

### 7. 档案记录

（1）病死动物无害化处理防疫管理台账和记录按《病死及病害动物无害化处理技术规范》执行。

（2）养殖场（户）妥善保存病死动物鉴定单，收集（暂存）场所妥善保存病死动物收集单，无害化处理场（所）妥善保存集中无害化处理收集运输单，县级动物卫生监督机构妥善保存病死动物鉴定单、病死动物收集单、集中无害化处理收集运输单；基层动物卫生监督机构应以养殖场（户）为单位将病死动物鉴定单、病死动物收集单、集中无害化处理收集运输单等进行登记记录及相应病死动物照片等资料按批次存入档案，监管视频每月备份存档。

（3）档案资料、备份视频至少保存两年。

### 8. 数据统计上报

（1）数据上报流程 数据信息上报定点屠宰场、自行处理的养殖场、病死畜禽无害化处理收集点、无害化处理场每月对病死畜禽收集、移交和无害化处理情况进行统计，报当地动物卫生监督机构，县级动物卫生监督所核对无误后，形成月汇总表报县财政局。定点屠宰场病死畜禽自行无害化处理登记单、病死动物鉴定单、病死动物收集单，作为定点屠宰场、养殖场（户）履行病死动物无害化处理义务和获取病死畜禽无害化处理补贴、保险理赔的凭证，是集中无害化处理、收集体系与政府财政结算无害化处理费用的主要依据，应当及时登记、分类汇总并妥善保存。

（2）电子平台数据上报流程 无害化处理的各环节数据由屠宰场、养殖场（户）、收集人员、收集车辆、无害化处理场等相关机构或人员通过自己下载的收集、运输、接受、处理App依次进行数据、图片采集，官方兽医通过相应App对采集数据进行审核，系统自动转换保险理赔数据并将上报的数据自动生成汇总报表，各级监管部门可以通过平台实现病死畜禽无害化处理的远程无死角监控（图6-4至图6-13）。

无害化处理各环节数据由相关主体机构或人员进行采集，官方兽医无须做数据采集，只对各环节上传的数据进行确认即可。

无害化处理场处理完毕后，智慧云平台无害化处理监管系统形成"规模化养殖场（小区）养殖环节病死猪无害化处理情况统计表"，便于根据单据日期、查勘日期、接收日期、处理日期查询统计。

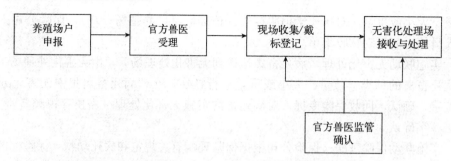

图 6-4　无害化处理监管系统业务流程

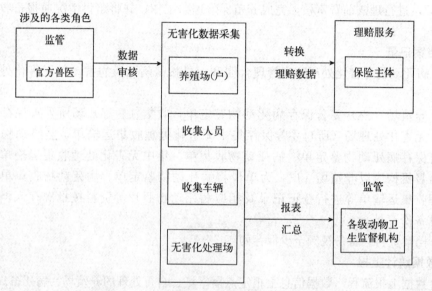

图 6-5　无害化处理监管系统涉及的各类角色

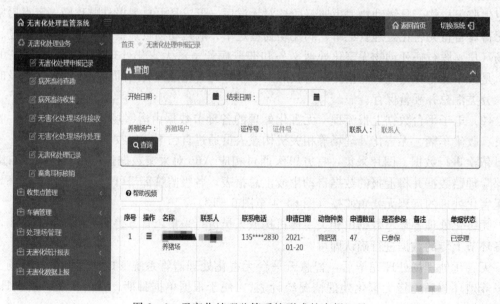

图 6-6　无害化处理监管系统形成的申报记录

图 6-7 受理申报后无害化处理监管系统形成的待查勘记录

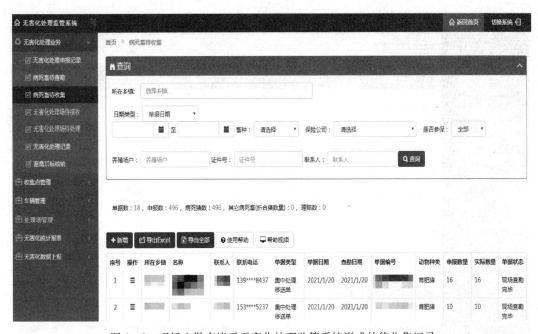

图 6-8 现场查勘完毕后无害化处理监管系统形成的待收集记录

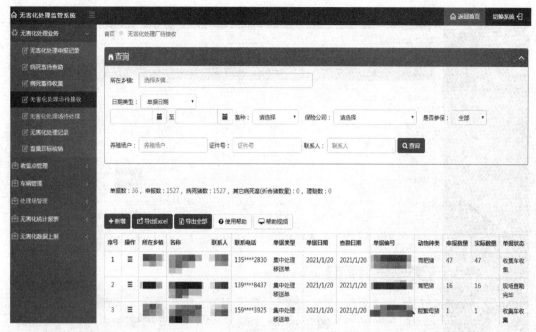

图 6-9　无害化处理收集车收集完毕后无害化处理监管系统形成的待接收记录

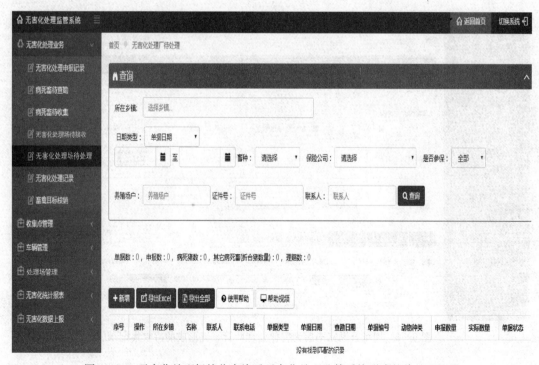

图 6-10　无害化处理场接收完毕后无害化处理监管系统形成的待处理记录

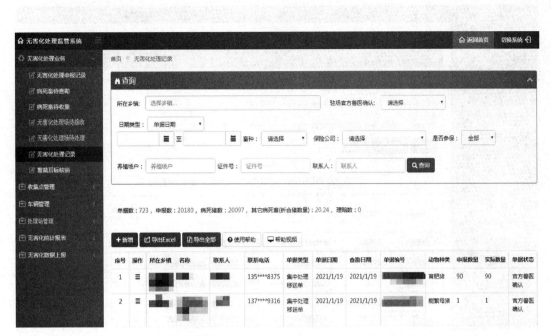

图 6 - 11　无害化处理场处理完毕后，智慧云平台无害化处理监管系统形成的处理记录

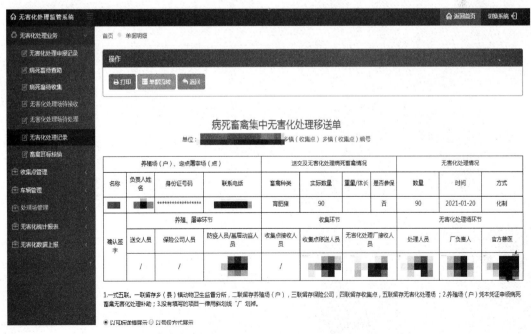

图 6 - 12　无害化处理监管系统形成的病死畜禽集中无害化处理移送单

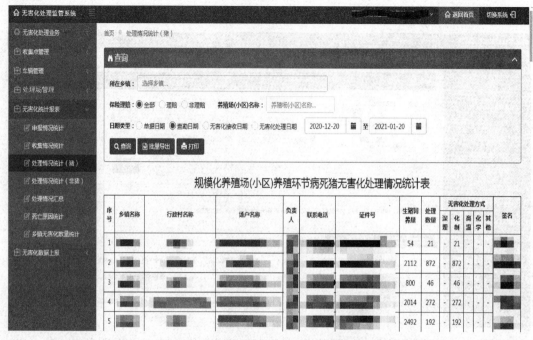

图 6 - 13 无害化处理系统形成的病死猪无害化处理情况统计表

# 第七章 流通环节的防疫监督管理

## 第一节 运输车辆管理

2018 年 8 月我国首次发生非洲猪瘟疫情，据流行病学调查结果显示，动物长距离调运是疫情跨区域传播的主要原因，不符合动物防疫要求以及未经清洗、消毒的运输车辆具有较高的传播疫情风险。同时，有不法分子在利益驱使下，从疫情高风险省份违规调出生猪，因此引发部分地区非洲猪瘟疫情。为了有效阻击非洲猪瘟的传播，2018 年 10 月 31 日农业农村部出台《中华人民共和国农业农村部公告第 79 号》。该公告明确指出生猪运输车辆的监管工作要求。通过加强对运输车辆的监管，将有利于阻断病毒传播途径，防范疫情跨区域传播。

### 一、法律依据

**1.** 县级农业农村主管部门依据《中华人民共和国动物防疫法》《重大动物疫情应急条例》《国务院办公厅关于进一步做好非洲猪瘟防控工作的通知》《中华人民共和国农业农村部公告第 79 号》等法律法规对生猪运输车辆防疫条件实施监督检查，有关单位和个人应当予以配合，不得拒绝和阻碍。

**2.** 按照《中华人民共和国动物防疫法》第五十二条第三款规定，从事动物运输的单位、个人以及车辆，应当向所在地县级人民政府农业农村主管部门备案，妥善保存行程路线和托运人提供的动物名称、检疫证明编号、数量等信息。

### 二、运输车辆管理

#### （一）运输车辆备案条件

**1.** 运输车辆应采用专用机动车辆，车辆载重、空间等与所运输的动物大小、数量相适应。

**2.** 运输车辆厢壁及底部应耐腐蚀、防渗漏（在厢壁及底部可铺设一层橡胶材质垫层）。

**3.** 运输车辆应具有防止动物粪便和垫料等渗漏、遗撒的设施，且应便于清洗和消毒（围车厢防护栏处焊接宽 30 厘米、厚 0.5 厘米的钢制铁板）。

**4.** 运输车辆应随车配有简易清洗、消毒设备（便携式消毒器，养殖场常用消毒液如戊二醛、强力消毒灵等）。

**5.** 运输车辆应具有其他保障动物防疫的设施设备（饮水箱、排风扇、遮阳布、保温被等）。

**6.** 运输车辆应配备 GPS 定位系统（定位设备统一购置便于监管且定位设备应于手机 App 绑定可实时查看）。鼓励运输车辆上加装监控设备，主动接受实时监控。

## （二）运输车辆配置要求

**1. 整车** 驾驶室应于货箱完全隔开，以保证驾驶人员的安全。

**2. 车型** 一般使用符合国家标准的轻、中、重型普通货车。

**3. 车厢** ①车厢壁及底部材料：车厢壁及底部内部表面，应采用不锈钢、铝合金等防水、耐腐蚀、便于消毒和清洗的材料，表面平整且具有一定强度，车厢底部周边及转角应圆滑、不留死角；车厢的密封材料同样应耐腐蚀。②车厢结构、容积：车厢用不锈钢骨架防护栏分为两层或三层，每层隔板配置分栏隔断，通过分栏使每栏生猪的数量不超过 15 头，装载密度不能超过 265 千克/米$^2$（参考生猪运输车辆标准）。

**4. 附属设备** 车辆应配备专用的箱子，放置因意外发生事故后防止污染扩散的用品：①消毒器械及消毒剂；②污染物、垫料收集工具及包装袋；③人员卫生防护用品（防护服、一次性手套、口罩、头套、鞋套等）；④其他设备（饮水箱、排风扇、遮阳布、保温被等）。

**5. 防粪便遗撒** 车厢侧面应加装不锈钢材质的侧防护栏，与车厢壁连接，侧防护栏截面高 40 厘米；车厢的尾部下方可安装不锈钢污水收集箱，可收集车内的粪液以免运输途中动物粪便大面积散落。

## （三）运输车辆备案流程

备案申请应采取线上和线下结合的方式，即线上审查证件和车辆照片等相关资料，线下现场查验车辆情况，核实证照原件。备案审核人员收到备案申请后，登陆监管平台进行资料审查，不合格的予以驳回并说明理由，审核合格的，通知其到指定地方现场勘验；勘验通过后，打印"动物运输车辆备案表"，加盖当地畜牧兽医主管部门公章后，交备案申请人塑封保存（图 7-1）。

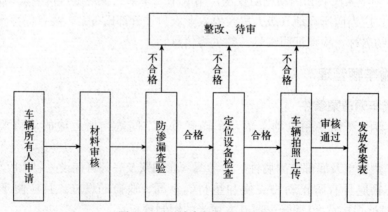

图 7-1　运输车辆备案流程图

## （四）运输车辆 GPS 定位系统

跨县级地区运输动物的车辆必须配备一体化车辆定位（GPS）跟踪系统，车辆定位（GPS）跟踪系统的相关信息记录必须保存半年以上，GPS 定位装置设备码、监管码实行一车一码。承运人在开具动物检疫合格证明时，能准确提供车辆运行轨迹，对车辆实施动态监管。

### （五）河北省智慧兽医平台对生猪运输车辆的管理

对于符合备案条件的生猪运输车辆，将备案车辆相关信息录入"河北省智慧兽医平台"，录入信息应包括：车辆所有者身份信息、运输车辆行驶证及运输车辆的品牌、颜色、型号、牌照、最大承运量、定位设备码等。运输车辆备案功能与检疫票据开具功能进行关联，跨省和省内调运动物进行检疫申报时，需填写运输车辆相关信息。调运生猪时，本省运输车辆必须在平台系统实名登记备案，且能够正常显示 GPS 运行轨迹；外省运输车辆必须在农业农村部大数据平台备案，且可通过云平台进行搜索。未查询到审核通过的运输车辆无法开具动物检疫合格证明。通过"河北省智慧兽医平台"进行实时动态监管，查看运输车辆运行轨迹，逾期未到达目的地的运输车辆，系统自动将相关运输车辆列入黑名单，情节严重的取消备案资格。

### （六）管理相对人（承运人）备案

动物承运人是指负责运载动物的相关人员。动物运输承运人属于动物卫生监督机构的管理相对人。而在动物运输实际工作中，往往忽略了对承运人的培训管理，致使很多承运人由于缺乏动物运输保护知识和动物运输中应当遵守的国家法律法规常识，出现运输途中受阻和动物死亡等意外现象，不仅给动物承运人带来损失，还极易造成动物疫病的传播。加强对动物运输承运人的管理，提高动物运输管理水平，是有效控制动物疫病传播的重要环节。

**1. 承运人备案条件** 应当实行行业准入制度对动物承运人实行备案管理。承运人需具备以下条件：

（1）有依法取得的健康证明；

（2）具有完全民事行为能力；

（3）熟悉动物防疫法律法规和政策，参加畜牧兽医主管部门培训并经考试合格；

（4）诚信自律并守法经营，申请前连续两年以上没有犯罪和动物防疫违法行为；

（5）满足法律规定的其他条件。

**2. 动物承运人的义务**

（1）动物承运人要按照《中华人民共和国动物防疫法》《动物检疫管理办法》定等相关要求，不得运输法律、行政法规等禁止运输的动物。在运输法律、行政法规等规定的动物时，应当依照《中华人民共和国动物防疫法》《动物检疫管理办法》等法律规定，随车携带动物卫生监督机构开具的合法来源检疫证明、车辆备案表，未依法取得检疫证明的动物，承运人一律不得承运。

（2）动物承运的单位和个人应当建立动物运输台账，详细记录检疫证明号码、动物（或产品）数量、运载时间、启运地点、到达地点、运载路径、车辆装前卸后和进入指定动物卫生监督公路检查站消毒情况，以及运输过程中染疫、病死、死因不明动物处置等情况，确保发生问题时能够及时追根溯源。

（3）承运人通过公路运输生猪的，应当使用已经备案的生猪运输车辆，并严格按照动物检疫证明中的目的地、数量等内容承运生猪。

（4）承运人运输动物时，应当为动物提供必要的饲喂饮水条件。当运输途经地温度高于25 ℃或者低于 5 ℃时，应当采取必要措施避免动物发生应激反应。停车期间应当观察动物健康状况，必要时对通风和隔离进行适当调整。

（5）动物承运人在检查查验中发现违规运输动物的，应当依照《中华人民共和国动物防疫法》《动物检疫管理办法》等规定及时报告动物卫生监督机构或当地兽医主管部门处理。

（6）动物承运人在装载前和卸载后应当对运载工具及时清洗、消毒，运载工具中的动物排泄物以及垫料、包装物、容器等污染物，应当按照国家有关规定处理，不得随意处置。

### 三、运输车辆监管要求

按照《中华人民共和国动物防疫法》第九十八条第三项规定，未经备案从事动物运输的，由县级以上地方人民政府农业农村主管部门责令改正，处三千元以上三万元以下罚款；情节严重的，责令停业整顿，并处三万元以上十万元以下罚款。按照《中华人民共和国动物防疫法》第九十二条第四项规定，动物、动物产品的运载工具在装载前和卸载后未按照规定及时清洗、消毒的，由县级以上地方人民政府农业农村主管部门责令限期改正，可以处一千元以下罚款；逾期不改正的，处一千元以上五千元以下罚款，由县级以上地方人民政府农业农村主管部门委托动物诊疗机构、无害化处理场所等代为处理，所需费用由违法行为人承担。

#### （一）运输车辆运输前的监管

动物车辆运输前，货主向当地动物卫生监督机构申报检疫时，应当提供动物运输车辆备案表。动物卫生监督机构及官方兽医接到动物的申报检疫后，应当严格查验拟运动物的运输车辆的备案及清洗消毒情况，发现承运车辆无备案表的，不予开具动物检疫合格证明。

#### （二）运输车辆运输途中的监管

运输车辆应当主动接受运输途中畜牧兽医、公安、交通运输部门的检查，并出示动物运输车辆备案表和动物检疫合格证明。公路动物卫生监督检查站严格查验动物运输环节中的动物检疫证明、动物运输台账、动物运输车辆备案表和动物临床健康、运输车辆清洗消毒等情况。

#### （三）运输车辆运输后（卸载后）的监管

运输车辆到达目的地卸载完动物后，应及时清理垫料、包装物、容器等，并对运输车辆进行清洗消毒；工作记录、消毒记录、无害化处理记录填写完整，并保存 24 个月。

#### （四）运输车辆监管频次

**1.** 动物运输车辆备案证有效期为半年，到期后应重新备案，备案机关要严格按要求对备案证到期的生猪运输车辆进行现场复验，符合要求的给予备案，需要整改的责令整改完善，直到合格再准予备案。

**2.** 动物卫生监督机构每次给运输车辆开具动物检疫合格证明时，应查看运输车辆备案证。

**3.** 在进行重大动物疫病、疫情排查、公共卫生和食品安全事件处置中应当加强对运输车辆监督检查的频次。

**4.** 运输车辆备案机关应定期对备案车辆进行监督检查，发现违法运输行为，及时终止备案资格。

## 四、运输车辆监督检查记录

运输车辆监督检查记录见表 7-1。

### 表 7-1　检查记录（适用动物运输车辆）

动物运输车辆车牌号：＿＿＿＿＿＿＿＿＿＿＿＿＿＿＿＿＿＿＿＿＿＿＿

检查时间：＿＿＿年＿＿月＿＿日＿＿时＿＿分至＿＿时＿＿分

地　　点：＿＿＿＿＿＿＿＿＿＿＿＿＿＿＿＿＿＿＿＿＿＿＿＿＿＿＿＿＿＿＿

检查人员：＿＿＿＿＿＿＿＿＿＿＿＿＿＿＿＿记录人员：＿＿＿＿＿＿＿＿＿＿＿

监督检查情况：

| 检查内容 | 结果 | 检查内容 | 结果 |
|---|---|---|---|
| 是否取得动物运输车辆备案表 | | 是否有防渗漏设施设备 | |
| 是否有消毒设施设备及消毒药品 | | 是否随车携带动物检疫合格证明 | |
| 运输台账填写是否规范、齐全 | | 是否有保障动物防疫的设施设备 | |
| 评价意见 | | | |
| 整改要求 | | | |

运输车辆负责人（签字）：　　　　　　　　检查人员（签字）：

　　　　　年 月 日　　　　　　　　　　　年 月 日

备注：检查结果项"是"填"√"，"否"填"×"。

## 五、监管档案管理

动物卫生监督机构每次监督检查后应如实填写监督检查记录。主要内容包括以下几个方面：

（1）监督检查内容；

（2）监督检查发现问题及整改意见；

（3）被监督检查人员签字；

（4）执法人员签字。

监督检查记录、整改记录、问题处理决定等档案材料应及时归档并设立专人保管备查。

## 六、动物运输车辆监管流程

动物运输车辆监管流程见图 7-2。

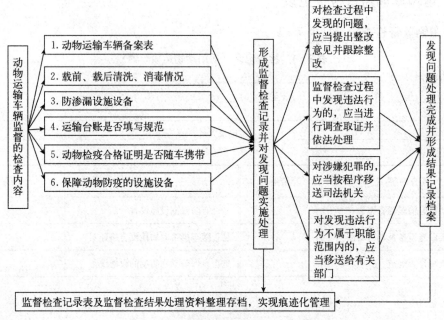

图7-2　动物运输车辆监管流程图

# 第二节　指定通道和公路检查站的设置

## 一、指定通道

### (一) 设置和建设指定通道，有效降低疫情跨区域传播风险

2020年5月7日，国务院副总理胡春华主持召开会议，研究部署加强非洲猪瘟防控工作。会议强调，根据当前非洲猪瘟疫情防控特点，各级农业农村部门要认真反思工作中的不足和薄弱环节，举一反三，尽快把防控策略由应急手段调整到常态化防控措施上来，切实堵塞防控漏洞，坚决防止反弹。在调整防控策略方面，着力解决瞒报漏报疫情、调运监管不力等突出问题，全面提升生猪全产业链风险闭环管理水平。当前非洲猪瘟疫情防控形势依然严峻，客观上看，目前非洲猪瘟病毒已在我国定殖，非洲猪瘟防控已由应急防控转为常态化防控。疫情持续发生态势将长期存在，生猪跨区域调运局面没有改变，违规违法调运不能根除，存在疫情传播风险。当前非洲猪瘟疫情"外防输入、内防反弹"的任务仍较艰巨，稍有松懈就可能出现反弹。为有效落实各项防控措施，建立健全常态化防控工作机制，打基础、补短板，统筹抓好疫病防控、调运监管和市场供应等工作，重点工作任务之一是深入推进分区防控，推动建立分区防控和区域联防机制，完善省际公路检查站和指定通道建设，推进生猪及其产品跨省调运经指定通道运输，加强跨省调运监管。通过建立动物及动物产品跨省调运指定通道制度，做好指定通道建设规划和布局，省与省之间加强省际检查站间的协调工作，严格生猪及生猪产品调运环节对产地检疫证明、运输车辆备案情况、生猪健康状况等的查验，加大对跨省调运生猪及其车辆的清洗、消毒的力度，阻断疫情传播途径，有效降低疫

情跨区域传播风险。实施指定通道跨省调运监管，全面推进和完善了动物及动物产品检疫全域化管理，实现了入境动物及动物产品轨迹可查询、来源可追溯、疫病可防控，进一步提升了畜牧业生产安全、畜产品质量安全、公共卫生安全和生态安全保障能力。

为加强对输入各地的动物及动物产品监管，有效防止动物疫病的跨区域传播，依据《中华人民共和国动物防疫法》等法律法规规定，各省级政府要结合辖区内省际公路动物防疫监督检查站设置区域和数量，根据非洲猪瘟等重大动物疫病防控形势和要求，制定动物及动物产品检疫指定通道建设方案，明确跨省输入动物及动物产品的指定通道和路线。指定通道经省级人民政府批准设立，同时报农业农村部备案，并发函告知各省、自治区、直辖市及计划单列市农业农村厅。指定通道设置要遵循统筹规划、合理布局的原则，根据重大动物疫病防控形势，省级人民政府可以调整并及时向社会公布。

**（二）指定通道建设依据**

依照《中华人民共和国动物防疫法》第五十三条规定，"省、自治区、直辖市人民政府确定并公布道路运输的动物进入本行政区域的指定通道，设置引导标志。跨省、自治区、直辖市通过道路运输动物的，应当经省、自治区、直辖市人民政府设立的指定通道入省境或者过省境。"

**（三）指定通道建设目标**

实现动物及动物产品检疫指定通道管理，实现入境监管、运行轨迹、入场宰杀等环节全链条信息化管理，做到外省入境动物及动物产品可追溯。

**（四）指定通道建设原则**

坚持"六统一"的原则，即统一规划、统一标准、统一设计、统一投资、统一建设、统一管理。

**（五）规范指定通道命名**

统一规划指定通道名称为"××省（自治区、直辖市）××县（市、区）省际动物卫生监督检查站"，并在主要路口挂牌标示。

**（六）指定通道建设地点**

以河北省为例，结合全省省际公路动物防疫监督检查站设置区域和数量，根据全省道路交通状况和动物及动物产品检疫工作需要，在本省与周边省份（北京市、天津市除外）毗邻的地级市省界内建设动物及动物产品检疫指定通道，并经省政府批准设立。

**（七）指定通道工作职责**

指定通道工作职责为监督检查运输动物及动物产品车辆，对进入省内运输动物及动物产品车辆进行查证验物和防疫消毒，切实做好动物疫情封堵工作，主要包括以下几个方面。

**1. 查证验物** 对照动物疫病防控有关规定查验相关证明，检查运输的动物及动物产品。

**2. 防疫消毒** 对进入我省境内的动物及动物产品的运载工具实施消毒。

**3. 发现疑似动物疫情并处理** 发现疫情或者疑似染疫的按有关规定报告，按要求采取相应处理措施。

**4. 做好登记** 对动物检疫监督检查的有关情况进行登记，并对合格的动物及动物产品进行签章。若发现非法运输珍稀、濒危野生动物及其制品、非法运输病死畜禽、伪造动物检疫证明等涉嫌违法犯罪的行为，应及时移交公安机关依法立案查处。

### （八）指定通道建设要求

按照相应建设标准开展指定通道建设，高质量完成软硬件建设，配齐配全各类仪器设备，做好对各类基础设施设备的维护修缮，确保指定通道正常运行，切实发挥作用。每个指定通道须具备以下条件。

**1. 人员素质**　指定通道所在地有关部门要组织选配政治素质高、责任意识强、业务素质精，能满足 24 小时上站值班的工作人员。

**2. 设施设备**

（1）硬件标准　配备业务用房、隔离消毒场所、指定通道所需的仪器设备，主要包括：消毒场地、隔离场所、引道防冲撞设施以及消毒清洗、快速诊断、信息化监管和办公等设备。

（2）软件标准　制作统一的指定通道标示牌，在指定通道办公区明显位置悬挂动物防疫法律法规、工作制度、工作流程。在适当位置设置监督台，接受社会各界监督。在国道、省道及高速公路明显位置设置指定通道提示牌。

### （九）指定通道建设标准

根据《中华人民共和国动物防疫法》及《农业部办公厅关于印发〈公路动物防疫监督检查站管理办法〉配套技术规范的通知》有关规定，动物及动物产品检疫指定通道建设配套指导标准主要包括以下方面。

**1. 硬件标准**

（1）业务用房　有条件的建设固定用房，不具备条件的租用固定用房或配置移动方舱。

固定用房：结构为砖混或框架，使用面积不得少于 60 米$^2$，楼顶要求为蓝色，外墙壁为乳白色，在醒目位置悬挂农业农村部统一的动物卫生监督标志。有固定的办公室、小型会议室、监控室、值班室、休息室等。

（2）隔离消毒场所　应在指定通道附近设置相应的检疫消毒场地，消毒场地应平整、清洁。应配建处理染疫和疑似染疫动物的隔离场所以及动物产品贮存场所。隔离消毒场所应配有引道防冲撞设施，防止车辆无法减速等情况造成人员受伤。

（3）仪器设备　指定通道应具备开展工作必需的仪器设备，主要包括：自动消毒通道，检疫、消毒、快速诊断等检疫器械设备及监控设备、信息化监管和办公等设备。

① 自动消毒通道　应具备抗风设计、能克服风力影响，保证喷雾效果，耐用，确保能对车辆整体消毒。要保证环境温度达到 0 ℃时，加热装置必须自动开启，全管路防冻，−30 ℃条件下仍可无故障运行。同时具备自动控制和手动控制两种消毒方式。

② 检疫、消毒、快速诊断等检疫器械设备　具体仪器设备配备标准推荐如下：冰柜（冰箱）1 台、数码照相机 1 台、录音笔 1 个、机动消毒喷雾器 2 台、手动消毒喷雾器 2 台、应急灯 2 台、计算机 2 台、打印传真一体机 1 台、冷藏包 2 套、采样检疫箱 2 套。

③ 监控设备、信息化监管　监控设备指定通道在进出口、消毒场地、隔离场所及办公登记区有全覆盖监控设施设备，将记录出入消毒场地或隔离场所、办公登记区的画面并将截图上传至兽医云平台，做检查备案。信息化监管指有 24 小时不间断网络，有移动扫描信息终端等设施设备。

（4）防护设施设备　有夜间监督检查所需的照明设施、标志及人员安全防护设施设备；有反光背心、口罩、皮手套、胶鞋、防护服等人员防护设备。

**2. 软件标准**

（1）建设动物及动物产品检疫指定通道，要制作统一的指定通道名称标示牌，统一名称为"××省（自治区、直辖市）××县（市、区）××省际动物卫生监督检查站"，检查站标示牌统一为竖牌：长180厘米、宽30厘米、厚4厘米，白底黑字，宋体。

（2）在指定通道办公区明显位置悬挂动物防疫法律法规、工作制度、工作流程。用铝合金玻璃框制作成规格统一、内容一致的展示框，文字要求整洁、美观，规格为105厘米×75厘米。

（3）在适当位置设置监督台，将指定通道工作人员的姓名、职务、照片以及县级、市级、省级农业农村部门监督电话等信息公开，接受社会各界监督。

监督台用铝合金玻璃框装饰，底板用白色塑料板，"××省（自治区、直辖市）××县（市、区）××省际动物卫生监督检查站"字样使用深蓝色楷体字形，"监督台"字样使用红色黑体字形，职务、姓名相关字样使用深蓝色宋体字形，监督电话相关字样使用红色宋体字形；监督电话需注明××省（自治区、直辖市）农业农村厅监督电话和本市、县农业农村局监督电话；规格为105厘米×75厘米。

（4）在国道、省道及高速公路明显位置设置指定通道提示牌　制作统一规格的检疫监督提示牌，设立在公路（国道、省道及高速公路）两侧（警示标志设立时应正面面向区域外，紧靠公路右边，设立位置、高度以及文字颜色等按交通法规规定设立，警示标志责任单位要定期对警示标志进行检查维护），并公布设站依据、监督举报电话等内容。规格统一为180厘米×120厘米，用油漆将铁皮刷为蓝底，内容用白色黑体字形。

（5）签章要求　动物及动物产品检疫指定通道监督专用签章样式形状为圆形，中缀五角星图案［大小：外径为3.5厘米，内径为3.4厘米，边线粗0.05厘米，字形为华文中宋，名称由"××省（自治区、直辖市）××县（市、区）××省际动物卫生监督检查站""日期""监督专用签章"四部分组成］。

印章参照邮政系统的滚动日期印章制作（图7-3）。

图7-3　印章样图

**3. 维护管理**　指定通道所在地要根据建设需要，定期对所辖省际指定通道基础设施设备进行维护修缮，确保指定通道正常运行。

## （十）指定通道工作程序

**1.** 指定通道须经省级人民政府批准设立，制定入境动物及动物产品检疫指定通道建设方案，明确省外输入动物及动物产品的指定通道和路线，同时报农业农村部备案，并发函告知各省、自治区、直辖市及计划单列市农业农村厅指定通道地点及不同输入方向对应的指定通道路线。指定通道如有调整，经省农业农村厅报省人民政府批准后，由省级人民政府办公厅及时向社会公布。

**2.** 指定通道所在地县级人民政府应配备监督检查人员。

**3.** 公路运输动物及动物产品必须通过指定通道运输且报验，并按规定接受监督检查和信息登记。

**4.** 从指定通道输入的运输动物及动物产品，必须按照动物检疫有关办法和规范依法取得动物检疫合格证明。

**5.** 从指定通道输入的运输动物及动物产品的车辆，应随车携带动物检疫合格证明、动物及动物产品运输车辆备案表、国家和省（自治区、直辖市）明确规定的动物疫病检测报告及相关备案手续等原件。

**6.** 从指定通道输入的运输动物及动物产品车辆应当主动接受指定通道的监督检查，经查证、验物、消毒及信息登记追溯后，检查合格的，由指定通道在动物检疫合格证明上加盖印章；不合格的依法处理。

**7.** 公安检查站、边防检查站、公路收费站等发现跨省运输动物及动物产品的，应当及时指引其从指定通道进入。

**8.** 未从指定通道输入、动物检疫合格证明上未加盖指定通道印章的公路运输动物及动物产品，不得进入，不听劝阻强行或擅自进入的，依照《中华人民共和国动物防疫法》第一百零二条之规定，由县级以上地方人民政府农业农村主管部门对运输人处五千元以上一万元以下罚款；情节严重的，处一万元以上五万元以下罚款。

**9.** 当发生重大突发事件时，按照国家和省（自治区、直辖市）有关规定执行

**（十一）指定通道建设保障措施**

**1. 加强组织领导** 各级各有关部门要高度重视动物及动物产品检疫指定通道建设。按照职责分工，各司其职、强化协作，共同推动指定通道建设。农业农村部门负责牵头组织实施具体建设及综合协调建设评估等其他工作；公安部门负责依法处置涉嫌违法犯罪的行为；财政部门负责为指定通道建设提供资金支持；交通运输部门负责配合交通要道动物及动物产品指定通道标志的设置，协同配合做好动物及动物产品运输环节相关监管工作。

**2. 强化资金保障** 农业农村部办公厅、财政部办公厅做好非洲猪瘟防控财政补助政策实施工作，切实抓好非洲猪瘟疫情防控经费保障工作。中央财政补助资金统筹用于运输车辆监管环节，省级定额补助资金主要用于基础设施和设备配备、信息化办公设备更新补充、购买防护用品、购买消毒药品、办公消耗、维修等费用支出；县级财政资金用于基础设施维护和日常工作经费保障。各级政府要统筹相关资金为动物及动物产品检疫指定通道建设提供资金支持，保障指定通道的有序运行。

**3. 加大管控力度** 加大对不经过指定通道进入的动物及动物产品的管控力度。强化法治防疫，依法细化未经检疫和确定人员监测疫情的情形，打击违规运输现象。实施信息化监管，加强与调出省信息沟通，及时追踪掌握进入省动物及动物产品情况，一旦发现没有经过指定通道的，立即通知接受地对其进行查处。各地要加强指定通道建设法律法规、制度标准、技术规范等方面的培训，提高指定通道建设管理能力。

## 二、公路检查站

为控制动物疫病，县级人民政府农业农村主管部门应当派人在所在地依法设立的现有检查站执行监督检查任务。经省、自治区、直辖市人民政府批准后设立省级公路动物防疫监督检查站。2018 年 8 月全国开始进行非洲猪瘟防控以来，为贯彻落实党中央、国务院有关要求，加强运输环节监管，进一步防止非洲猪瘟疫情省及疫情相邻省的生猪及其产品跨省传播，各省在所有进出省境路口及所有上下高速公路匝道口设置临时动物卫生监督检查站。公路动物防疫监督检查站和临时动物防疫检查站发挥着防堵作用，做到逐车检查、逐车消毒、

发现违规调运行为严格按规定处理。并根据需要充实省际动物防疫监督检查站工作力量，改善工作条件，严格执行 24 小时值班制度，加大对跨省调运生猪及其车辆查验和清洗、消毒的力度，有效降低疫情跨区域传播风险。

### （一）公路动物防疫监督检查站

**1. 设置**　公路动物防疫监督检查站由省级人民政府农业农村部门根据动物防疫工作需要向省级人民政府申请，经省级人民政府批准后方可设立，同时报农业农村部备案。公路动物防疫监督检查站的设置要遵循统筹规划、合理布局的原则。

**2. 监督管理**　农业农村部主管全国公路动物防疫监督检查站的监督管理工作。省级人民政府农业农村行政管理部门主管本省（自治区、直辖市）公路动物防疫监督检查站的监督管理工作，可委托县级人民政府畜牧兽医行政管理部门管理本辖区内公路动物防疫监督检查站。省级动物卫生监督机构具体负责本省（自治区、直辖市）公路动物防疫监督检查站的监督管理和业务指导工作，可委托县级动物卫生监督机构具体负责辖区内公路动物防疫监督检查站的监督管理和业务指导工作。县级人民政府农业农村主管部门应当派人在所在地依法设立的现有检查站执行监督检查任务。

**3. 主要职责**　①查验相关证明，检查运输的动物及动物产品；②根据防控重大动物疫病的需要，对动物、动物产品的运载工具实施消毒；③对不符合动物防疫有关法律、法规和国家规定的，按有关规定处理；④发现动物疫情时，按有关规定报告并采取相应处理措施；⑤对动物防疫监督检查的有关情况进行登记。

**4. 应当具备的条件**　①有固定的办公场所；②有检查、消毒场地；③有夜间监督检查所需的照明设施、标志及人员安全防护设施设备；④有消毒、检疫、监督等设施设备；⑤有执行监督检查任务需要的工作人员。

**5. 建设标准**　①公路动物防疫监督检查站名称统一为"××省（自治区、直辖市）××公路动物防疫监督检查站"，标牌统一为竖牌，长 180 厘米、宽 30 厘米、厚 4 厘米，白底黑字，宋体字。②公路动物防疫监督检查站应有固定的办公场所，且房屋面积不少于60 米$^2$。公路动物防疫监督检查站应有与工作相适应的检查和车辆消毒场地，并应具有与工作相适应的动物隔离场所或具备转移隔离条件。③应距公路动物防疫监督检查站适当位置设立公路动物防疫监督检查站提示牌和停车检查提示牌。④有反光背心、口罩、皮手套、胶鞋、防护服等人员防护设备。⑤有车辆消毒设备和消毒药品，有条件的可建立全自动消毒通道；有与工作相适应的照明设施。⑥有与开展工作相适应的仪器设备，具体仪器设备配备标准推荐如下：冰柜（冰箱）1 台、数码摄像机 1 台、数码照相机 1 台、录音笔 1 个、普通光学显微镜1 台、机动消毒喷雾器 2 台、手动消毒喷雾器 2 台、执法监督面包车 1 辆、执法监督摩托车1 辆、应急灯 2 台、计算机 1 台、打印机 1 台、固定电话机 1 台、传真机 1 台、冷藏包 2 套、采样检疫箱 2 套。⑦按照农业农村部办公厅关于做好"三农"领域补短板项目库建设工作的通知要求，储备和实施一批"三农"领域重大工程项目，是打赢脱贫攻坚战和全面建成小康社会补短板的迫切需要。在农业公共服务基层设施领域，包括了重点支持动植物保护能力提升工程、陆生动物保护更新改造、动物卫生监督检查站项目等。本着"更新改造公路动物卫生监督检查站设施设备，提升动物及动物产品查验能力，堵截染疫和病害动物及动物产品，控制流通环节动物疫病传播扩散和动物产品卫生安全风险"的建设思路，在全国各省份之间建设 200 个动物卫生监督检查站，更新改造检查站办公场地，完善检疫消毒、隔离观察、工作条件保障等设施，购置检疫、取证、执法和通信设备等，更新数码相机等调查取证设备，购置电脑、打印机等信息化设施设备，为防控非洲猪瘟等重大动物疫病的传播提升监督检查能力和水平。

**6. 监督检查程序**

（1）执法人员在检查时，应使用停车指示牌，引导运输动物和动物产品的车辆进入公路动物防疫监督检查站。

（2）执法人员向畜（货）主出示执法证件，由两名执法人员实施检查：①查验是否具有检疫合格证明、运载工具消毒证明、检疫验讫标识和畜禽标识；②了解和观察动物在运输途中有无死亡和其他异常情况；③核对动物或动物产品数量与检疫合格证明、车辆与运载工具消毒证明是否相符；④查验动物及动物产品是否符合检疫合格条件。

（3）执法人员对运载动物及动物产品的车辆实施消毒。

（4）检查结果处理：①经检查合格的，由执法人员在检疫证明上加盖公路动物防疫监督检查站监督专用签章；②经检查不合格的，由执法人员按规定进行处理（对违反动物防疫有关法律法规的，依法进行处理处罚；对没有检疫证明的，要严格实施处罚后按规定补检；对依法应当加施畜禽标识而没有畜禽标识的，依法进行处理处罚；对持伪造或涂改检疫证明的，留验动物及动物产品，由检查站所在地动物卫生监督机构对畜主或承运人进行立案查处；对疑似染疫的动物及动物产品，由所在地动物卫生监督机构采取隔离、留验等措施，经确认无疫后，方可放行；对查获的病死动物及染疫动物产品，按规定作无害化处理；对运输中途卸下作无害化处理的，在检疫证明上注明有关情况，并加盖公路检查站签证专用章；发现可疑重大动物疫情时，按有关规定进行处理）。

（5）公路动物防疫监督检查站应当做好动物防疫监督检查记录，填写监督检查登记表，并建立完整的监督检查档案。检查记录和档案保存时间不得少于两年。

**7. 执法人员条件** ①遵纪守法，作风正派，公正廉洁；②连续从事动物防疫监督执法工作 2 年以上；③熟悉动物防疫法律法规及相关规定；④能够独立从事动物防疫监督工作。

**8. 禁止公路检查站执法人员出现的行为** ①擅自扩大检查范围；②擅自脱离工作岗位；③工作期间饮酒；④乱罚款、乱收费；⑤敷衍推诿，故意刁难畜（货）主；⑥利用职权向被检查单位和个人"吃、拿、卡、要"；⑦徇私枉法；⑧其他滥用职权、失职和渎职行为。

**9. 严格监督检查** 非洲猪瘟疫情防控工作进入常态化阶段，为切实强化生猪移动监管，省级公路动物防疫监督检查站要加大应急检查力度，坚持上班上岗制度，对过往车辆严格进行查证验物并督促车辆消毒，发现异常情况应及时向当地农业农村部门报告。要加强动物卫生监督执法办案力度，严厉打击逃避检疫等违法行为。为规范生猪及生猪产品调运，跨省调运种猪、商品仔猪的，应主动接受省际动物卫生监督检查站的监督检查，动物检疫合格证明应当加盖监督检查专用签章。

**10. 省级公路动物防疫监督检查站监管流程**（图 7-4）

**（二）非洲猪瘟防控临时公路动物卫生监督检查站**

依照《中华人民共和国动物防疫法》第七十五条规定，为控制动物疫病，必要时，经省、自治区、直辖市人民政府批准，可以设立临时性的动物防疫检查站，执行监督检查任务。

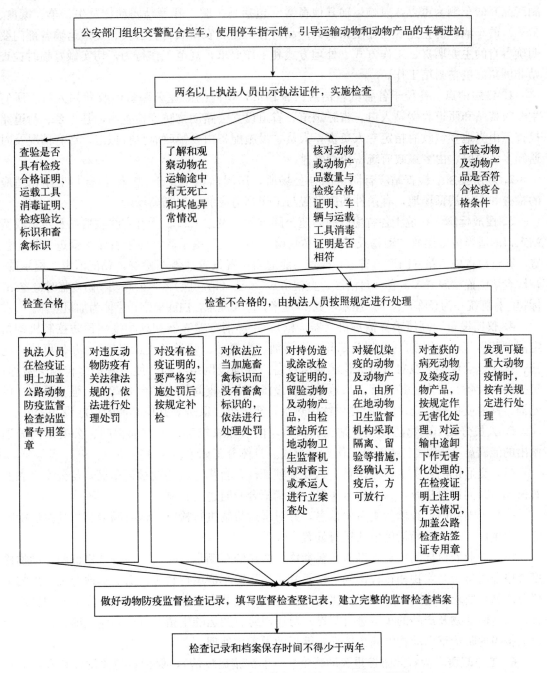

公安部门组织交警配合拦车，使用停车指示牌，引导运输动物和动物产品的车辆进站

两名以上执法人员出示执法证件，实施检查

查验是否具有检疫合格证明、运载工具消毒证明、检疫验讫标识和畜禽标识

了解和观察动物在运输途中有无死亡和其他异常情况

核对动物或动物产品数量与检疫合格证明、车辆与运载工具消毒证明是否相符

查验动物及动物产品是否符合检疫合格条件

检查合格

检查不合格的，由执法人员按照规定进行处理

执法人员在检疫证明上加盖公路动物防疫监督检查站监督专用签章

对违反动物防疫有关法律法规的，依法进行处理处罚

对没有检疫证明的，要严格实施处罚后按规定补检

对依法应当加施畜禽标识而没有畜禽标识的，依法进行处理处罚

对持伪造或涂改检疫证明的，留验动物及动物产品，由检查站所在地动物卫生监督机构对畜主或承运人进行立案查处

对疑似染疫的动物及动物产品，由所在地动物卫生监督机构采取隔离、留验等措施，经确认无疫后，方可放行

对查获的病死动物及染疫动物产品，按规定作无害化处理，对运输中途卸下作无害化处理的，在检疫证明上注明有关情况，加盖公路检查站签证专用章

发现可疑重大动物疫情时，按有关规定进行处理

做好动物防疫监督检查记录，填写监督检查登记表，建立完整的监督检查档案

检查记录和档案保存时间不得少于两年

图 7-4　省级公路动物防疫监督检查站监管流程图

非洲猪瘟防控工作开展以来，为进一步防止非洲猪瘟疫情省及疫情相邻省的生猪及其产品跨省运输，2018 年 9 月 11 日农业农村部要求，非洲猪瘟应急防控期间，未设立省际动物防疫检查站的，立即报省级政府批准，设立临时的动物防疫检查站，执行监督检查任务。防控非洲猪瘟临时公路动物防疫检查站（点）设立在所有进出省境路口及所有上下高速公路匝道口。临时公路动物防疫检查站以监督检查运输生猪及其产品（包括鲜、冻猪肉和鲜、冻猪

副产品）的车辆为重点，兼顾运输其他畜禽（包括马、驴、骡等马属动物及牛、羊、家禽、兔等）的车辆，防止违规运输生猪及其产品跨省运输。农业农村、公安、交通运输各部门要明确各自的主要职责、工作方式、处理方式和工作要求，规范工作行为，切实做好临时检查站非洲猪瘟疫情封堵工作。

**1. 设站地点** 在位于各省（自治区、直辖市）境内的高速公路省际收费站入口、所有主线收费站和匝道收费站入口，省际国道、省道设立公路动物防疫检查站，县、乡、村道路检查点由当地乡镇政府指定专人负责，人员、设施配备由乡镇政府自行拟定，遇有情况及时通知乡镇政府，由乡镇政府统一协调安排。

**2. 场所要求** 检查站应有固定的办公场所，房屋面积不少于 20 米$^2$，有与工作相适应的检查和车辆消毒场地，有条件的应设置与工作相适应的动物隔离场所。

**3. 摆放标牌** 在位于各省境内的高速公路省际收费站入口、所有主线收费站和匝道收费站入口的适当位置摆放"动物及动物产品临检专用通道"提示牌，便于引导车辆进入指定位置。在进出省境道路（国道、省道）检查站前适当位置设置"停车检查，登记消毒"提示牌。在检查站位置摆放"××省（自治区、直辖市）××县（市、区）××公路动物防疫临时检查站"标牌，标牌统一为竖牌，长 180 厘米，宽 30 厘米，厚 4 厘米，白底黑字，字体为加粗宋体。

**4. 仪器设备** 高压喷雾消毒机（器、枪）、手动消毒喷雾器和动物疫病预防控制机构指定消毒药品（可选用 10% 的苯及苯酚、去污剂、次氯酸、碱类及戊二醛等）；办公桌椅、电脑、执法记录仪、无线对讲机等执法通信设备，并铺设网络光缆，便于登记上传相关数据；防护服、胶靴、手套、护目镜、口罩等防护设备；有供夜间检查的反光背心、强光手电、反光桶、锥桶或栏杆，能 24 小时提供饮用热水；遮阳伞、取暖等其他必需的设施设备等。

**5. 人员分工** 动物防疫检查站工作人员，由农业农村部门、交通部门、公安部门分别派出的能满足 24 小时上站值班工作人员组成。具体分工如下。

（1）交通部门：负责拦截车辆、索要驾驶证件、暂扣违法违规承运车辆，与公安、农业农村部门共同进行检查，遇有闯卡车辆，协调配合及时进行拦截。

（2）公安部门：查验货主身份信息，并对承运货物进行检查，遇有闯卡、扰乱执法检查等暴力事件，采取果断措施依法进行处置。

（3）农业农村部门：负责勘验运输动物及产品的车辆是否有动物检疫合格证明、动物检疫合格证明是否与实物相符；询问生猪及其产品运输车辆运行轨迹；对由本地合规调出的生猪及产品，要求运输路线避开非洲猪瘟疫区市或相继 2 个以上（含 2 个）市发生非洲猪瘟的省；对运输动物及产品的车辆进行消毒；对违规跨省调运的生猪及其产品应立即扣押，并及时上报当地防治重大动物疫病指挥部，就近做无害化处理。

**6. 工作职责** 为有效防控重大动物疫病（非洲猪瘟疫情），保护养殖业发展和人民群众身体健康，防止重大动物疫病传播蔓延，明确临时公路防疫检查站工作职责如下。

（1）查验动物检疫合格证明、检疫验讫标识或畜禽标识。核实是否证物相符，了解和观察动物在运输途中有无死亡和其他异常现象；查看产品的卫生安全状况。

（2）严格排查来自发生非洲猪瘟疫情省份及其相邻省份的生猪，严格排查发生非洲猪瘟疫情省高风险区的生猪产品。

经查验，无法提供动物检疫合格证明和证物不符的，由检查站工作人员对车辆进行控制，并依法处理。

经查验，附有动物检疫合格证明且证物相符的，要进一步进行核实询问。①生猪：来自疫情省、疫情省的毗邻省份和途经疫情省的禁止放行，动物防疫检查站工作人员对车辆进行控制，并立即通知所在地农业农村部门依法进行处理，其他的按放行生猪及其产品登记表登记后放行。②生猪产品：来自疫区市或来自相继 2 个以上（含 2 个）市发生非洲猪瘟省份的，检查站工作人员对车辆进行控制，并立即通知所在地农业农村部门依法处理，其他的按放行生猪及其登记表登记后放行。③其他畜禽及产品直接放行。

（3）对动物、动物产品的运载工具实施消毒。

（4）对其他不符合动物防疫有关法律、法规和国家规定的按有关规定处理。

（5）发生非洲猪瘟等重大动物疫情时，按照相关规定，落实防控措施，政府发布动物疫情封锁令后，协助做好封锁工作。

（6）对检查信息进行登记、汇总、上报。

**7. 值班制度**

（1）值班人员要切实增强责任感，始终保持警惕性，始终坚持"三人三岗"值班，绝不允许出现单人单岗，甚至断岗、漏岗、脱岗等现象发生。

（2）值班人员要恪尽职守，履职尽责，认真做好值班记录，做到不酗酒、不饮酒，不做任何与值班工作无关的事。

（3）严格履行见面交接班制度，并履行签字手续，值班人员发现可疑车辆必须第一时间对其进行检查处理。

（4）值班人员应积极配合、积极协调，互联互通，保证值班工作的正常有序开展。

（5）值班人员要强化报告制度，遇有紧急特殊情况，必须第一时间报告县防控重大动物疫病指挥部办公室，严禁瞒报、延报。

（6）值班人员必须依法依规对过往车辆进行查证验物，严禁出现"吃、拿、卡、要"等情况，发现 1 起严肃处理 1 起。

**8. 消毒规定**

（1）动物及其产品运载工具消毒。载畜车辆消毒包括车辆本身消毒和车上所有动物消毒，消毒采取从上到下、从里到外的原则，采用高压喷雾式消毒器按消毒要求进行全面消毒。运载产品车辆的消毒采取车厢、车轮从上到下的顺序，按消毒要求进行全面消毒。

（2）消毒药品的种类、配比浓度及技术要求，按照有关要求执行。

（3）场地消毒。正常情况下，车辆停留检查消毒后，应对场地残留污物进行清扫消毒。

（4）不合格动物及动物产品消毒。凡载畜车辆发现病畜、死畜及来自（含途径）非洲猪瘟高风险区违规调运的生猪及产品，一律进行无害化处理，并彻底消毒。病死畜禽及其产品、违规调运的生猪及其产品停放地要加倍消毒剂量进行消毒。

（5）接触病畜、死畜及其产品违规调运的生猪及其产品的人员，必须严格消毒。

**9. 工作流程与规范**

（1）发现运输生猪及其产品的车辆，由公安交通警察负责拦车。

（2）工作人员引导车辆进入检查站接受监督检查。

（3）工作人员出示行政执法证件或表明身份，进行检查前告知。

（4）查证验物：①检查是否携带有效的检疫合格证明，跨省引进的种猪还应检查是否携带有效的审批表；②检查生猪及其产品与检疫合格证明标注数量（重量）、产地等是否一致；③检查生猪佩戴畜禽标识是否与检疫合格证明填写的一致；④检查生猪运输车辆备案表和生猪临床健康、运输车辆清洗消毒等情况，核对生猪及其产品启运地、目的地及运行轨迹。

（5）结果处理：①经查验无法提供动物检疫合格证明、证物不符的，以及没有生猪运输车辆备案表的，由检查站工作人员对车辆进行控制，并依法处理；②经查验附有动物检疫合格证明且证物相符的，要进一步核实询问；对违反调运政策的生猪及其产品禁止放行，检查站工作人员对车辆进行控制，并立即通知所在地农业农村部门对其进行依法处理；种猪按有关规定执行。

（6）经检查合格的，对车辆进行消毒后，登记放行。

（7）发现临床可疑非洲猪瘟病例的，立即报告当地农业农村部门依法依规处理。

（8）工作要求：①工作人员要着装整齐、严格执法、文明用语、热情服务，认真履行岗位职责；②对违反规定的，要严格按照《中华人民共和国行政处罚法》和动物防疫法律、法规、规章及农业农村部的有关规定进行处理；进行行政处罚时，要做到以事实为依据、以法律为准绳、定性准确、程序合法、手续完备；③发生突发事件要迅速报告当地政府和上级机关，对妨碍执行公务的，由当地公安机关处理；④对临时公路动物防疫检查站过往的车辆检查情况执行日登记、周统计制度，规范填写表格内容（表7-2、表7-3），实现痕迹化管理。

表7-2　动物防疫临时检查站（点）情况登记表

检查站（点）地点：

| 日期 | 动物、动物产品（名称） | 数量（头/只/千克） | 检疫合格证明（编号） | 运载工具（号码） | 消毒情况 | 起运地点 | 到达地点 | 途经 | 处置措施 | 货主联系电话 | 货主签字 | 检查人员（签字） |
|---|---|---|---|---|---|---|---|---|---|---|---|---|
|  |  |  |  |  |  |  |  |  |  |  |  |  |
|  |  |  |  |  |  |  |  |  |  |  |  |  |

填表说明：1. 动物为猪、牛、羊、禽或其他（数量单位：头、只）；2、动物产品为猪产品、牛产品、羊产品、禽产品或其他产品（数量单位：千克）；3. 处置措施包括放行、劝返、无害化处理（劝返和无害化处理的请附情况说明）。

表7-3　防控非洲猪瘟公路检查站过往车辆周报统计表

县（市）区：（公章）　　　　　　　　　　　　　　　　　　　年　　月　　日

| 序号 | 地市 | 与周边省际接壤 | 公路检查站名称 | 猪 | | | | 其他动物 | | | | 备注 |
|---|---|---|---|---|---|---|---|---|---|---|---|---|
|  |  |  |  | 车辆（生猪） | 生猪（头数） | 车辆（猪产品） | 猪产品数量（吨） | 车辆（活动物） | 动物（头只） | 车辆（动物产品） | 动物产品数量（吨） |  |
|  |  |  |  |  |  |  |  |  |  |  |  |  |
|  |  |  |  |  |  |  |  |  |  |  |  |  |

主管局长：　　　　　　手机：　　　　　　填表人：　　　　　　联系电话：

## 10. 非洲猪瘟防控临时公路防疫检查站监管流程（图 7-5）

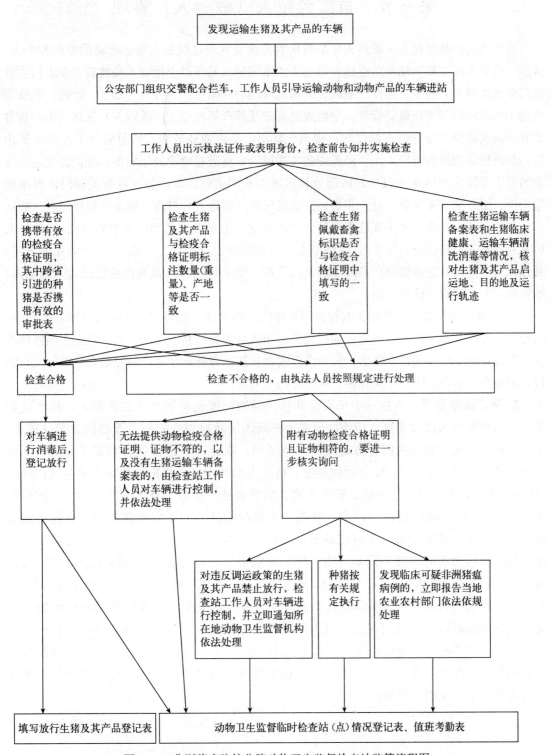

图 7-5　非洲猪瘟防控公路动物卫生监督检查站监管流程图

# 第三节　畜禽经纪人（贩运人）管理

畜禽及其产品经纪人（贩运人）是指从事畜禽及其产品收购、贩运活动的单位和个人。依照《中华人民共和国动物防疫法》第七十四条规定，县级以上地方人民政府农业农村主管部门对动物饲养、屠宰、经营、隔离、运输以及动物产品生产、经营、加工、贮藏、运输等活动中的动物防疫实施监督管理。全面规范畜禽及其产品经纪人（贩运人）管理，推动畜禽及其产品收购贩运监管进入制度化、规范化轨道，是流通环节防疫监督管理工作的重要内容，是强化动物疫病防控工作、降低疫病传播风险、促进养殖业健康发展、维护公共卫生安全的有力保障。2018 年 8 月份我国部分省份发生非洲猪瘟以来，各地各有关部门认真落实党中央、国务院决策部署，进一步加强生猪经纪人（贩运人）管理，解决生猪经纪人（贩运人）底数不清、经营行为不规范等问题。为此根据《中华人民共和国动物防疫法》《中华人民共和国农业农村部公告第 2 号》《中华人民共和国农业农村部公告第 79 号》的相关规定，要强化对生猪及其他畜禽及产品的移动风险管控，全面规范畜禽及其产品经纪人（贩运人）的管理，促进养殖业健康发展。

**1. 宣传告知管理**　县级农业农村部门每年向畜禽及其产品经纪、贩运人员印发告知书，履行宣传告知义务，明确告知其权利与义务，加强对畜禽及其产品经纪人、贩运人的宣传教育，宣传告知工作应做到全覆盖。告知内容主要包括：对畜禽及其产品经纪人（贩运人）实行登记备案、培训上岗、相关管理、年度考核等内容。

**2. 登记备案管理**　依据《中华人民共和国动物防疫法》第五十二条规定，从事动物运输的单位、个人以及车辆，应当向所在地县级人民政府农业农村主管部门备案（表 7 - 4）。为此，需要对辖区内所有畜禽及其产品经纪、贩运人员进行调查和实名登记，并填写登记备案表（表 7 - 5），建立动物经纪、贩运人员基本信息档案。档案主要包括：经纪（贩运）人的姓名、身份证号码、联系方式、居住地址、运载工具类型和车牌号（同时备案，见表 7 - 6）、贩运畜禽（产品）种类、主要收购区域、主要销售去向、必经指定通道、培训记录、违法记录、年审记录等详细内容。在不同县（市、区）从事畜禽及其产品经纪、贩运活动的应在不同县（市、区）分别备案，登记备案情况应采取适当方式向社会公布，接受社会监督，备案后的有关情况汇总上报到上一级农业农村部门（表 7 - 7）。对外地进入辖区内从事畜禽及其产品经纪、贩运的人员，要及时掌握其收购贩运动态，实行跟踪监管，一旦发现违法行为，立即依法查处。未经备案从事动物运输的，依据《中华人民共和国动物防疫法》第九十八条规定：由县级以上地方人民政府农业农村主管部门责令改正，处三千元以上三万元以下罚款；情节严重的，责令停业整顿，并处三万元以上十万元以下罚款。

### 表 7 - 4 畜禽经纪人（贩运人）备案申请表

| 申请人姓名 | | 性别 | | （照片） |
|---|---|---|---|---|
| 住　址 | | 联系电话 | | |
| 身份证号 | | 经纪范围 | | |

| 运输方式 | □公路　□铁路　□航空　□水路 |
|---|---|
| 必经指定通道 | |
| 备案要求 | 1. 具有完全民事行为能力。　　　　　　　　　　　　　　　　　　□有　□无<br>2. 有依法取得的健康证明。　　　　　　　　　　　　　　　　　　□有　□无<br>3. 熟悉动物防疫法律法规和政策，参加畜牧兽医主管部门培训并经考试合格。<br>　　　　　　　　　　　　　　　　　　　　　　　　　　　　　　□有　□无<br>4. 诚信自律并守法经营，申请前连续两年以上没有犯罪和动物防疫违法行为。<br>　　　　　　　　　　　　　　　　　　　　　　　　　　　　　　□有　□无<br>5. 其他法律规定的条件。　　　　　　　　　　　　　　　　　　□有　□无 |
| 所需提交材料<br>（附在申请表后） | 1. 备案申请表；　　　　　　　　　　　　　　　　　　　　　　□有　□无<br>2. 健康证明材料；　　　　　　　　　　　　　　　　　　　　　□有　□无<br>3. 承诺书；　　　　　　　　　　　　　　　　　　　　　　　　□有　□无<br>4. 身份证复印件和小二寸蓝底照片 3 张及其他相关信息资料。　□有　□无 |
| 当地动物卫生监督机构<br>初审意见 | □核查情况属实。　　　□核查情况不属实。<br><br>　　经办人签字：　　　　　　　　　　　　　　　（公章）<br>　　　　　　　　年　　月　　日 |
| 县级农业农村部门认定<br>意见 | □同意。□不同意。<br><br>　　　　　　　　（公章）<br>　　　　　　年　　月　　日 |
| 备案编号 | |
| 备注 | |

表7-5 畜禽及其产品经纪人（贩运人）登记备案表

| 基本信息 | 姓名 | | | 居住地址 | | | | | | 照片 |
|---|---|---|---|---|---|---|---|---|---|---|
| | 身份证号 | | | | 联系电话 | | | | | |
| | 收购贩运种类 | | 运输工具类型 | | | 车牌号 | | 车辆是否备案 | 是□ 否□ | |
| | 主要收购区域 | | | | | | | | | |
| | 主要销售去向 | | | | | | | | | |
| | 必经指定通道 | | | | | | | | | |
| | 培训记录 | | | | | | | | | |
| | 违法记录 | | | | | | | | | |
| | 年审记录 | | | | | | | | | |
| 受理结果 | 备案编号 | | | | | | | | | |
| | 经审核，准予备案。 | | | | | | | | | |
| | 受理单位：（盖章） | | | 有效期 | | | | 年　月　日 至　年　月　日 | | |

表7-6 活畜禽（畜禽产品）运输车辆备案表

| | 编号： | |
|---|---|---|
| 车牌号码 | | |
| 车辆所有者名称 | | |
| 核定最大运载量（吨） | | |
| 有效期 | 自 年 月 日 | 备案机关 |
| | 至 年 月 日 | 备案时间 年 月 日 |

编号由"发证机关所在行政区域代码"＋"四位数字顺序号"组成；"发证机关所在行政区域代码"按照 GB/T 2260—2007 执行。

表7-7 畜禽及其产品经纪人贩运人汇总表

| 序号 | 姓名 | 性别 | 联系方式 | 家庭住址 | 身份证号码 | 备案编号 | 备案时间 |
|---|---|---|---|---|---|---|---|
| 1 | | | | | | | |
| 2 | | | | | | | |
| 3 | | | | | | | |
| 4 | | | | | | | |
| 5 | | | | | | | |
| 6 | | | | | | | |
| 7 | | | | | | | |
| 8 | | | | | | | |
| 9 | | | | | | | |
| 10 | | | | | | | |
| 11 | | | | | | | |
| 12 | | | | | | | |

**3. 信息化管理** 以河北省为例，畜禽及其产品经纪贩运人员通过手机下载智慧兽医云平台App——贩运经纪人版，自行实名注册，录入姓名、身份证号、联系电话、注册区划、坐标、动物（产品）种类等信息，并同步上传身份证件照片后提交，责任辖区的官方兽医通过智慧兽医云平台手机 App 或电脑网页端，对提交的信息实施审核。畜主进行检疫申报时，选择通过审核进入监管对象管理系统的畜禽经纪贩运人员实施收购贩运（其中运输车辆需在运输车辆监管系统中备案）。

**4. 培训上岗管理** 对备案登记的畜禽及其产品经纪、贩运人员全部进行动物疫病防控相关法律法规和经营运输、防疫知识、法制观念和守法经营教育培训，增强其质量安全意识、守法意识和责任意识。培训后经考试合格的，颁发培训合格证，通过先培训后从业的方式，保证畜禽贩运和畜禽产品经营活动合法合规。同时，严格加强畜禽及其产品收购、贩运人员上岗条件的审核，确保其符合下列条件：

（1）有依法取得的健康证明；

（2）具有完全民事行为能力；

（3）熟悉动物防疫法律法规和政策，参加农业农村部门培训并经考试合格，持有培训合格证书；

（4）诚信自律并守法经营，申请前连续两年以上没有犯罪和动物防疫违法行为；

（5）其他法律规定的条件。

**5. 网格化管理** 强化网格化管理体系，落实网格化监管制度，各级农业农村部门应建立健全畜禽及其产品经纪、贩运人员监督管理制度，将畜禽及其产品贩运活动纳入管理目标，细化各项监管任务，将辖区内畜禽及其产品经纪贩运人的监管责任，落实到各乡镇兽医站，落实到具体的网格监管责任人。网格监管责任人要实行动态监管，加强对畜禽及其产品收购贩运经纪人的巡查、排查、监督、监管力度，及时发现、查办各类畜禽产品质量安全违法犯罪行为。将网格监管责任人对畜禽及其产品经纪贩运人员的日常管理和监督检查情况，作为年度工作目标考核的一项重要内容，量化考核指标，综合评价。

**6. 实施分类管理** 以生猪、肉牛、肉羊、肉禽、畜禽产品为重点监控对象，对收购贩运不同畜禽及其产品种类的经纪、贩运人，实行分类管理，建立分类管理档案，认真梳理畜禽及其产品经纪贩运人收购范围、收购种类及销售去向，找准监控监管关键节点，及时开展隐患分析和风险评估，制定针对性措施，提高管理实效。

**7. 防疫承诺管理** 依据《中华人民共和国动物防疫法》第七条规定，从事动物饲养、屠宰、经营、隔离、运输以及动物产品生产、经营、加工、贮藏等活动的单位和个人，应做好免疫、消毒、检测、隔离、净化、消灭、无害化处理等动物防疫工作，承担动物防疫相关责任。为强化从事畜禽及其产品经纪、贩运人员的动物防疫主体责任，要求登记备案的所有畜禽及其产品经纪、贩运人员承诺严格遵守《中华人民共和国动物防疫法》的相关规定，并与辖区动物防疫机构签订《畜禽及其产品经纪、贩运人员防疫承诺书》，承诺内容要求包括《中华人民共和国动物防疫法》及国务院农业农村主管部门的相关规定。

**8. 台账制度管理** 从事畜禽及其产品收购、贩运的单位和个人应当建立畜禽（或产品）贩运、购销台账，详细记录检疫合格证明号码、畜禽（或产品）种类、数量、运载起止时间、启运地点、到达地点、运输车辆备案情况及运载路径、车辆装前卸后和进入本省指定通道签章、消毒，以及运输过程中染疫、病死、死因不明畜禽处置等情况，确保发生问题时能够及时追根溯源。

**9. 无害化处理管理** 依照《中华人民共和国动物防疫法》第五十七条规定，从事动物以及动物产品经营活动的单位和个人，应当按照国家有关规定做好病死动物、病害动物产品的无害化处理，或者委托动物和动物产品无害化处理场所处理。从事动物、动物产品运输的单位和个人，应当配合做好病死动物和病害动物产品的无害化处理，不得在途中擅自弃置和处理有关动物和动物产品。任何单位和个人不得买卖、加工、随意弃置病死动物和病害动物产品。未按照规定处理或者随意弃置病死动物、病害动物产品的，依据《中华人民共和国动物防疫法》第九十八条规定：由县级以上地方人民政府农业农村主管部门责令改正，处三千元以上三万元以下罚款；情节严重的，责令停业整顿，并处三万元以上十万元以下罚款。

**10. 检疫出证核查管理** 在畜禽产地检疫、屠宰检疫环节，官方兽医要督促畜禽收购贩运、经纪人认真填写畜禽（或产品）贩运、购销台账，注明畜禽来源和产品去向，核查畜禽及其产品经纪贩运人员的身份，对身份不符和证物不符的，不予出具动物检疫合格证明，并责令其改正，通报给农业农村部门，拒不改正的，由实施登记备案的农业农村部门取消其备案资格。通过完善核查倒追机制，有效规范畜禽及其产品收购贩运行为，保证问题畜禽及其产品不出场、不上市、可追溯。经航空、铁路、道路、水路运输动物和动物产品的，托运人托运时应当提供检疫证明；没有检疫证明的，承运人不得承运。运输进出口动物和动物产品的，承运人凭进口报关单证或者海关签发的检疫单证运递。从事动物运输的单位、个人以及车辆，应当向所在地县级人民政府农业农村主管部门备案，妥善保存行程路线和托运人提供的动物名称、检疫证明编号、数量等信息。运载工具在装载前和卸载后应当及时清洗、消毒。跨省运输动物的，应当经省、自治区、直辖市人民政府设立的指定通道进入或者经过省境。未按照规定保存行程路线和托运人提供的动物名称、检疫证明编号、数量等信息的，依据《中华人民共和国动物防疫法》第九十八条规定：由县级以上地方人民政府农业农村主管部门责令改正，处三千元以上三万元以下罚款；情节严重的，责令停业整顿，并处三万元以上十万元以下罚款。

**11. 贩运情况报告管理** 每年12月底前，畜禽及其产品经纪贩运人员要将本年度畜禽及其产品收购贩运情况和执行动物防疫制度情况向县级农业农村部门提交书面报告，作为年度考核的重要内容。

**12. 督查指导管理** 市、县农业农村部门采取市、县联查联动，飞行检查的办法，对畜禽及其产品经纪、贩运人员加大监督检查力度，重点检查运输工具是否消毒、运输的动物及其产品是否附有检疫合格证明以及有无经营、运输病死（死因不明）动物行为和台账使用是否规范等，发现违法行为应进行严厉查处。

**13. 年度考核管理** 县级农业农村部门每年1月，结合畜禽及其产品经纪贩运人员的年度书面报告情况、日常监督检查及违法违规记录等情况，对畜禽及其产品经纪、贩运人员上一年度动物防疫制度执行情况进行全面考核，根据考核结果，决定是否继续保留其从事畜禽及其产品收购贩运活动的登记备案资格，考核结果记录在登记备案表中。

**14. 黑名单管理** 根据年度考核情况或监督检查情况，对畜禽收购贩运经纪人不履行质量安全承诺、违反畜禽及其贩运防疫规定或在贩运活动中存在违法违规行为的，要依法进行行政处罚，涉嫌犯罪的，依法移送公安机关查处，并列入"黑名单"，取消其备案资格和收购贩运资格，实施重点监管，适时向社会公布。

# 第八章 无规定动物疫病区的建设

## 第一节 无规定动物疫病区建设

无规定动物疫病区是指在规定期限内，没有发生过某种或几种动物疫病，同时在该区域及其边界和外围一定范围内，对动物和动物产品、动物源性饲料、动物遗传材料、动物病料、兽药（包括生物制品）的流通有效控制并获得国家认可的特定地域。

无规定动物疫病区包括：非免疫无规定疫病区和免疫无规定疫病区。

无规定动物疫病区除没有特定的疫病发生这一必要条件外，还具有以下特点：①地区界限应由有效的天然屏障和法律边界清楚规定；②区域内要具有完善的动物疫病控制体系、动物防疫监督体系、动物疫病检测报告体系、动物疫病屏障体系以及保证体系正常运转的法律、行政制度和技术、资金支持；③宣布无疫病必须要有令人信服、严密有效的疫病监测证据支持；④除非实施严格的进口条件，无规定动物疫病区不能从感染地区或国家进口可能引入疫病的畜禽及其产品。

### 一、无规定动物疫病区基础体系建设

#### （一）兽医机构体系完整、职能明确，能够满足工作需要

**1.** 省、市、县三级疫控中心分别提供由本级人民政府编制的行政管理部门关于成立动物疫病预防控制中心的批复文件，证明兽医机构体系完整性和职能明确的证明材料。

**2.** 机构成立的证明材料必须为本级人民政府行政管理部门下发的文件，应包括各级疫控中心明确的工作职责、法人地位等相关要素。

**3.** 省、市、县三级疫控中心备存本级人民政府编制行政管理部门关于对动物疫病预防控制中心及职能设定的批复和调整文件，或附有动物疫病预防控制中心职责的政府性文件；事业单位机构编制改革文件，机构、人员设置及职能图，组织机构代码证。

#### （二）各级兽医机构人员经费、工作经费和设施运转经费全额纳入财政预算

**1.** 省、市、县三级疫控中心分别提供本级人民政府有关年度的财政预算报告和财政部门下达资金的规范性文件和相关的财务凭证。

**2.** 财政预算报告必须是报送本级财政部门的报告，资金拨付文件必须是本级财政部门下发的文件，财务凭证是指能证明资金使用符合财务规定的票据，如资金拨付票据等。

**3.** 省、市、县三级疫控中心备存政府财政预算报告和财政部门下达的资金规范性文件及相关的财务凭证，或能证明各项经费足额纳入财政预算的政府性文件。

#### （三）兽医机构专业人员占有相应比例

**1.** 省、市、县三级疫控中心分别提供有关人员编制的批复文件及人员档案。

**2.** 人员编制的批复文件必须是本级编制部门下发的文件，人员档案内容应包括：基础

信息、工作经历、学习培训经历、业绩成果等。相关人员中应包含 70% 以上兽医专业或相关专业人员。

3. 省、市、县三级疫控中心备存本级人员编制的批复文件或编制手册、专业技术人员岗位设置明细及比例表、专业技术人员技术档案。

### （四）实验室体系完整，质量保证体系健全

**1. 实验室体系** 省、市、县三级疫控中心应按照《无规定动物疫病区管理技术规范》《兽医系统实验室考核管理办法》要求，配置实验室人员和仪器设备，并通过兽医实验室考核验收，具备开展诊断、检测和培训等工作的能力。

**2. 质量管理体系** 省、市、县三级疫控中心依据 GB/T 27025—2019《检测和校准实验室能力的通用要求》及 GB/T 27401—2008《实验室质量控制规范 动物检疫》的要求，建立能够保证实验室正常、有效运行的质量管理体系，并通过计量认证。质量管理体系应贯穿于实验室一切检测工作及与检测工作有关的过程，适用于从抽样（或委托送样）检测到出具检测报告及投诉处理等全部活动。质量管理体系应实行文件化管理，以确保检测结果达到质量要求。质量体系文件由四部分组成，包括质量手册、程序文件、作业指导书、质量和技术记录等。

质量手册的内容包括管理要求和技术要求共 23 个要素，其中包括管理要素 15 个（组织和管理、质量管理体系、文件控制、合同的评审、委托检验、外部服务和供应、咨询服务、投诉、不符合项的识别和控制、纠正错误、预防措施、持续改进、质量记录与技术记录、内部审核、管理评审）和技术要素 8 个（人员、设施和环境、实验室设备、检验前程序、检验程序、检验程序的质量保证、检验后程序、结果报告）。

程序文件是质量手册的支持性文件，是质量手册中相关要素的展开和明细表达，具备较强的操作性，既是质量手册的延伸和注解，又是下一层次质量文件的提纲和引子，起承上启下作用；同时，程序文件也是质量管理层将质量手册全部要素展开成具体的质量活动，并由技术负责人分配落实到各实验室的操作程序。程序文件的内容包括：目的、使用范围、职责、工作程序、支持性文件、质量和技术记录。

作业指导书是程序文件的支持性文件和细化文件。作业指导书是对实验室技术人员从事具体检测工作的指导，应包含所有检测项目操作规程、关键仪器操作规程、设备的内部校准规程等。

质量记录和技术记录通称为记录，包括各种表格和报告等。这些记录用于为可追溯性提供文件和提供验证、预防措施、纠正措施的证据，是证实质量体系有效运行的原始证据及载体，属实验室受控和保密的文件。

**3. 生物安全管理体系** 省、市、县三级疫控中心依据《实验室生物安全认可准则》的要求，建立实验室生物安全管理体系，并实行文件化管理。实验室生物安全管理体系文件由生物安全管理手册、生物安全手册、程序性文件、标准操作规程、记录五个部分组成。

生物安全管理手册是实验室开展工作的纲领性文件，用以规定生物安全管理体系中各个要素的管理要求，其内容应包括：实验室的管理方针、管理目标、组织结构等。

生物安全手册是保证工作人员在工作时能够充分意识到工作中存在的潜在危险和处理办法的指导性文件，对生物传染性样本的保存、运输和实验室设备的消毒、清洁、危险废弃物

的处理和处置工作，以及与实验室安全相关的消防安全、电气安全、化学品安全等作出详细说明。

程序文件是生物安全管理手册的支持文件，应规定实验室活动的目的、范围、职责及工作流程。

标准操作规程是实验室工作的技术文件，包含实验操作细则、设施设备标准操作规程、个人防护装备标准操作规程等作业文件。

记录是实验室生物安全的见证性文件，包含实验室的人员任命和培训、实验活动、设施设备运行、安全计划的审核和检查、纠正和预防措施的记录等。

### (五) 实验室面积符合要求，布局合理

省、市、县三级疫控中心实验室建设应不低于《无规定动物疫病区管理技术规范》《兽医系统实验室考核管理办法》要求，并留存实验室平面设计图纸、实验室布局图或其他相关证明材料。

**1. 市级兽医实验室** 选址、布局、内部设施和内部环境等应当符合生物安全防护二级实验室的要求，实验室总建筑面积不低于 300 米$^2$，且实验室应当分别设置有解剖室、接样室、样品保藏室、仪器室、分子生物学检测室、血清学检测室、病原学检测室、洗涤消毒室和档案室等。

**2. 县级兽医实验室** 选址、布局、内部设施和内部环境等应当符合生物安全防护一级以上实验室的要求，实验室总建筑面积不低于 200 米$^2$，且实验室应当分别设置有解剖室、接样室、样品保藏室、血清学检测室、病原学检测室、洗涤消毒室、档案室等。

### (六) 实验室具有专职的管理和技术人才，管理人员数量和专业技术人员的比例符合要求

省、市、县三级疫控中心实验室人员必须建立专门的个人档案，其人员配备应满足如下要求。

**1.** 市级兽医实验室总人数不得少于 5 人，且均应具备兽医相关专业大专以上学历，中级职称以上人员比例达到 30％。实验室主任高级以上职称的，应从事本专业工作 3 年以上。

**2.** 县级兽医实验室总人数不得少于 3 人，且均应具备大专以上学历，中级职称以上人员比例达到 30％。实验室主任中级以上职称的，应从事本专业工作 3 年以上。

**3.** 人员档案内容应至少包括：技术人员的资格证书、培训结业证书、学历、学位证书以及论文、学术文章、科技成果等。

### (七) 实验室有培训计划并得到有效实施

省、市、县三级疫控中心实验室应制定并有效实施培训计划，保证实验室工作质量。

**1. 培训计划** 实验室应制定年度培训计划，填写年度培训计划表。人员的培训计划包括所有内部和外部的培训内容，培训的内容应与实验室人员所承担的任务相适应，实验室培训计划中包括的主要内容应是为完成质量活动所需要的专业技术、仪器设备操作、生物安全防护、实验室管理等方面内容；并要在计划中明确培训的人员、时间等。同时，实验室要采取调整实验室工作计划、合理安排人员、协调资金等措施，以保证培训计划的有效实施。

**2. 培训计划的有效实施** 实验室应对所做的培训活动进行记录，证明按计划实施了培训，并对培训的有效性进行评价，评价可以通过对人员能力的监督进行，如通过能力验证、

人员比对、操作观察、内部审核和外部审核来证明人员的能力，进而证明培训的有效性。

**3. 佐证材料** 外部培训指实验室人员外出学习培训，应有培训材料（包括培训讲义或课件、培训试卷或证书等）；内部培训指对实验室内部人员的培训，应有讲义或课件、人员签到簿（包括培训的内容、培训时间、参加人员、联系电话、职称职务等）、培训记录表等记录。此外，实验室人员档案中培训记录与培训计划应一致；内审员必须具备相关资格证书；参加省级兽医系统实验室检测能力比对的实验室应留存相关文件记录。

### （八）实验室仪器设备的配备能满足工作需要

省、市、县三级疫控中心应按照《无规定动物疫病区管理技术规范》《兽医系统实验室考核管理办法》的要求配置仪器设备。

**1.** 县级兽医实验室应当配备的仪器设备有：酶标仪、自动洗板机、微量振荡器、生物安全柜、普通离心机、石蜡切片机、生物显微镜、恒温培养箱、生化培养箱等 27 种仪器设备。

**2.** 市级兽医实验室在配备县（市）级兽医实验室所应有的仪器设备基础上，还应当配备有冷冻自动切片机、PCR 仪、电泳仪、凝胶电泳成像与分析系统、台式高速冷冻离心机等共 33 种仪器设备。

**3.** 各级实验室应建立实验室仪器设备明细表，所有仪器设备应建立独立档案，内容应包括：仪器设备基本情况登记表、仪器设备维修记录表、计量校准证书、设备验收单、使用说明书等。

### （九）实验室重要仪器设备的操作规范和使用记录完整

**1. 重要仪器设备** 重要仪器设备是指在实验室使用过程中起关键作用，或能影响的并直接决定检验结果的仪器设备，主要包括：离心机、切片机、显微镜、培养箱、冰箱冰柜、酶标仪、电泳仪、组织捣碎机、超净工作台、生物安全柜、电子天平、高压灭菌器、PCR 仪、细菌快速鉴定测试仪、血细胞分析仪、全自动生化分析仪等直接影响实验结果的仪器设备。

**2. 操作规范** 操作规范是指在使用该仪器进行实验的过程中，应当遵守的规定和有关程序，以避免造成仪器损坏或影响检验结果。实验室应对主要仪器设备建立标准作业指导书，并随仪器摆放。实验室授权人员应熟悉标准作业指导书，并能独立操作相关仪器。

**3. 使用记录** 使用记录是指在对仪器设备建立使用记录，以记录各仪器设备的工作内容和目前的使用状态。对检测工作中用到的仪器设备应及时填写使用记录。

### （十）实验室环境及设施符合生物安全要求

省、市、县三级疫控中心在建设及改造实验室时，应按照 GB 50346—2011《生物安全实验室建筑技术规范》及《无规定动物疫病区管理技术规范》的要求，确保实验人员的安全和实验室周围环境的安全，同时应满足实验对象对环境的要求。

**1. 选址及建设** 兽医实验室应处于一个相对独立或封闭的区域，并与其他区域之间建有屏障或保护区，实验室应布局合理、结构安全、防护设施设备齐全。

**2. 实验室环境** 生物安全防护一（二）级实验室可开窗换气，温度在 18～28（27）℃之间，相对湿度≤70%（30%～70%之间），噪声≤60 分贝（A），最低照度为 200 勒克斯（300 勒克斯）。

**3. 佐证材料** 省、市、县三级疫控中心要有相关材料，证明实验室的环境和设施符合《生物安全实验室建筑技术规范》的要求。实验室开展检测时应记录环境温度及湿度，实验结束后要定期开展消毒，填写实验室内环境消毒记录表，同时保存冷冻及冷藏设备相应的温度记录。

### （十一）实验室有菌毒种管理制度

菌毒种保存场地应符合要求、设专人管理，并有领用批准与登记手续。

**1.** 实验室要建立完善的菌毒种管理制度，制度中要对菌毒种的保存范围、保存条件、登记、使用、销毁等方面进行规定，对菌毒种的保存要建立双人双锁的管理制度。

**2.** 菌毒种保存场地要设有防盗门，窗户要安有防盗栏，贮存菌毒种的冰箱、冰柜或专用房间等要设双锁，房间内要安装防盗报警装置。菌毒种保存场地责任人应由单位下发文件任命，并熟知制度规定内容，记录及登记符合规定。

### （十二）实验室有剧毒危险药品管理制度

剧毒品和易燃易爆品保存场地应符合要求、设专人管理、有领用批准与登记手续，且剧毒品使用应有监督措施。

各级疫控中心必须设立专门的剧毒危险药品保存场所，并设专人管理，建立严格的管理制度，完善领用批准与登记手续，加强对剧毒危险药品在使用过程的监督。

**1.** 实验室要建立完善的剧毒危险药品使用管理制度，制度中要对剧毒危险药品的保存范围、保存条件、登记、使用及使用监督、销毁等方面进行详细规定，并建立完善的危险化学试剂保管记录、危险化学试剂领取/发放记录、危险化学试剂使用记录、危险化学试剂废弃处置记录等。

**2.** 剧毒危险药品保存场地必须设有防盗门，窗户要安有防盗栏，贮放剧毒危险药品的试剂柜等，严格实行双人双锁管理制度，房间内要安装防盗报警装置；剧毒危险药品和易燃易爆品保存室责任人由单位下发文件任命，并熟知制度规定内容，记录及登记符合规定。

### （十三）实验室实验动物的饲养管理符合生物安全要求

各级疫控中心对实验动物的饲养管理必须符合生物安全要求。

**1.** 根据实验室进行动物实验的安全性要求不同，各级疫控中心应确定动物饲养所需的生物安全级别。进行强毒攻毒实验的必须在生物安全防护三级以上实验室进行；而进行不接触活菌毒种的实验或饲养动物用于采血等活动的，对实验室生物安全防护等级的要求则仅达到一级或二级即可。

**2.** 各级疫控中心的动物饲养管理要符合《实验动物设施建筑技术规范》、GB 14925—2010《实验动物　环境及设施》的规定。

**3.** 开展动物饲养的疫控中心实验室应制定相关的制度、程序、规范等，加强对动物的饲养管理，同时建立实验动物日常观察记录。

### （十四）实验室无害化处理的场所、设施设备和管理制度健全，有专人负责

各级兽医实验室必须按照国家环境保护部门制定的《病原微生物实验室生物安全环境管理办法》的规定，妥善收集、贮存和处置其实验活动过程中产生的危险废物，防止环境污染。

**1.** 实验室必须要有无害化处理场所，其面积大小要适应处理实验室废弃物的需要，处

理对象主要有实验过程产生的污染物、废弃物和污水等。

**2.** 实验室必须具备相应的设施设备，主要包括：高压灭菌器、污水收集及处理系统等。

**3.** 实验室必须建立废弃物及污染物处理制度，并由专人负责全程监管，填写实验室废弃物处理记录、废弃物交接清单、实验室污水处置排放记录表等相关记录。

**（十五）实验室有样品管理、药品试剂管理、仪器设备管理、实验室安全卫生管理等制度**

**1.** 省、市、县三级兽医实验室要建立样品管理、药品试剂管理、仪器设备管理、实验室安全卫生管理等管理制度并有效实施；样品管理、实验室检测、仪器设备管理等相关人员要熟悉相关管理制度的内容并填写相关工作记录。

**2.** 省、市、县三级兽医实验室要设专人进行样品管理，每份样品都要进行唯一性编号并详细填写样品采集、接收、保存、流转等相关记录。

（1）病料采集、保存和运输制度：要注意无菌操作，做到一畜一套器械；选取临床表现较明显而典型的病例进行病料采集；组织脏器病料的采取要根据主要临床表现和流行病学的调查资料做出初步诊断而定；样品包装要密封保存并贴上标签，注明病料名称、数量、采取时间等信息；及时对尸体进行无害化处理，对采样地点要进行彻底消毒；运输病料时外包装应印上生物危险标识，样品运送需要有专人护送并冷藏保存。

（2）实验室样品管理制度：样品由专门人员统一接收、管理，并填写相关记录；送检样品均应制备副样，根据样品性质不同制定不同的样品保存时间；样品的保管要按相应的温度要求存放，超过保存（质）期的样品要及时报批并由专人进行无害化处理。

（3）药品试剂管理制度主要对药品的采购、入库、保存、领取使用、销毁等方面进行规定。

（4）仪器设备管理制度要对仪器设备的采购、安装调试、使用保养、维修维护、报废等方面进行规定，并设专人负责。

（5）卫生安全管理制度要对实验室的卫生清洁、安全保卫等方面进行规定，以保证实验室有一个清新整洁、安全的工作环境。

**3.** 省、市、县三级兽医实验室应制定工作人员守则，实验室岗位职责，仪器设备使用管理制度，药品试剂管理制度，病料采集、保存和运输制度，实验室安全卫生管理制度，实验室生物安全管理制度，实验室安全操作制度，实验室记录、检验审核制度，实验室样品管理制度，菌（毒）种管理制度，剧毒药品管理领取使用制度，实验室废弃物及污染物无害化处理制度，保密制度，档案资料管理制度，实验动物饲养管理制度，剧毒危险品、菌毒种双人双锁保管制度，同时实验室相关人员应全面掌握样品管理、实验室检测、仪器设备管理制度内容。样品接收、样品分发、实验室接收、样品保存及药品试剂的入库、领用、存放等记录文件应齐全。

**（十六）省级实验室具有主要动物疫病的病原学检测能力，市、县级实验室具有常规动物疫病的血清学检测能力**

**1.** 动物疫病的病原学和血清学检测能力应包括：具备与规定动物疫病相应的生物安全实验室、实验动物房、实验设施设备和技术水平。实验室检测动物疫病病原的程序和方法应符合国家相关标准并通过兽医实验室考核及计量认证。

**2.** 各级疫控中心应加强与质量管理体系和生物安全管理体系有关的各项记录填写工作，覆盖从抽样（或委托送样）检测到出具检测报告、投诉处理及实验室废弃物处理等全部实验室活动，有效验证实验室体系的运行状态。

**3.** 佐证材料至少包括：计量认证证书、兽医实验室考核合格证、质量手册、作业指导书、程序文件、仪器使用记录、检验任务书、检验原始记录、检验结果通知单、检验报告等。

**（十七）实验过程中的原始记录、仪器使用记录等各种记录填写清晰完整，真实客观**

各级疫控中心必须对实验过程进行记录，所有实验过程中的原始记录、仪器使用记录等各种记录应填写完整，真实客观。

**1.** 原始记录包括：样品的采集、保存及实验过程中的样品下发，样品编号，实验方法，实验过程，实验使用的重要仪器设备和仪器产生的原始实验数据，以及根据原始数据所做的计算和结果的记录。

**2.** 记录应包括实验人员的签名和日期等，且所有的原始记录均应包含足够的信息以保证其能够再现并可追溯。实验仪器记录应包括使用当日的仪器状况、所做实验和使用人签名等。

**3.** 各项记录至少包括：采样单、样品接收检验报告发放登记表、委托检验登记表（委托检验时填此表）、样品保存记录、检验任务书、诊断试剂入库出库清单、诊断试剂申领表、实验耗材领取记录、检测原始记录、仪器设备使用记录、检验结果通知单、检验报告、废弃物销毁记录表等。

**（十八）实验报告规范，实验结论表述科学、清楚**

实验室出具的报告书要依据检验标准中的规定，采用法定计量单位，准确、清晰、明确、客观地表述检验结果，报告中应包括为说明检验结果及采用方法的全部信息。

**1.** 实验室根据检测结果如实出具实验室检验报告。

**2.** 检验报告表述要科学、准确、清楚，没有模糊或不肯定的语言，并包括以下要素：单位名称、检验报告名称、检验报告编号、委托单位名称、动物种类、样品名称和数量、样品编号和状态、样品来源、检验类别、声明、检验单位基本信息（名称、地址、电话、传真、邮编）、送检日期、检验日期、报告批准日期、检验用主要仪器、检验项目、检验依据、检验方法、试剂批号及来源、检验结果、编制人、审核人、批准人等信息。

**（十九）实验室有档案管理制度，档案规范、齐全，有专人管理**

实验室活动过程中产生的所有材料均要归档管理，实验室所有材料要按《中华人民共和国档案法》要求进行归档，建立档案管理制度，并设专人管理。档案管理制度中要明确档案的收集范围、收集时限、分类编号方法、保存时限、借阅办法等内容及档案管理责任人任命文件。实验室档案归档范围包括：

（1）计划总结（工作计划、报表、大事记及工作总结等）；

（2）技术资料（标准、规范、文件、会议材料等）；

（3）检验报告（包括各项原始记录和结果报告单等）；

（4）培训资料（通知、讲义、现场音像、培训人员名单、成绩单等）；

（5）认证认可相关资料；

（6）人员信息（人员简历及培训、考核情况等）；

（7）仪器设备资料（购置计划、合同、随机文件及试剂药品耗材的申请、采购、保管、领取、使用、销毁等记录）；

（8）兽医实验室样品处理记录；

（9）污水、废弃物处理记录；

（10）安全事故处理记录、报表和报告等。

## 二、无规定动物疫病区划分

### （一）区域划分

#### 1. 动物疫病的分区依据和原则

（1）动物疫病分区的依据　动物疫病的流行过程中，传染源、传播媒介和易感动物这三个环节都有它自己内在的规律，同样外界环境对它们也有一定的约束作用，与各种自然现象和社会现象相互联系、相互影响着。而各种自然因素和社会因素对疫病的流行过程之所以能产生这样或那样的影响，是因为动物疫病必然通过作用于传染源、传播媒介和易感动物三个环节中的某一环才能实现。

对动物疫病流行有影响的自然因素主要包括气候、温度、湿度、光照、地形、地理环境等，这些因素对三个环节的作用是错综复杂的，如一定的地理条件可对传染源的转移产生一定的限制，成为天然的隔离条件。当某些野生动物是传染源时，自然因素的影响特别显著，这些动物生活在一定的自然地理环境中，它们所传播的疫病常局限于这些环境，往往能形成自然疫源地。自然因素对传播媒介的影响非常明显，例如：夏季气温上升，雨量和云量下降，在吸血昆虫滋生的地区，作为传播炭疽的媒介昆虫虻类的活动增强，因而炭疽病例增多。日光和干燥对于多数病原体具有致死作用，反之，适宜的温度和湿度则有利于病原体在外界环境中较长期的生存。自然因素对易感动物这一环节的影响首先是增强或减弱动物的抵抗力：在低温高湿的条件下，不但可以使飞沫传播媒介的作用时间延长，同时也可使易感动物易于受凉，降低呼吸道黏膜的屏障作用，有利于呼吸道传染病的流行；在高气温的影响下，动物肠道的杀菌作用降低，使肠道传染病的发病率增加。

严格执行疫病防控相关的法规和防治措施，是控制和消灭家畜疫病的重要保证。由于兽医人员对家畜疫病的控制具有很大的权力，就便于根据实际情况采取应急措施。实践证明，缺乏法律约束和长远的防疫规划，是造成一些疫病不能消灭和使疫情扩散的主要原因之一。因此，我国应加强对动物防疫法律、法规的执行力度，提高全民动物防疫意识和知识水平，消灭影响动物疫病流行的社会因素。这样，我们就一定能够消灭和控制危害畜牧业生产的各种动物疫病，保障畜牧业生产安全、人民的食品安全和生命健康，为人类健康作出应有的贡献。

从以上分析可以看出，动物疫病的发生和发展不是一个孤立的现象，它受复杂的自然因素和社会因素影响。自然因素是有区域性特点的，它遵循自然分异规律；而我国的社会条件千差万别，它与各地的历史发展过程、人们的生活习惯和知识水平等有密切的关系，不可能在短时间内消失。因此，动物疫病作为这些自然因素和社会因素共同作用的现象，呈现出地域性差别是可以理解的。我们通过对动物疫病的自然因素和社会因素进行系统分析，找出不同区域动物疫病的自然特征和社会特征，针对性地进行动物疫病控制工作是动物疫病区划的主要目的。

（2）动物疫病分区的原则

① 综合性原则　动物疫病的一个基本特征是能在动物之间直接接触传播或间接地通过媒介互相传染，构成流行。动物疫病的发生和发展是由许多因素包括多种自然因素和社会因素综合作用的结果，各种因素间相互联系、相互影响、相互制约。一般来讲，动物疫病的流行，必须具备三个相互连接的条件，即传染源、传播途径和易感动物，只有这三个条件同时存在并相互联系时才能造成疫病的传播和蔓延。但这三个条件又与许多因素相关，特别是传染源的生存需要一定的环境条件，如动物种类、饲养环境、气候条件、社会环境等。因此，在进行动物疫病区划时，应将各种自然要素和社会要素综合分析，区分自然要素和社会要素之间的差异性和一致性。

② 主导因素原则　自然要素和社会要素对不同区域范围内、不同动物疫病所起的作用不同，即部分要素起主导作用，部分要素仅起辅助作用，例如：有些动物疫病的发生与气候因素关系十分密切，具有明显的地域性特征，像以蚊子为媒介传播的疫病，由于蚊子对生活环境的要求决定了这些疫病只发生在气候较热且湿润的地区；有些疫病与气候关系不十分密切，但与社会条件有很高的相关性，如一些特种养殖动物的疫病。只有在养这些动物的地区才会发生疫病。因此，动物疫病区划在综合分析各种要素的基础上，还必须优先考虑疫病主导要素的作用。

③ 发生学原则　不同地区的不同动物疫病的来源和流行都具有一定的成因及历史过程，都具有各自的发生统一性特征。相似的动物疫病区，其成因和过程是相似的，区划等级越低，同一性越强。反之，从全国动物疫病发生学角度，也可以区分出不同区域动物疫病流行的相似性和差异性。因此，进行动物疫病区划时可依据发生学原则来划分动物疫病自然区。

④ 相似性与差异性原则　全国范围不同动物疫病的形成过程、主导要素不同，其特征也千差万别。因此，进行动物疫病区划时，应尽可能考虑同一区域内部自然要素和社会要素的类型、组合、特点及利用方向的相对一致，而不同区域间应表现出比较明显的差异。相似性与差异性的表现是相对的：分区等级越低，其内部相似性越大，差异性也越小；分区等级越高，相邻区域间的相似性越小，差异性越大。

⑤ 地域和行政区域完整性原则　动物疫病区划的目的在于认识区域内部的动物疫病发生的特征与规律，并在此基础上利用区域自然条件和疫病的发生发展规律，加强该地区相应动物疫病的防控工作。为了便于动物疫病防控及疫病防控条件开发与管理，在进行区域划分时应考虑自然地域的完整性，并注意不出现区域划分重复的现象，同时要保持一定的行政区的完整性，是为了便于收集资源和组织将其应用于区划成果。

⑥ 分区体系一致性原则　在动物疫病的全国区划和区域性农业自然区划中，由于各区域间自然条件的差异，往往在自然区划分区时选用的指标、考虑的重点也略有不同，但为了各级行政区和农业自然区划之间的相互衔接，在进行低一级行政区的农业自然区划时，应尽可能保证与上一级行政区农业自然区划的分区体系相一致。

**2. 动物疫病分区方法**　要进行动物疫病区划，首先要了解和掌握动物疫病的流行情况，即动物疫病流行病学知识。流行病学调查的主要目的是为了摸清传染病发生的原因和传播的条件，以便及时采取合理的防疫措施。进行流行病学调查的主要方法包括：询问调查、现场查看、实验室检查和统计分析等。统计分析的目的就是从宏观上把握动物疫病的发生原因、发展规律和流行趋势。在农业区划实践和研究中常用的区划分析方法一般有：主导标志法、相关分析法、专家定性分析法、聚类分析法、逐步归并法、模型定量法、最终分类评价矩阵法等。我们认为动物疫病的区划应综合运用相关分析法、专家定性分析法、聚类分析法、逐步归并法和模型定量法等多种方法：第一，应用相关分析法分析影响动物疫病呈现区域性特点的各种因素，并根据各因素的影响程度进行排序和相关性分析，确定动物疫病区划的指标体系；第二，通过专家定性分析确定各指标的权重，剔除不重要的指标；第三，通过动物疫病流行病学调查和掌握区划指标基础性数据并进行聚类分析来确定每个病种的分区；第四，通过逐步归并法或者建立数学模型在各病种区划的基础上进行最终分区。具体到动物疫病的区划工作，要根据不同的区划目的确定合适的区划方法。

**3. 动物疫病区划步骤** 动物疫病的区划一般包括五个方面的内容。

（1）制定工作计划 动物疫病区划工作是一项综合性工作，要在一定时间内完成一个国家或地区的区划任务，必须要有一个比较详细的工作计划，以便于统筹安排以及高效利用人力、物力和财力资源。工作计划的主要内容包括：区划的范围、研究内容、工作步骤、进度安排、组织机构、经费预算和物资准备等内容。工作计划要做到目标明确、方法可行和条件可靠等。

（2）资料收集、整理和初步分析 在开展区划工作后，首先要收集有关该地区动物疫病、畜牧生产和自然资源等方面的数据资料，并加以分析和整理。为了保证资料的真实性，要对收集到的各种资料和数据进行认真的计算、核对和判别。所有收集到的统计数据最好为近年来或多年的连续性资料，这样可以较真实地反映现实情况和实际变化规律。

（3）调查研究 实地调查是取得动物疫病区划第一手资料的重要手段，一般包括普查、补充调查和典型调查三种不同方式。普查能全面真实地取得区划所需的资料和数据，但由于兽医区划普查具有范围广、工作量大等特点，在实际操作中可行性较差，一般用于较小区域的区划工作。在区划实践中一般选取一些重要数据进行普查，如动物疫病的流行病学数据，而其他一些数据则可用当地的统计资料。补充调查是兽医区划常用的方式，一般是在资源分析完成以后，根据区划的需求有针对性地收集和获取缺乏的数据和资料。典型调查是针对有代表性的点进行调查，以通过点来分析面的地域分异规律，预测区域的发展方向。在动物疫病区划工作中，最好要用典型调查数据来验证区划结果，使区划结果更符合实际情况。

（4）分析研究、提出区划方案 运用已经收集和调查的资料，确定分区的原则和指标体系，修改和校正最初的分区草案，研究提出各分区的特点和规律。动物疫病区划方案是区划成果的主要表现形式，为了适合使用者的不同要求，重要的、篇幅较长的区划报告可以同时写出详本和简本，且最好要有直观的多媒体形式。

（5）动物疫病区划成果的应用 动物疫病区划的主要目的是为了防控和消灭动物疫病，为制定和实施动物疫病区域化管理提供理论依据。在动物防疫实践中，要充分利用动物疫病区划成果调整当地畜牧业养殖结构，制定合适的动物防疫措施和消灭重大动物疫病的计划，使动物疫病区划成果发挥好应有的作用。

### （二）疫病状况调查

**1. 掌握区域内规定动物疫病情况**

（1）省、市、县三级疫控中心应完善近 10 年的规定动物疫病的疫情记录和档案。

（2）各种疫情记录、报表、疫情分析报告的格式、内容等要严格按照要求执行。

（3）省、市、县三级疫控中心备存规定动物疫病的疫情月报汇总表、动物疫情分析报告、疫情年报，并对发生过规定动物疫病的地区备存疫情处置报告、处置记录等疫情处置过程中所涉及的相关证明材料。

**2. 在规定时间内对是否发生规定动物疫病的监测与检查**

（1）各级疫控中心要定期开展动物疫病监测工作并详细填写相关记录。动物疫情监测总结报告内容应包括：监测工作开展的时间与频次、监测单元的数量与分布、监测样品的种类与数量、检测项目、检测方法、监测数据与疫情形势分析等相关信息。

（2）按照省级畜牧兽医主管部门年度动物疫病流行病学方案和省疫控中心年度动物疫病流行病学调查实施方案的要求，结合当地实际情况制定辖区年度动物疫病流行病学实施方案，内容应包括：对流行病学调查工作的总体要求、责任分工、调查方式的设置（常规流调、专项流调、紧急流调、外来病调查等）、每种调查方式的具体任务要求等。结合本地区养殖环境、分布等情况制定辖区无疫区流行病学调查实施方案。在流行病学调查结果运用方面，各地要依据调查结果形成分析报告，报告应重点包括以下内容：调查基本情况、调查总体结果、调查的具体结果以及对结果的分析评估（主要对疫病流行情况，风险系数，疫病的畜间、空间、时间特点进行具体描述，针对调查过程中存在的问题提出建议、意见）等。市、县两级疫控中心备存相关记录及材料。

**3. 在规定时间内有无规定动物疫病病原感染的检查与记录**

（1）各级疫控中心要定期开展动物疫病监测工作并详细填写相关记录。

（2）各级疫控中心按照监测方案要求，定期开展监测工作并详细填写相关记录。

① 采样记录应包括：样品采集详细地址、被采样场户名称及联系人和电话、被采样动物种类和代次、被采样动物存栏量、样品名称和数量、样品唯一性编号、样品来源（规模场、屠宰场、散养户等）、样品保存和运输条件、免疫信息（免疫项目、免疫时间、疫苗名称及批号、疫苗生产厂家等）、采样时间、采样人签字、被采样单位签字、采样时间等信息。

② 样品接收记录应包括：样品名称、样品数量、样品原编号、样品状态、接样时间、送样人签字、接样人签字等信息。

③ 样品制备记录应包括：样品名称、样品状态、样品数量、样品原编号和相对应的样品检验编号、制样时间、制样人签字等信息。

④ 样品保存记录应包括：样品名称、样品编号、样品数量、样品状态、保存条件、保存期、保存人、保存时间等信息。

⑤ 样品流转记录应包括：样品名称、样品数量、样品状态、样品编号、流转时间、流转人（接样人和付样人）签字等信息。

⑥ 任务书应包括：样品名称、样品数量、样品状态、样品编号、检测项目、检测方法、

检测依据、审批领导、任务下达人签字、任务接收人签字、任务下达日期和检测任务完成时限等信息。

⑦ 诊断试剂出入库记录应包括：试剂名称、出入库数量、批号、生产厂家、保质期、结余数量、审批领导、出入库时间、出库原因、经手人等信息。

⑧ 诊断试剂报废记录应包括：试剂名称、批号、生产厂家、数量、报废原因、报废时间、审批领导、经手人、审核人、处理方法等信息。

⑨ 无害化处理记录应包括：废弃物来源和种类、处理时间和方法、废弃物数量、处理人、监督人等信息。

⑩ 检验报告应包括：单位名称、检验报告名称、检验报告编号、委托单位名称、动物种类、样品名称和数量、样品编号和状态、样品来源、检验类别、声明、检验单位基本信息（单位名称、地址、电话、传真、邮编、邮箱）、送检日期、检验日期、报告批准日期、检验用主要仪器、检验项目、检验依据、检验方法、试剂批号及来源、检验结果、编制人、审核人、批准人等信息。

（3）省、市、县三级疫控中心备存相关材料。

**（三）预防监测**

**1. 免疫无疫区及保护区易感动物按规定实施免疫**　省、市、县三级农业农村主管部门应分别制定动物疫病强制免疫计划实施方案和无疫区免疫计划，并对无疫区及其保护区内易感动物实施免疫。县级疫控中心要完善辖区乡镇兽医站和养殖场的免疫档案。

动物疫病强制免疫计划实施方案内容应包括：对各病种免疫的总体要求、任务分工、具体实施措施及其他要求，并配套重点动物疫病的单项免疫方案。

**2. 使用符合规定的疫苗，疫苗保存、运输、接种符合要求**

（1）市、县两级疫控中心应完善疫苗的储存、运输、使用等相关记录，配齐、补全疫苗冷链设施设备，并处于有效运转状态，健全完善疫苗接种原始记录。

（2）在疫苗验收登记过程中应详细记录疫苗名称、厂家、到货数量、计量单位、规格、产品批号、到货日期、有效期、签收人等信息；在疫苗追加过程中也应详细记录追加疫苗信息；在疫苗储存过程中应建立强制免疫疫苗保管台账，详细记录疫苗信息；在疫苗发放过程中，应详细记录疫苗发放时间、领取单位、领取数量、领取人等信息；在疫苗销毁过程中，也应详细记录疫苗销毁原因、销毁方式、销毁时间、销毁地点等信息。

（3）省级疫控中心备存防疫用疫苗调拨计划、疫苗采购文件、乡镇畜禽存栏统计表等材料。

（4）市、县、乡、村应分别具备正常运转的疫苗专用储存冷库和疫苗运输冷藏车（市级）、正常运转的疫苗专用储存小型冷库和疫苗运输冷藏车（县级）、满足免疫工作需要的疫苗专用储存冰箱冰柜（乡级）、满足免疫工作需要的冷藏包（村级）。

**3. 制定免疫效果监测方案并有效实施**

（1）各级畜牧兽医主管部门按照省级免疫无规定动物疫病区监测方案有关要求制定本级的免疫效果监测方案并有效组织实施。省、市、县三级疫控中心应详细填写各项原始记录并保证所填各项信息真实、准确可追溯。

（2）省、市、县三级疫控中心按照免疫效果监测方案要求开展监测工作，详细填写各项原始记录，每半年提交一次监测总结分析报告。

（3）省、市、县三级疫控中心应备存相关资料。

**4. 有科学、合理的动物疫病监测方案**　各级畜牧兽医主管部门按照省级免疫无规定动物疫病区监测方案有关要求，结合本地动物疫病流行状况、动物养殖品种和数量、地理环境实际特点等，制定科学、合理的本级监测方案。

**5. 动物疫病监测范围、监测频率和样品数量符合要求**

（1）省、市、县三级疫控中心按照监测方案要求完成监测任务。

（2）依据省级畜牧兽医主管部门制定的动物疫病监测相关文件，结合本地实际情况确定监测范围、监测频率和样品数量，开展监测工作。

（3）省、市、县三级疫控中心备存相关材料。

**6. 对保护区实施强化监测**

（1）保护区市、县两级兽医主管部门按照省局下发的监测方案、应急预案的要求，制定本辖区监测方案并组织实施。

（2）省、市、县三级疫控中心详细填写各项原始记录。

**7. 样品采集、保存、运输符合要求**

（1）省、市、县三级疫控中心按照监测方案要求开展样品采集工作，样品的采集、保存、运输要符合要求。

（2）省、市、县三级疫控中心制定样品采集手册并严格按照手册要求进行样品的采集、保存和运输，具体要求如下。

① 样品采集　当检验标准已规定采样/抽样方法时，应根据标准规定执行，并填写采样单；检验标准没有规定采样/抽样方法时，各地可根据检验所需的样本数量及特点开展采样工作。

② 样品保存　采样及运输过程中样品可冷藏保存，样品需长期保存时，要冷冻保存。

③ 样品运输　样品运输过程中需至少双层密闭包装；包装上要注明样品名称、样品数量、采样时间等信息；样品需由专人、专车运送。

（3）省、市、县三级疫控中心备存样品采集手册、保温箱等保温容器、冷藏冷冻设备（如冰箱、冰柜、冷库等）、采样单、样品保存记录等材料和设备。

**8. 检测方法、诊断试剂符合规定**　各级疫控中心应按照《无规定动物疫病区管理技术规范》的要求，采用规定的方法或国家标准、行业标准中的方法，使用有批准文号或农业农村部指定单位生产的诊断试剂，进行诊断和监测。

省、市、县三级疫控中心备存实验室检测原始记录、采购合同或票据、合格供应商名录及相应批注文号、诊断试剂入库出库登记表。

**9. 监测记录及结果真实、完整，检测结果按规定报告**　各级疫控中心应严格按照《无规定动物疫病区管理技术规范》中对监测方法、监测方式和监测结果处理等的规定，定期开展动物疫病监测工作并详细填写相关记录。监测记录及结果要真实、完整，并对检测结果进行分析、汇总，形成监测总结分析报告。

**10. 发生疫情后，对各疫点、疫区和受威胁区的监测符合规范要求**

（1）省、市、县三级疫控中心应分别备存本级及上级人民政府制定的应急预案。

（2）应急预案应包括发生疫情后对疫点、疫区和受威胁区的具体监测方案。

（3）对发生疫情的地区，应按照应急预案的要求及时开展监测工作，并填写相关监测记录，形成监测分析报告。

### 三、无规定动物疫病区评估与监测

无规定动物疫病区评估，是指按照《无规定动物疫病区管理技术规范》，对某一特定区域动物疫病状况及防控能力进行的综合评价。

无规定动物疫病区的评估与监测，是为更好地实施动物疫病区域化管理，规范无规定动物疫病区评估活动，有效控制和消灭动物疫病，提高动物卫生及动物产品安全水平，促进养殖业的健康发展。本节摘录了农业农村部发布的《无规定动物疫病区评估管理办法》的相关内容，从五个方面进行了总结、归纳，以便于使用时参照查找。

#### （一）评估管理主体

**1.** 农业农村部负责无规定动物疫病区评估管理工作，制定发布《无规定动物疫病区管理技术规范》和无规定动物疫病区评审细则。

**2.** 农业农村部设立的全国动物卫生风险评估专家委员会，承担无规定动物疫病区评估工作。

**3.** 无规定动物疫病区建设、评估应当符合有关国际组织确定的区域控制及风险评估的原则要求。

#### （二）申请条件

**1. 申请无规定动物疫病区** 无规定动物疫病区建成并符合《无规定动物疫病区管理技术规范》要求的，由省级人民政府兽医主管部门向农业农村部申请评估。跨省的无规定动物疫病区，由区域涉及的省级人民政府兽医主管部门共同申请。

**2. 申请材料要求** 申请无规定动物疫病区评估应当提交申请书和自我评估报告。

（1）申请书包括以下主要内容：①无规定动物疫病区概况；②兽医体系建设情况；③动物疫情报告体系情况；④动物疫病流行情况；⑤控制、消灭策略和措施情况；⑥免疫措施情况；⑦规定动物疫病的监测情况；⑧实验室建设情况；⑨屏障及边界控制措施情况；⑩应急体系建设及应急反应情况；⑪其他需要说明的事项。

（2）自我评估报告包括以下主要内容：①评估计划和评估专家组成情况；②评估程序及主要内容，评估的组织和实施情况；③评估结论。

**3. 受理时限** 农业农村部自收到申请之日起 10 个工作日内作出是否受理的决定，并书面通知申请单位和全国动物卫生风险评估专家委员会。

#### （三）无规定动物疫病区的评估

评估专家组组成：全国动物卫生风险评估专家委员会收到农业农村部通知后，应当在 5 个工作日内成立评估专家组并指定组长。评估专家组由 5 人以上单数组成，实行组长负责制。

评估要求：评估专家组按照《无规定动物疫病区管理技术规范》和评审细则等要求，开展评估工作。无规定动物疫病区评估应当遵循科学、公平、公正的原则，采取书面评审和现场评审相结合的方式进行。

**1. 书面评审**

(1) 评估专家组应当在 10 个工作日内完成书面评审。书面评审包括以下内容：①申请书和自我评估报告格式是否符合规定，有无缺项、漏项；②申报材料内容是否符合《无规定动物疫病区管理技术规范》的相关要求。

(2) 书面评审不合格的，由全国动物卫生风险评估专家委员会报请农业农村部书面通知申请单位在规定期限内补充有关材料。逾期未报送的，按撤回申请处理。

(3) 书面评审合格的，评估专家组应当制定现场评审方案，并在 15 个工作日内完成现场评审。

**2. 现场评审**

(1) 现场评审应当包括下列内容：①评估专家组组长主持召开会议，宣布现场评审方案和评估纪律等；②听取申请单位关于无规定动物疫病区建设及管理情况的介绍；③实地核查有关资料、档案和建设情况。

(2) 评估专家组组长可以根据评审需要，召集临时会议，对评审中发现的问题进行讨论，必要时可以要求申请单位陈述有关情况。

申请单位应当如实提供评估专家组所要求的有关资料，并配合专家组开展评估。

(3) 评估专家组应当根据评审细则确定的评审指标逐项核查，对核查结果进行综合评价，形成现场评审结果。

现场评审结果分为"建议通过""建议整改后通过"和"建议不予通过"。

① 现场评审结果为"建议通过"的，应当符合下列条件：现场评审指标中的关键项全部为"符合"，重点项没有"不符合"项；"符合"项占总项数 80% 以上（含）（其中重点项中"基本符合"项数不超过重点项总项数的 15%；普通项中"不符合"项总项数不超过普通项总项数的 10%）。

② 现场评审结果为"建议整改后通过"的，应当符合下列条件：关键项中没有"不符合"项；"符合"项总项数达到 60% 以上（含）但不足 80%；通过限期整改可以达到"建议通过"条件。

③ 有下列情形之一的，现场评审结果为"建议不予通过"：关键项中有"不符合"项；"符合"项总项数不足 60%；申请单位隐瞒有关情况或者有其他欺骗行为。

(4) 提出整改要求，需要整改的，由全国动物卫生风险评估专家委员会办公室根据评估专家组建议，书面通知申请单位在规定期限内进行整改。

(5) 整改后审核：申请单位在规定期限内完成整改后，将整改报告及相关证明材料报评估专家组审核，必要时进行现场核查，形成评审结果。

(6) 申请单位未在规定期限内提交整改报告及相关证明材料的，按撤回申请处理。

(7) 评审时限：评估专家组应当在现场评审或整改审核结束后 20 个工作日内向全国动物卫生风险评估专家委员会提交评估报告，全国动物卫生风险评估专家委员会组织召开全体委员会议或专题会议审核后报农业农村部。

(8) 评估专家组的责任和义务：评估专家组在评审过程中，应当遵守有关法律法规和工作制度，坚持原则、认真负责、廉洁自律、客观公正，对被评估单位提供的信息资料保密。评估专家组成员不得有下列行为：① 接受被评估单位或与被评估单位有关的中介机构或人员的馈赠；② 私下与上述单位或人员进行不当接触；③ 评估结果未公布前，泄露评估结果及相关信息；④ 其他可能影响公正评估的行为。

### （四）无规定动物疫病区的公布

**1. 作出评审决定** 农业农村部自收到评估报告后 20 个工作日内完成审核，并作出无规定动物疫病区是否合格的决定。

**2. 公布结果**

（1）农业农村部将审核合格的无规定动物疫病区列入国家无规定动物疫病区名录，并对外公布；审核不合格的，书面通知申请单位并说明理由。

（2）农业农村部根据需要向有关国际组织、国家和地区通报评估情况，并根据无规定动物疫病区所在地省级人民政府畜牧兽医主管部门的意见，申请国际评估认可。

### （五）监督管理

**1. 无规定动物疫病区的监督检查** 农业农村部对已公布无规定动物疫病区的建设维持情况开展监督检查，发现问题的，通知所在地省级人民政府畜牧兽医主管部门限期整改。

**2. 无规定动物疫病区资格的暂停和恢复**

（1）有下列情形之一的，农业农村部暂停无规定动物疫病区资格：① 在无规定动物疫病区内发生有限疫情，按照《无规定动物疫病区管理技术规范》在规定时间内可以建立感染控制区的；② 区域区划发生变化，且屏障体系不能满足区域管理要求的；③ 畜牧兽医机构体系及财政保障能力发生重大变化，不能支持无规定动物疫病区管理、维持和运行的；④ 监测证据不能证明无规定动物疫病区内无疫状况的；⑤ 其他不符合《无规定动物疫病区管理技术规范》要求，需要暂停的情形。

（2）出现《无规定动物疫病区评估管理办法》第二十六条第一项规定情形的，省级人民政府畜牧兽医主管部门应当在规定动物疫病发生后 24 小时内开始建设感染控制区。

有限疫情控制后，感染控制区在规定动物疫病的 2 个潜伏期内未再发生规定动物疫病，且符合《无规定动物疫病区管理技术规范》要求的，全国动物卫生风险评估专家委员会根据省级人民政府畜牧兽医主管部门的申请，按照《无规定动物疫病区管理技术规范》对感染控制区建设情况组织开展评估。评估合格的，农业农村部对外宣布建成感染控制区，并恢复感染控制区外的无规定动物疫病区资格。

感染控制区建成后，在规定时间内未发生规定动物疫病的，全国动物卫生风险评估专家委员会根据省级人民政府畜牧兽医主管部门的申请，按照《无规定动物疫病区管理技术规范》进行评估。评估合格的，农业农村部恢复其无规定动物疫病区资格。

（3）出现《无规定动物疫病区评估管理办法》第二十六条第二项至第五项规定情形的，省级人民政府畜牧兽医主管部门应当根据农业农村部要求限期整改，经全国动物卫生风险评估专家委员会对整改情况评估合格的，农业农村部恢复其无规定动物疫病区资格。

**3. 无规定动物疫病区资格撤销** 有下列情形之一的，农业农村部撤销无规定动物疫病区资格：① 发生规定动物疫病，且未在规定时间内建成感染控制区的；② 出现《无规定动物疫病区评估管理办法》第二十六条第二项至第五项规定情形，且未能在规定时间内完成整改的；③ 伪造、隐藏、毁灭有关证据或者提供虚假证明材料，妨碍无规定动物疫病区检查评估的；④ 其他不符合《无规定动物疫病区管理技术规范》要求，需要撤销的情形。

**4. 资格撤销后的重新认定**　被撤销资格的无规定动物疫病区，重新达到《无规定动物疫病区管理技术规范》要求的，由所在地省级人民政府畜牧兽医主管部门提出申请，申请材料应包括与资格撤销原因有关的整改说明、规定动物疫病状况、疫病防控措施等。经全国动物卫生风险评估专家委员会评估通过的，农业农村部重新认定其无规定动物疫病区资格。

# 第二节　无规定动物疫病小区建设

2019 年 12 月，农业农村部为贯彻落实《国务院办公厅关于加强非洲猪瘟防控工作的意见》（国办发〔2019〕31 号）和《国务院办公厅关于稳定生猪生产促进转型升级的意见》（国办发〔2019〕44 号）精神，指导各地建设无规定动物疫病小区，规范评估管理活动，结合当前动物疫病防控实际，先后制定了《无非洲猪瘟区标准》《无规定动物疫病小区管理技术规范》《无规定动物疫病小区评估管理办法》等。

## 一、提出历程

2003—2004 年，禽流感疫情在亚洲暴发，并迅速蔓延韩国、日本、越南、印尼、泰国、柬埔寨、巴基斯坦、中国台湾、老挝和中国大陆等 10 个国家和地区。为扑灭禽流感疫情，各国政府不惜代价，对疫区 5 千米范围以内的所有家禽进行了大规模扑杀，同时为了防止疫情蔓延，欧美各国政府还纷纷禁止进口来自疫区的禽及禽制品，给亚洲各禽肉养殖出口企业带来了巨大的经济损失，据不完全统计，此次疫情给亚洲各国造成的经济损失高达 900 亿～1 200 亿美元。为了促进国际贸易和本国经济的发展，最先暴发禽流感的泰国向 OIE 组织提出建立家禽无疫小区的模式。2003 年 6 月 24—25 日，OIE 代表采纳该建议，并在世界贸易组织实施卫生与植物卫生措施协议会议上首次提出无疫小区这一生物安全控制新理念。2004 年，OIE 起草了禽流感无疫生物安全隔离小区的研究稿，并列入《陆生动物卫生法典》。

## 二、建设意义

通过建立统一的生物安全管理体系，对特定动物疫病实施监测、控制和生物安全管理，防范动物疫病的发生及传播风险，实现并持续维持养殖场区包括其他辅助生产单元内特定动物疫病的无疫状况。

## 三、术语和定义

**1. 无规定动物疫病小区**（无规定动物疫病生物安全隔离区）　指处于同一生物安全管理体系下的养殖场区，在一定期限内没有发生一种或几种规定动物疫病的若干动物养殖和其他辅助生产单元所构成的特定小型区域。

**2. 生产单元**　指无规定动物疫病小区内处于同一生物安全管理体系下的畜禽养殖场及孵化、屠宰、产品加工、饲料生产、无害化处理等场所。

**3. 生物安全**　指为降低动物疫病传入和传播风险，采取的消毒、隔离和防疫等措施，严格控制调入动物、运输工具、生产工具、人员、饲料等传播疫情疫病的风险，建立防止病原入侵的多层屏障，达到预防和控制动物疫病的目的。

**4. 生物安全管理体系** 指遵循风险管理基本原则，通过制定生物安全计划、实施生物安全措施，并持续维持生物安全状态的所有管理制度。

**5. 生物安全计划** 指通过分析规定动物疫病传入、传播、扩散的可能途径，为采取相应控制措施、降低动物疫病风险而制定的防控技术文件。

**6. 物理屏障** 指为防止规定动物疫病传入，在无规定动物疫病小区各生产单元周边建立的物理隔离设施。

**7. 缓冲区** 指为防止规定动物疫病传入，必要时沿无规定动物疫病小区物理屏障向外设立的环形防疫区域，在该区域内采取免疫、消毒、监测预警等预防措施。

## 四、基本条件

**1.** 企业应当是独立的法人实体或企业集团。

**2.** 构成无规定动物疫病小区的所有生产单元分布应当相对集中，原则上处于同一县级行政区域内，或位于同一地市级行政区域毗邻县内，且不同生产单元之间的距离不超过 200 千米。

**3.** 各生产单元应当按规定取得相应的资质条件。

**4.** 遵循相关饲养管理规范的原则要求，实施健康养殖。

**5.** 应当按《畜禽标识和养殖档案管理办法》的规定对畜禽进行标识，对所有生产环节中的畜禽及其产品、饲料、兽药等投入品实施可追溯管理。

**6.** 养殖场病害畜禽及废弃物处理设施条件、无害化处理应当符合生物安全和环保要求。

**7.** 各企业负责实施无规定动物疫病小区内统一的生物安全管理工作。

**8.** 所在地县级以上畜牧兽医机构应当按照全程监管、风险管理的原则，制定完善的监管制度和程序，对无规定动物疫病小区进行监管。

## 五、生物安全管理体系

**1. 企业遵循全过程风险管理的原则** 参照危害分析和关键控制点（HACCP）控制的基本原则，建立统一的生物安全管理体系。

**2. 生物安全管理人员** ①企业应当成立生物安全管理小组，管理小组明确组长和副组长，组长由企业（企业集团）的主要负责人或主管防疫的负责人担任，副组长由具体负责防疫或生产的负责人担任，成员包括各生产单元的主要负责人。②生物安全管理小组负责制定生物安全计划、督促落实生物安全计划，并定期对生物安全计划进行审核和维护。③各生产单元应当配备生物安全管理员，按照生物安全计划的要求，实施各项生物安全措施。④对实施生物安全管理工作的相关人员，应当进行生物安全培训。

**3. 屏障设施** ①生产单元应当有围墙或能够与外界进行有效隔离的其他物理屏障。②生产单元内生产区与生活区应当分设，必要时进行物理隔离。③当养殖场周边存在其他易感动物（含野生动物）、具有较高的规定动物疫病传播风险时，应当沿养殖场物理屏障向外设立 3 千米的缓冲区。

**4. 生物安全计划** ①根据规定动物疫病的流行病学特征、传入传播途径及风险因素，参照生物安全相关计划准则的要求制定。②生物安全计划的主要内容包括：规定动物疫病传入传播的风险因素及可能途径；对所有潜在风险因素，逐项设立相应的关键控制点，制定针对性的生物安全措施；建立标准操作程序，包括生物安全措施、监督程序、纠错程序、纠错过程确认程序以及档案记录。

**5. 生物安全措施** ①生物安全管理小组应当按照《无规定动物疫病小区评估管理办法》的要求，定期对规定动物疫病的发生、传播和扩散等风险因素进行评估，合理制定或调整完善生物安全措施。②生物安全措施应当覆盖无规定动物疫病小区养殖、屠宰（加工）、孵化、运输、无害化处理等所有环节及生产单元，并有效落实。

**6. 疫情报告和应急反应** ①建立动物疫情报告体系，一旦发生疑似重大动物疫情，立即按照疫情报告程序进行报告。②建立规定动物疫病应急预案，并按照要求做好防疫应急物资储备和人员培训。③无规定动物疫病小区内发生规定动物疫情时，应当及时启动应急预案，进行疫情处置。

缓冲区或无规定动物疫病小区所在县（市、区）发生规定动物疫病疫情时，无规定动物疫病小区应当按照应急预案要求，采取强化的隔离、清洗、消毒等生物安全措施进行强化监测和监管，并开展预警监测，防止疫情传入。

**7. 记录** ①记录应当能证明无规定动物疫病小区内所有生物安全管理措施的实施情况。②养殖环节应当按照畜禽养殖档案管理的有关要求做好各项记录。③屠宰加工环节应当做好畜禽来源、屠宰日期、数量、批次、活畜禽运输车辆牌照、储存场所、产品去向等记录。④其他环节，如孵化、饲料生产以及无害化处理等，应当按企业生物安全管理的要求做好相关记录。⑤所有记录应当妥善保存，便于查阅（动物疫病监测记录保存期不少于5年，其他记录保存期不少于2年；国家有长期保存规定的，依照其规定保存）。

**8. 内部审核与改进** 生物安全管理小组应当定期对生物安全管理体系进行内部审核和评估，并根据结果进行改进。

## 六、官方兽医机构监管

**1. 基本要求** ①官方兽医机构健全，职能明确，有充足的财政支持，基础设施完善，能够满足工作需要。②监管人员应当熟悉国家有关法律法规要求，具有相应的专业技术知识和技能。③遵循过程监管、风险控制和可追溯管理的基本原则，制定完善的监管制度和程序，对无规定动物疫病小区进行有效监管，并做好相关记录。

**2. 监管内容**

（1）对无规定动物疫病小区的监管 ①对养殖场的监管，包括动物防疫条件、养殖档案、动物调出调入管理、检疫申报、可追溯管理、饲料和兽药使用、免疫、监测、诊疗、疫情报告、消毒、无害化处理等。②对屠宰加工厂的监管，包括动物防疫条件、消毒、检疫检验、无害化处理、可追溯管理及档案记录等。③对运输的监管，包括运输路线、运输工具清洗消毒、检疫证明持有情况等。④对从业人员的监管，包括生物安全管理人员的设置、从业人员健康证明、生物安全知识培训、执业兽医配备情况等。⑤对其他环节的监管，包括防疫条件、生物安全管理措施制定及落实等。

（2）对无规定动物疫病小区缓冲区及周边区域的监管　①掌握辖区内动物饲养、屠宰加工、交易等场所的分布情况，以及相关动物种类、数量、分布等情况。②了解辖区内易感野生动物的分布情况。③对缓冲区的易感动物免疫、规定动物疫病监测、诊疗、疫情报告、动物及其产品运输、无害化处理等进行监管。④对缓冲区及行政区域内的其他易感野生动物的规定动物疫病实施有效监测。

## 七、疫病监测

**1.** 无规定动物疫病小区应当建立完善的规定动物疫病监测体系，并对规定动物疫病实施有效监测。

**2.** 监测体系包括企业监测和兽医机构的官方监测，承担监测的实验室应当取得规定动物疫病检测能力资质认可。

**3.** 具备资质的兽医实验室可以是各级动物疫病预防控制机构的兽医实验室，也可以是官方兽医机构指定的具有资质的第三方实验室。

**4.** 规定动物疫病的监测应当遵循《规定动物疫病监测准则》的原则，制定监测计划和监测方案。

**5.** 应当对监测结果进行分析，并根据结果及时调整生物安全计划。

**6.** 相关监测记录应当规范完整。

## 八、评估

**1.** 满足下列条件的，可申报无规定动物疫病小区国家评估：

（1）符合相关标准要求；

（2）符合规定动物疫病的无疫标准要求；

（3）采取符合国家要求的防控措施，有效防控其他动物疫病；

（4）取得省级兽医主管部门对无规定动物疫病小区建设的批复性文件；

（5）可同时申报一种或几种规定动物疫病的无疫小区评估。

**2.** 全国动物卫生风险评估专家委员会办公室按照《无规定动物疫病小区评估管理办法》和相关标准进行评估。评估结果建议经全国动物卫生风险评估专家委员会办公室报农业农村部。

## 九、国外经验

**1. 欧盟做法**　在 2007 年土耳其开展无疫小区试点的基础上，2009 年时，欧盟根据 OIE 的 2008 年版《陆生动物卫生法典》的要求制定了无疫小区许可规章草案要求欧盟成员国强制实施。在欧盟的无疫小区许可规章草案中明确规定了无疫小区的范围和相关定义，对无疫小区批准的条件和程序、无疫小区的维护、无疫小区审批的中止或撤销、无疫小区界定范围内发生动物疫情时采取的紧急措施、在实验室诊断和病原体监测方面主管部门和无疫小区管理者的职责、过渡期和最终条款等都做了详细规定。在草案附件中还对无疫小区及其环境的要求、风险因素和风险途径的确定以及建立禽流感和新城疫无疫小区的特殊要求做了明确规定。

**2. 泰国做法**　第一，建设无疫小区时主要采用政府推动、企业自愿的原则来推行建设。

第二，政府主动明确无疫小区的建设范围。第三，发布了建立无疫小区的标准。第四，政府积极开展无疫小区认可工作。

## 十、国内做法

以河北省某县制定无非洲猪瘟小区的全过程为例。首先对全县范围内各大规模化养猪场进行沙盘制图，以天然屏障、疫病流行指数为依据，即对低风险区进行筛查，采取严格流行病学调查方式对拟设定场所（养殖场、屠宰场、饲料厂及其他可能存在非瘟病毒的角落）进行工作，以 2 个潜伏期即 42 天为时间节点，对每个养殖场进行间隔时间分别为 3、7、11、15、6 天的 6 次采样检测，同期做好生物安全防控，设定指定通道，排查结果全部为阴性即假定无非洲猪瘟小区。然后向市级农业农村主管部门申报，邀请相关领域专家进行书面审核与实地检测，利用了三周的时间完成相关事项工作。最后汇报给农业农村部指定的无非洲猪瘟小区标准验收单位进行验收，最终结果合格的，及时对外公布。这样通过"三定方案"（即县级、市级、规定级的审查考核），充分保证了无非洲猪瘟小区建设的标准化。在维护无非洲猪瘟小区的过程中，市级动物卫生监督机构通过无非洲猪瘟小区指挥中心平台建设，视频监控无非洲猪瘟小区的指定通道，查看生猪交易、冷鲜链运输等全过程，进一步规范生猪检疫出证及过往畜禽车辆的监督管理，并对监督企业加强人员管理、完善消毒实施建设、完善病死猪处理体系监管等措施发挥了至关重要的作用，保障了该县无非洲猪瘟小区的生命力及时效性。

# 3 第三篇

## 动物防疫消毒

# 第九章　防疫消毒概述

消毒是指用物理学、化学或生物学方法清除或杀灭由疫源排到外界环境中和环境中原来存在的病原微生物和寄生虫，其目的是切断传播途径，预防和防止传染病的发生、发展和蔓延。消毒是贯彻"预防为主"方针的一项重要措施。

## 一、消毒的分类

根据消毒的目的不同，可分为以下三种。

**1. 预防性消毒**　指在平时的饲养管理中，定期对动物圈舍及其产地、用具、饮水、道路或动物群等进行消毒。

**2. 紧急消毒**　又称随时消毒，指发生传染病时，为及时消灭刚从传染源排出的病原体而采取的消毒措施。适用于患病动物所在的圈舍、隔离场地以及被其分泌物、排泄物污染可能污染的一切场地、用具和物品。

**3. 终末消毒**　指在患病动物解除隔离、痊愈或死亡后，或者在疫区解除封锁之前，为了消灭动物隔离舍内或疫区内残留的病原体而进行的全面彻底的大消毒。也用于全进全出制的生产系统中，当动物群全部出栏后对场区、圈舍所进行的消毒。

## 二、常用的消毒方法

### （一）机械清除消毒法

主要是通过清扫、洗刷、通风、过滤等机械方法清除病原体，是最常用、最普遍的消毒方法。但这种方法不能杀灭病原体，必须配合其他消毒方法同时使用，是一种辅助方法。

**1. 操作步骤**

（1）器具与防护用品准备　扫帚、铁锹、污物筒、喷壶、水管或喷雾器等器具，高筒靴、防护服、口罩、橡皮手套、毛巾、肥皂等防护用品。

（2）穿戴防护用品　按有关要求，正确穿戴防护用品。

（3）清扫　用清扫工具清除畜禽舍、场地、环境、道路等的粪便、垫料、剩余饲料、尘土、各种废弃物等污物。清扫前喷洒清水或消毒液，避免病原微生物随尘土飞扬。应按顺序清扫棚顶、墙壁、地面，先畜舍内、后畜舍外。

（4）洗刷　用清水或消毒溶液对地面、墙壁、饲槽、水槽、用具或动物体表等进行洗刷，或用高压水龙头对其进行冲洗。

（5）通风　一般采取开启门窗、天窗，启动排风换气扇等方法进行通风。通风可排出畜舍内污秽的气体和水汽，在短时间内使舍内空气清洁、新鲜，减少空气中病原体数量，对预防那些经空气传播的传染病有一定的效果。

（6）过滤　在动物舍的门窗、通风口处安置粉尘、微生物过滤网，阻止粉尘、病原微生物进入动物舍内，防止动物感染疫病。

**2. 注意事项**

（1）清扫、冲洗畜舍应先上后下（先棚顶，后墙壁，再地面），先内后外（先畜舍内，后畜舍外）。清扫时，为避免病原微生物随尘土飞扬，可采用湿式清扫法，即在清扫前先对清扫对象喷洒清水或消毒液，再进行清扫。

（2）清扫出来的污物，应根据可能含有病原微生物的抵抗力，通过堆积发酵、掩埋、焚烧或其他方法进行无害化处理。

（3）圈舍应当纵向或正压、过滤通风，避免圈舍排出的污秽气体、尘埃危害相邻的圈舍。

**（二）物理性消毒**

**1. 阳光、紫外线和干燥**　阳光消毒是利用阳光光谱中的紫外线及其他射线进行消毒的一种常用方法，其中紫外线具有较强的杀菌能力。阳光的灼热和使水分蒸发时造成的干燥也有杀菌作用。因此阳光对于牧场、草地、畜栏、用具和物品环境等的消毒具有很大的现实意义。但阳光消毒受季节、时间、纬度、地势、天气等条件的影响，因此必须掌握时机、灵活运用，并配合其他消毒方法进行。一般病毒和非芽孢性病原菌在阳光直射下几分钟至几小时可被杀死；抵抗力强的细菌、芽孢在强烈的阳光下反复暴晒，也可使之毒力减弱或被杀死。

在实际工作中，很多场合（如实验室等）用人工紫外线来进行空气消毒。紫外线的波长范围是 $136\sim400$ 纳米，根据波长可将紫外线分为 A 波、B 波、C 波和真空紫外线，消毒灭菌使用的紫外线为 C 波紫外线，其波长范围为 $200\sim275$ 纳米，杀菌作用最强的波段是 $250\sim270$ 纳米。紫外线对细菌的繁殖体和病毒消毒效果好，但对细菌的芽孢无效。各种病原体对紫外线的抵抗力为革兰氏阴性菌<革兰氏阳性菌<病毒<细菌芽孢。紫外线虽有一定的使用价值，但其杀菌作用受很多因素影响，如：紫外线的穿透能力弱，只能对表面光滑的物体才有较好的消毒效果；空气中尘埃对紫外线具有吸收作用，故消毒空间必须洁净；温度影响紫外线的消毒效果，$10\sim55$ ℃消毒效果最好，低于 $4$ ℃则失去消毒作用。紫外线的有效范围是在光源不超过 $1.5$ 米处，因此，消毒时灯管与污染物体表面的距离不得超过 $1.5$ 米，消毒时间为 $1\sim2$ 小时。房舍消毒每 $10\sim15$ 米$^2$ 面积可设 $30$ 瓦灯管 $1$ 个，最好每照 $2$ 小时间歇 $1$ 小时，然后再照，以免臭氧浓度过高。当空气相对湿度为 $45\%\sim60\%$ 时，照射3小时可杀灭 $80\%\sim90\%$ 的病原体。紫外线对人体有一定的损害，消毒时人员必须离开现场。

**2. 高温**　高温是最彻底的消毒方法之一，通常分为干热灭菌法和湿热灭菌法。

（1）干热灭菌法　包括火焰灼烧法和烘烤灭菌法，这两种方法的灭菌效果明显，操作方法也比较简单。当病原体抵抗力较强时，可通过火焰喷射器对粪便、场地、墙壁、笼具及其他废弃物品进行烧灼灭菌，或将动物的尸体以及被传染源污染的饲料、垫草、垃圾等进行焚烧处理；全进全出动物圈舍中的地面、墙壁、金属制品也可用火焰烧灼灭菌。烘烤灭菌也称热空气灭菌法，该法主要用于干燥的玻璃器皿，如试管、吸管、离心管、培养皿、烧杯、烧瓶、玻璃注射器、针头等。灭菌时，将被灭菌物品放入烘箱内，使温度逐渐上升到 $160$ ℃维持 $2$ 小时，可以杀死全部细菌及其芽孢。

（2）湿热灭菌法　包括：煮沸灭菌法、高压灭菌法和间歇蒸汽灭菌法。

① 煮沸灭菌法　大部分非芽孢病原微生物在 100 ℃沸水中会迅速死亡，而细菌的芽孢大多数在煮沸后 15～30 分钟内亦能死亡，煮沸 1～2 小时可以消灭所有的病原体。该法常用于玻璃器皿、针头、金属器械、工作服等物品的消毒。如果在水中加入少许碱类物质（如 2％的苏打、0.5％的肥皂或苛性钠等），可使蛋白、脂肪溶解、防止金属器械生锈、提高沸点，增加消毒作用。

② 高压蒸汽灭菌法　指用高压蒸汽灭菌器进行灭菌的方法。由于饱和热蒸汽穿透能力强，能使物品快速均匀受热，加上高压状态下水的沸点提高，饱和蒸汽的比热容大、杀菌能力强，故能在短时间内达到完全灭菌的效果。该法灭菌时将压力保持在 1.02 千克/厘米²（约 0.107 兆帕）的压力，温度控制在 121.3 ℃，维持 15～20 分钟，即可杀死包括全部的病毒、细菌及其芽孢在内的所有微生物。这一方法常用于玻璃器皿、纱布、金属器械、细菌培养基等耐高压器皿以及生理盐水和各种缓冲液等的灭菌。

③ 间歇蒸汽灭菌法　在 100 ℃时维持 30 分钟可以杀死污染物品中细菌的繁殖体，因而将消毒后的物品置于室温下过夜，使其中的细菌芽孢和霉菌孢子萌发，第 2 天和第 3 天再用同样的方法进行处理和消毒，便可杀灭全部的细菌、真菌及其芽孢和孢子。此法常用于易被高温破坏物品如含有鸡蛋、血清、牛乳和各种糖类等培养基的灭菌。

### （三）化学消毒法

化学消毒法指用化学药物杀灭病原体的方法。利用化学药品的溶液或蒸汽进行消毒，在防疫工作中最为常用。化学消毒的效果受多种因素的影响，例如微生物的种类、环境湿度、环境中有机物的存在、化学消毒剂的性质、浓度、作用的温度及时间、酸碱度等。在选择化学消毒剂时应考虑杀菌谱广、有效浓度低、作用快、效果好，对该病原体的消毒力强；对人畜无害；性质稳定、易溶于水，不易受有机物和其他理化因素影响；使用方便，价廉易得，易于推广；无味、无臭，不损坏被消毒物品；使用后残留量小或副作用小的消毒药。常用化学消毒方法有刷洗、浸泡、喷洒、熏蒸、拌和、撒布、擦拭等。

**1. 刷洗**　用刷子蘸取消毒液进行刷洗，常用于饲槽、饮水槽等设备、用具的消毒。

**2. 浸泡**　将需消毒的物品浸泡在一定浓度的消毒药液中，浸泡一定时间后再拿出来。例如，将食槽、饮水器等各种器具浸泡在 0.5％～1％新洁尔灭中消毒。

**3. 喷洒**　喷洒消毒是指将消毒药配制成一定浓度的溶液（消毒液必须充分溶解并进行过滤，以免药液中存在不溶性颗粒堵塞喷头，影响喷洒消毒），用喷雾器或喷壶对需要消毒的对象（畜舍、墙面、地面、道路等）进行喷洒消毒。喷洒消毒的步骤如下。

（1）根据消毒对象和消毒目的，配制消毒药。

（2）清扫消毒对象。

（3）检查喷雾器或喷壶。喷雾器或喷壶在使用前，应先对其各部位进行仔细检查，尤其应注意橡胶垫圈是否完好、严密，喷头有无堵塞等。喷洒前，先用清水试喷一下，证明一切正常后，将清水倒干，然后再加入配制好的消毒药液。

（4）添加消毒药液，进行喷洒消毒。首先要打气加压，当感觉有一定压力时，即可握住喷管，按下开关，边走边喷，还要一边打气加压，一边均匀喷雾。一般以"先里后外、先上后下"的顺序喷洒为宜，即先对动物舍的最里面、最上面（顶棚或天花板）喷洒，然后再对墙壁、设备和地面仔细喷洒，边喷边退；从里到外逐渐推至门口。

（5）喷洒消毒用药量应视消毒对象结构和性质适当掌握。水泥地面、顶棚、砖混墙壁等，每米$^2$用药量控制在800毫升左右；土地面、土墙或砖土结构等，每米$^2$用药量为1 000~1 200毫升；舍内设备每米$^2$用药量为200~400毫升。

（6）当喷雾结束时，倒出剩余消毒液再用清水将喷雾器冲洗干净，防止消毒剂对喷雾器的腐蚀，冲洗水要倒在废水池内。把喷雾器冲洗干净后内外擦干，保存于通风干燥处。

**4. 熏蒸** 常用福尔马林配合高锰酸钾进行熏蒸消毒。其优点是消毒较全面，省工省力，但要求动物舍能够密闭，消毒后有较浓的刺激性气味，动物舍不能立即使用。

（1）配制消毒药品。根据消毒空间大小和消毒目的，准确称量消毒药品。如固体甲醛按3.5克/米$^3$；高锰酸钾与福尔马林混合熏蒸进行畜禽空舍熏蒸消毒时，一般每立方米用福尔马林14~42毫升、高锰酸钾7~21克、水7~21毫升，熏蒸消毒20分钟。杀灭芽孢时每立方米需福尔马林50毫升；过氧乙酸熏蒸使用浓度是3%~5%，每立方米用2.5毫升，在相对湿度为60%~80%的条件下，熏蒸1~2小时。

（2）清扫消毒场所，密闭门窗和排气孔。先将需要熏蒸消毒的场所（畜禽舍、孵化器等）彻底清扫、冲洗干净。关闭门窗和排气孔，防止消毒药物外泄。

（3）按照消毒面积大小，放置消毒药品，进行熏蒸。将盛装消毒剂的容器均匀地摆放在要消毒的场所内，如动物舍长度超过50米，应每隔20米放一个容器。所使用的容器必须是耐燃烧的，通常用陶瓷或搪瓷制品。

（4）熏蒸完毕后，进行通风换气。

**5. 擦拭** 是指用布块或毛刷浸蘸消毒液，在物体表面或动物、人员体表擦拭消毒。例如，用0.1%的新洁尔灭洗手、用布块浸蘸消毒液擦拭母畜乳房；用布块蘸消毒液擦拭门窗、设备、用具和栏、笼等；用脱脂棉球浸湿消毒液在猪、鸡体表皮肤、黏膜、伤口等处进行涂擦；用碘酊、酒精棉球擦涂消毒术部等，也可用消毒药膏剂涂布在动物体表进行消毒。

### （四）生物热消毒法

生物热消毒指通过堆积发酵、沉淀池发酵、沼气池发酵等产热或产酸，以杀灭粪便、污水、垃圾及垫草等内部病原体的方法。在发酵过程中，利用嗜热细菌繁殖时产生高达70℃以上的热，经过1~2个月可将病毒、细菌（芽孢除外）、寄生虫卵等病原体杀死，既达到消毒目的，又保持了肥效。但这种方法不适用于由产芽孢的病菌所致的疫病，这类疫病的病畜粪便最好焚毁。

## 三、消毒药品的种类

消毒药一般指能迅速杀灭病原微生物的药物。理想的消毒药应能杀灭所有的细菌、芽孢、病毒、霉菌、滴虫及其他感染的微生物而不伤害宿主动物。但目前的消毒药抗菌谱都有一定限制，且对宿主动物有较强的损害作用。

消毒药的种类很多，根据其化学特性不同可分为碱类、酸类、醇类、酚类、氯制剂、碘制剂、季铵盐类、氧化剂、挥发性烷化剂等。使用范围详见表10-1。

表 10-1　表常见消毒药使用范围表

| 类别 | 名称 | 用途 | 用量和用法 | 其他 |
|---|---|---|---|---|
| 酚类 | 苯酚（酚、石炭酚） | 用于处理污物、用具和器械，并可用于消毒车辆、墙壁、运动场及畜禽圈舍 | 通常用其2%～5%的水溶液 | 因本品有特殊臭味，故不适用于肉、蛋的运输车辆及贮藏肉蛋的仓库消毒 |
| | 煤酚（甲酚） | 主要用于畜舍、用具和排泄物的消毒。同时也用于手术前洗手和皮肤的消毒 | 用于手术前洗手及皮肤消毒（2%），器械、物品消毒（3%～5%）及畜禽舍、畜禽排泄物的消毒（5%～10%） | 不宜用于蛋品和肉品的消毒 |
| | 复合酚 | 复合酚主要用于畜禽圈舍、栏、笼具、饲养场地、排泄物等的消毒 | 常用的喷洒浓度为0.35%～1% | |
| 醇类 | 乙醇（酒精） | 主要用于皮肤及器械消毒 | | |
| 醛类 | 甲醛（40%的水溶液称为福尔马林） | 用于圈舍、用具、皮毛、仓库、实验室、衣物、器械、房舍等的消毒。并能处理排泄物 | 2%福尔马林用于器械消毒，置于药液中浸泡1～2小时，10%甲醛溶液可以处理排泄物，消毒圈舍、皮毛、仓库、实验室、衣物、器械等。房舍消毒常用熏蒸消毒法 | |
| 酸类 | 无机酸 | 盐酸常用来消毒污染炭疽芽孢的皮张 | 在2%盐酸中加食盐15%，加温到30℃，将皮张浸在此溶液内，消毒40小时。消毒完毕后可将皮张浸入1.5%～2%烧碱溶液或3%碳酸氢钠溶液中浸泡1.5～2小时，以中和酸，然后以清水冲洗 | 加食盐的目的，除了增强杀菌作用外，还可减少皮革因受酸的作用而膨胀，降低质量 |
| | 有机酸 | 乳酸和醋酸适用于空气消毒，能杀灭流感、流脑病毒及某些革兰氏阳性菌。草酸和甲酸（蚁酸）用来消毒被口蹄疫和其他传染病病原感染的房舍 | 乳酸蒸汽消毒按每100米² 6～12毫升的用量，加水稀释成20%浓度，放在器皿中加热蒸发，消毒时密闭门窗。蒸发完后30～90分钟应通风排气。乳酸蒸汽亦可用来消毒仓库霉菌，每1 000米³空间用100毫升，加水100～200毫升，加热蒸发 | 乳酸蒸汽消毒的优点是价廉、毒性低；缺点是杀菌力不够强。有时可用食醋来代替乳酸用于空气消毒。使用时每米³ 用量为3～10毫升，加1～2倍水稀释，并加热蒸发。食醋熏蒸消毒在畜舍内也可进行，畜禽不需移出室外，但消毒效果不如乳酸 |

（续）

| 类别 | 名称 | 用途 | 用量和用法 | 其他 |
|------|------|------|-----------|------|
| 碱类 | 氢氧化钠（苛性钠、烧碱） | 主要用于消毒畜禽厩舍，也用于肉联厂、食品厂车间、奶牛场等的地面、饲槽、台板、木制刀具、运输畜禽的车船等的消毒 | 一般用20%溶液喷洒圈舍地面、饲槽、车船、木器等；5%溶液用于炭疽芽孢污染物的消毒 | |
| | 氧化钙（生石灰） | 用于畜禽圈舍墙壁、畜栏、地面、粪池周围及污水沟等消毒 | 配成20%石灰乳，涂刷畜禽圈舍墙壁、畜栏、地面或直接加石灰于被消毒的液体中，撒在阴湿地面、粪池周围及污水沟等处进行消毒，消毒粪便时可加等量的2%石灰乳，使其接触至少2小时。为了防疫消毒，可在畜禽场、屠宰场等门口放置浸透20%石灰乳的湿草包以消毒鞋底 | |
| | 草木灰 | 适用于消毒被污染的畜舍、禽舍、饲槽和场地 | 30%热草木灰水喷洒 | |
| 卤素类 | 含氯石灰（漂白粉） | 主要用于畜禽圈舍、畜栏、笼架、饲槽及车辆等的消毒；在食品厂、肉联厂常用它在操作前或日常消毒中消毒设备、工作台面等；次氯酸钠溶液常用作水源和食品加工厂的器皿消毒 | 漂白粉可采用5%～10%混悬液喷洒，亦可用于粉末撒布。5%溶液1小时可杀死芽孢。10%～20%乳剂可用于消毒被患病畜禽污染的圈舍、畜栏、粪池、排泄物、运输畜禽的车辆和被炭疽芽孢污染的场所。干粉与粪便可按1∶5的比例混合进行消毒 | 常按每1升水中加0.3～1.5克漂白粉，用于饮水消毒；但若用于河水或井水消毒则需按每升水加入6～10克漂白粉，30分钟后即可饮用 |
| | 二氯异氰尿酸钠 | 可用于水、圈舍、畜禽粪便等的消毒 | 可采用喷洒、浸泡、擦拭等方式施用。消毒圈舍每米$^2$用10～20毫克，作用2～4小时，冬季在0℃以下时按50毫克/米$^2$使用，作用16～24小时；消毒饮水，每升水用4克，作用30分钟 | |
| | 三氯异氰尿酸钠 | 常用作环境消毒、带鸡消毒、带猪消毒、饮水消毒 | 饮水消毒用量为4～6毫克/升；喷洒消毒用量为200～400毫克/升；熏蒸消毒用量为5克/米$^3$，加热熏蒸 | |

（续）

| 类别 | 名称 | 用途 | 用量和用法 | 其他 |
|---|---|---|---|---|
| 氧化剂 | 过氧乙酸 | 可用于畜牧场、屠宰场、实验室、无菌室、圈舍、仓库、屠宰加工车间、运载工具等的空气消毒；用于带鸡消毒；还可用于室内的熏蒸消毒 | 0.5%溶液可用于畜禽圈舍、饲槽、车辆等的喷雾消毒；0.04%～0.296%溶液用于浸泡消毒耐酸塑料、玻璃搪瓷和橡胶制品等；用5%溶液按每2.5毫升/米³喷雾作密闭的实验室、无菌室、圈舍、仓库、屠宰加工车间等的空气消毒；0.396%溶液按30毫升/米³，用于带鸡消毒。 | |
| 表面活性剂 | 新洁尔灭 | 用于畜禽场的用具和种蛋消毒 | 用0.1%水溶液喷雾消毒蛋壳、孵化器及用具等；0.15%～0.2%水溶液用于鸡舍内喷雾消毒 | |
| | 度米芬 | 用于器械、奶牛场用具、设备的消毒 | 0.05%水溶液（须加0.05%的亚硝酸钠）用于器械消毒 | |
| 表面活性剂 | 络合碘（碘伏） | 可用于新城疫、鸡传染性法氏囊病的预防和紧急消毒，可带鸡喷雾；也可用于畜禽圈舍的环境用具的喷雾消毒 | 80～100毫克/千克的络合碘水溶液可用于畜禽圈舍的环境及用具的喷雾消毒；40毫克/千克的络合碘水溶液用于种蛋的浸洗消毒（10分钟）；80毫克/千克的络合碘溶液可用于孵化器的洗刷消毒，200～500毫克/千克的络合碘溶液可用于预防和紧急消毒，也可用于带鸡喷雾消毒 | |
| | 洗必泰 | 多用于洗手消毒、皮肤消毒、创伤冲洗，也可用于畜禽圈舍、器具设备的消毒等 | 洗手消毒用200毫克/升；皮肤消毒用500毫克/升 | |
| 挥发性烷化剂 | 环氧乙烷 | 适用于精密仪器、手术器械、生物制品、皮革、裘皮、羊毛、橡胶、塑料制品、饲料等忌热、忌湿物品的消毒，也可用于仓库、实验室、无菌室等的空间消毒 | 杀灭细菌用量为300～400克/米³；消毒霉菌污染用700～950克/米³；消毒芽孢污染的物品用800～1 700克/米³ | 要求严格密闭，温度不低于为18℃，相对湿度为30%～50%，时间为6～24小时 |

# 第十章 重点区域或场所的防疫消毒

## 第一节 养殖集中区域洗消中心

养殖场车辆的清洗消毒是防控非洲猪瘟的关键环节之一，车辆洗消中心应具有对运输车辆及人员、物品进行清洗、消毒、烘干的功能。车辆洗消中心建设成本较高，大部分养殖场对清洗消毒的重视程度低，清洗消毒对疫病的防控作用难以充分发挥。

**1. 建设依据** 《中华人民共和国动物防疫法》规定运载动物及动物产品的运载工具在装载前和卸载后应当及时清洗、消毒。农业农村部、交通运输部和公安部联合发布的《关于切实加强生猪调运监管工作的通知》（农办牧〔2018〕64号），要求动物外调必须凭动物检疫合格证明和运输车辆清洗消毒证明，方可装运外调。

**2. 建设目的** 建设养殖场洗消中心，严格车辆的清洗消毒是积极响应防疫政策的明智之举。携带病毒的运猪（或饲料）车辆在猪场与猪场之间、猪场与屠宰场之间、猪场与饲料厂之间流通，存在交叉传播风险。传统消毒池存在消毒药易失效、车辆消毒不彻底等问题，难以满足防疫工作的需要。养殖场洗消中心承担着对进入猪场的车辆进行清洗、消毒和烘干等功能，以及对随车人员和物品的清洗、消毒功能，可快速、高效地杀灭绝大多数病菌。

**3. 建设原则** 设计符合"单向流动"原则，保证污区和净区分离，避免交叉污染。考虑风向、排水等具体细节，保证污区处于下风向，外部排水由净区排向污区，并设置污水处理区。形成以猪场为中心的多层生物安全防护圈，使得环境载毒量从外到内层层递减，真正发挥安全防控作用。

**4. 建设要求**

（1）洗消中心功能划分 合格的洗消中心需具备划分完善的功能单元，科学高效的洗消程序和智能化的信息管理系统。

洗消中心可划分为预处理区、清洗区、高温消毒区3部分，并包括值班室、洗车房、干燥房、物品消毒通道、人员消毒通道、动力站、硬化路面、废水处理区、衣物清洗干燥间、污区停车场及净区停车场等。洗消中心设置净区、污区，洗消车辆必须单向流动。有条件的猪场还可以在洗消中心中建立检测室，对水质、消毒剂等进行监测，同时对消毒效果进行检测评估，确保洗消效果。

（2）科学高效的洗消程序 洗消程序：污区进入-预处理区准备-进入清洗区-初次清洗-泡沫浸润（15分钟）-二次清洗-沥水干燥-进入高温消毒区-消毒（30～45分钟）-烘干（70℃，30分钟）-停放净区。按照先内后外、先上后下、从前到后的顺序进行，泡沫浸润、消毒剂作用、沥水干燥、高温烘干等程序均要达到最低作用时间，同时要密切关注冲洗水压、水温等细节，确保洗消效果。

（3）智能化的信息管理系统 在洗消中心各区域安装实时监控系统，值班室呈现监控画面，同时链接手机客户端，实现对洗消过程全流程监督。另外，对洗消全过程进行录像备案，做到全程可视化、可追溯，这既能保证车辆洗消程序符合标准，又为车辆洗消检疫提供证明。

（4）洗消中心建设要点

① 管理模式　建立精细化管理模式，通过明确责任、抓住重点、细化制度、强化检查等方式，建立部门间沟通协调、专人巡查登记等工作机制；健全领导、组织、执行、检查、奖惩、培训等方面规章制度；制定洗消程序和效果验收标准，以达到科学管理、规范洗消的目的。

② 选址与设计　洗消中心选址应在猪场周围 3 千米范围以内，距离其他动物养殖场/户大于 500 米。洗消中心设计符合"单向流动"原则，保证污区和净区分离，避免交叉污染。考虑风向、排水等具体细节，保证污区处于下风向，外部排水由净区排向污区，并设置污水处理区。

③ 基础建设　基础建设要具备冬季保温能力以及自动排空防冻、防腐蚀功能。清洗车间内置防腐铝塑板或其他耐腐蚀材料，设置清洗斜坡（5%坡度）便于车厢内部排水；烘干车间要做好保温及密封，保证高效烘干。烘干车间两侧建耳房，便于热风流通循环。清洗车间和烘干车间要结合车辆尺寸建设，且清洗车间与烘干车间的间距一般在 20 米以上，中间设置车辆沥水区，减少污区与净区的交叉污染。

**5. 洗消中心操作规程**　①严禁非冲洗人员操作洗消设备及烘干设备，严禁非专业技术人员操作主机。②使用设备前，必须穿戴好劳动防护用具（含护目镜、劳保胶鞋、防水衣、手套等）。③严禁将清洗机喷枪指向人、动物、电器设备、精密机械、设备本体。④严禁使用设备进行冲洗衣物、鞋、交通工具等与工作内容无关的操作。⑤使用设备时双手必须紧握喷枪，防止扣动清洗喷枪扳机和冲洗时，高压反冲力导致的清洗喷枪脱手或喷枪失控等不安全情况的发生。⑥高压出水管在工作中，严禁处于盘卷状态，严禁踩踏、碾压、拖拽，严禁接触锋利器具及设备边角，严禁用高压喷枪喷射高压管。⑦严禁用高压喷枪长时间近距离对准某一位置冲洗，否则容易造成被冲洗物损坏。⑧设备的清洁及维护工作必须在断开主电源开关后进行。⑨高压枪柄、枪杆、喷头必须轻拿轻放，严禁摔、撞、砸；连接时，必须对正中心线，插接到位后，旋紧，严禁使用蛮力。⑩主机泵房必须做好保温措施防止冻坏。⑪严禁非专业人员拆解、调节或者擅自改动机器，主机故障时请联系专业人员处理。⑫严禁携带易燃易爆物品进入烘干房，司机离开驾驶室之前，检查是否遗留打火机、火柴、充电宝、手机、电池、香水、杀虫剂等易燃易爆物品。⑬车辆进入烘干房之后，要进行排气，将气刹装置的气体排空，否则加热会造成气管接头脱开或气管爆裂。

**6. 消毒药品的选择和消毒方法**

（1）消毒药品的选择　消毒前需对车辆方向盘、仪表盘、车窗、座椅等重点部位进行擦拭，擦拭后喷洒 75%浓度酒精或使用臭氧消毒机全封闭进行消毒；车辆体表使用 0.5%或 1%戊二醛溶液，使用高压消毒机或迷雾消毒设施设备，对车辆进行整体全面的消毒。

（2）消毒方法　首先检查待洗消车辆，检查合格后，登记车辆信息，方可允许车辆进入洗消房，不合格车辆，应劝返到污区重新洗消。设置专人在预处理准备区对车辆进行检查，检查标准为车内、外部无动物排泄物及动物组织（如粪便、尿液、黏液、猪毛、血液、皮肤、蹄甲等），无肉眼可见大颗粒污染物（如稻草、土块等）。检查合格后驾驶员在工作人员指引下将车辆驶入洗消房内指定位置清洗区，驾驶员按照规定路线进入员工淋浴间洗澡，更换指定工作服和雨鞋，在休息室等候，其间不得外出。洗消操作员应熟悉机器操作流程，执行洗消工作时，应穿戴防水服、雨鞋、口罩、护目镜，做好安全防护，严格按照清洗、消毒、烘干流程工作。清理驾驶室时，取下脚垫进行清洗、消毒，使用吸尘器等工具清理驾驶室灰尘，使用消毒剂擦拭驾驶室内部，关闭车窗，在驾驶室放置臭氧消毒机或使用75%浓度酒精擦拭喷洒进行消毒。对车辆进行预清洗，使用高压水枪对全车进行冲洗，包括底盘清洗，从外到内、从上到下、从前到后、不留死角。预清洗结束后进行泡沫浸润，使用泡沫清洁剂喷洒全车，包括底盘，充分浸泡15分钟。然后是车辆精洗，使用40～50 ℃高压热水将全车冲洗干净，从外到内、从上到下、从前到后，不留死角。之后进入车辆待烘区，取走臭氧消毒机，通知司机将车辆驶入车辆待烘区，沥水干燥，等待消毒。车辆消毒时，使用规定消毒制剂（稀释戊二醛）进行全车喷雾，包括底盘，静置15分钟后，通知司机驾驶车辆至烘干房，打开驾驶室窗户，检查驾驶室有无遗漏易燃易爆品，设置烘干温度及时间（车厢温度达到70 ℃后维持15分钟或按照防疫等级设置整体烘干温度及时间），启动热风机，待结束烘干，通知驾驶员去驾驶车辆。车辆洗消结束后，洗消洗车房地面、墙壁、设备等经消毒后方可再次使用，工作服、靴移至指定区域清洗、消毒和干燥。

**7. 污水污物的处理和处置** 洗消中心污物处理应坚持综合利用优先，资源化、无害化和减量化的原则，污区设立污物处理制度上墙，引导洗消中心工作人员增强搞好污染防治的自觉性，又要坚持依法监督管理。污区需建立硬化处理的固定堆积发酵场所，发酵场所距离不宜过远，位于下风向或侧风向；贮粪场所有效防渗，避免污染地下水，并设置防止粪便散落、雨淋和溢流的设施。污区地面铺设漏缝地板便于粪便掉落，采用水污分离、固液分离结构建设，便于干式清粪，排污沟为暗道排污，地面为防渗地面。污物需定时清理，外运污物处理的贮存、运输器具应采取可靠密封、防泄漏等卫生、环保措施。发酵场所堆积的污物采取"高温好氧堆肥工艺"或"生物发酵工艺"生产有机肥，并对有机肥料进行还田处理。参考《畜禽粪便无害化处理技术规范》（GB/T 36195—2018），采取科学方式对污水进行无害化处理。建立污水沟，污水系统按照暗沟布设，原则上将各个环节的污水通道打通，污水流汇集合并处理排放；利用化学药品与污水中污染物反应，除去污水中的污染物；经过预处理后的污水，利用吸附性能强的水葫芦、细绿萍等水生植物吸附污水，再浇灌农田。

有条件的可建立专业的污水污物处理环保生态系统，由环保公司具体承建，承建公司需针对污水源的指标、排水指标、拟投资价格、场地等综合因素建立，采取逐级沉淀、生物膜（陶瓷滤膜）逐级过滤处理等方式，保证处理排放出的水达到国家1级A排放标准。

# 第二节 养殖场入场消毒通道

养殖场设置进场消毒通道是防止进出人员等携带病原体造成疫病传染传播的重要手段，是为更好地保证养殖场生物安全的重要措施。目前，养殖场在消毒通道中可采取安装紫外线杀菌灯消毒、用化学消毒药物喷雾消毒、超声波烟雾消毒或臭氧（$O_3$）消毒等方式。建设消毒通道，进出口处应设置封闭门，通道内设置隔栏（S型）以让进出者绕行1～2分钟，室内地面硬化，原则上地面铺设便于清洗的地板，墙壁同样使用陶瓷墙砖，防止细菌病毒滋生，地板上铺设防滑板，重点介绍两种消毒方式为臭氧消毒和超声波消毒方式。

臭氧消毒技术是利用高压电力原理，使空气中的部分氧气分解后聚合为臭氧。臭氧具有很强的氧化能力和不稳定特性。臭氧分子由一个氧分子携带一个氧原子组成，是氧气的同素异形体。臭氧在常温、常压下为淡蓝色，分子结构极其不稳定，活泼性强，易溶于水、易分解，分解时释放出氧气和单个氧原子。氧原子具有很强的活性，对细菌有极强的氧化作用，可氧化分解细菌内部氧化葡萄糖所必需的葡萄糖氧化酶，也可以直接与细菌、病毒发生作用，直至侵入细菌细胞膜、细胞壁并与其体内的不饱和键化合而夺取细菌生命；氧原子还可破坏细菌细胞器和核糖核酸，促进细胞的溶解死亡，使细菌的物质代谢及生长和繁殖过程遭到破坏。臭氧还可渗入到细胞内部杀死细胞内的某些酶，破坏微生物细胞内的遗传物质（DNA 和 RNA），杀灭细菌菌体、芽孢，病毒和真菌等，臭氧灭菌速度较快，是氯的 600～3 000 倍。已有研究表明使用臭氧对室内空气进行消毒是目前最为有效、方便、快捷的方式之一。臭氧消毒空气时使用的浓度为 1～2 毫克/米$^3$，持续 30 分钟，可以杀灭空气中的各种细菌，杀菌率可达到 99% 以上，同时可降低空气中的氮氧化物、二氧化硫、挥发酚的含量及甲醛的浓度。臭氧机关机 30 分钟，室内臭氧的浓度可降至 0.2 毫克/米$^3$ 以下，达到大气中关于《消毒技术规范》臭氧允许浓度。臭氧气体浓度为 0.25～0.38 毫克/升时，可完全杀灭空气中的疱疹病毒和流感病毒。在房间内打开臭氧机 2 小时后，空气中病原菌消灭率为 96.77%。臭氧分解产生的多余氧原子可再重新组合成为普通氧原子，不存在任何有毒残留物，不会构成二次污染。臭氧发生器开启 10 秒内可弥散整个空间，没有消毒死角。臭氧的制备利用大气作为原料，不需储藏设施，只要有电便可通过臭氧发生器产生臭氧，是无残留的"绿色消毒剂"。臭氧消毒通道设计简便，可利用现成养殖场消毒室（门窗可密闭即可）。臭氧发生技术的电晕放电法的原理是用高压高频电流电离空气或氧气以产生臭氧，其方法是先将氧气或空气经干燥等预处理，再使之进入放电室电离，通过交变高压电场在气体中产生电晕，电晕中的自由高能电子离解氧气分子，经碰撞聚合为臭氧分子，臭氧发生器主要由气源系统、电源系统、冷却系统和控制系统组成。根据消毒通道空间大小可以控制臭氧发生器的最大臭氧产量且调控安装简便，避免了应用化学药剂消毒方法的药剂需要定时添加、药物消毒作用浓度限制及药物消毒作用需要较长时间等不利因素。

超声波消毒采用工业级高频振荡陶瓷雾化片，产生的雾粒直径为 5～10 微米，形成烟雾状，消毒体感好，无淋雨感，可实现无死角消毒，且设备使用寿命长、系统维护少、永无喷头堵塞之忧，且悬浮时间长，散逸面积大而均匀，可以极大提高消毒液与人体外表的接触面积与时间，更加有效地杀灭外来病原体，保障工作区的防疫安全。雾化装置整体机身由不锈钢制作，耐酸碱腐蚀，整套系统无机械驱动，自动感应器探测到有人进入消毒室时，将探测信息传给控制箱，控制系统启动对进入消毒室的人员进行雾化消毒，并自动将配比好的药液补给给喷雾装置，无须人员操作（工作人员保证药箱药液充足）。也可使用手动控制模式，则自动感应器不介入工作，通过手动控制来给需要消毒的对象进行消毒。

# 第三节　屠宰场车辆洗消中心

对运载动物及动物产品工具的清洗消毒，是有效切断传播途径的重要手段，也是防止动物疫病扩散、蔓延的一种有效措施，对预防动物传染病具有十分重要的意义，尤其对于消灭传染源、切断传播途径，具有成本低、效果好，简单易行的特点。在以往的传染病高发季节，因调运动物及动物产品车辆引发的传染病传播举不胜举。2018 年 8 月非洲猪瘟防控工作开展以来，加强对动物及其产品运载工具的监督管理，尤其是加强对运输生猪车辆的清洗消毒管理工作，更是刻不容缓。

### 一、建设依据

《中华人民共和国动物防疫法》规定，运载工具在装载前和卸载后应当及时清洗、消毒；农业部令 2010 第 6 号《动物检疫管理办法》第四十五条规定，货主或者承运人应当在装载前和卸载后，对动物、动物产品的运载工具以及饲养用具、装载用具等，按照相关技术规范的规定进行消毒，并对清除的垫料、粪便、污物等进行无害化处理。开展非洲猪瘟防控工作以来，国务院、农业农村部以及各省、市级政府下发了系列文件，为加强畜禽调运监管，严防外来疫病传入，提出了建立健全活畜禽承运车辆监管、备案制度，装载前、卸载后严格清洗消毒，坚决消除运输工具传播疫情的风险等具体要求。生猪运输车辆承运人应当在装载前和卸载后及时对运输车辆进行清洗、消毒，并详细记录动物检疫证明号码、生猪数量、运载时间、启运地点、到达地点、运载路径、车辆清洗、消毒以及运输过程中对染疫、病死、死因不明生猪处置等情况。提高对洗消工作的认识和重视，对运载工具彻底消毒，是切断动物疫病传播的重要手段。

### 二、建设目的

人员与车辆带毒是我国非洲猪瘟疫情传播的最主要原因。严格清洗消毒生猪运输车辆，是有效阻断疫情传播的关键措施。屠宰企业洗消中心通过对进出场动物及动物产品运输车辆的清洗、消毒和烘干，以及对随车人员和物品的清洗、消毒，最大限度杀灭病原，降低非洲猪瘟等动物疫病发生风险，切断非洲猪瘟等重大动物疫病的传播途径，有效防止区域性重大动物疫情的发生，推动县域畜牧业持续健康发展，确保"菜篮子"畜产品稳产保供。

### 三、建设要求

洗消中心设计应符合"单向流动"原则，保证污区和净区分离，避免交叉污染。考虑风向、排水等具体细节，保证污区处于下风向，外部排水由净区排向污区，并设置污水处理区。

屠宰企业需建立固定的车辆洗消中心，包括清洗场所、消毒车间和污水收集处理系统，并配备基本保温条件，防止冬季结冰影响清洗消毒效果；配备与屠宰规模相适应的清洗消毒设施设备，具备对各型运输车辆清洗、消毒及烘干等功能，以及对随车人员、物品的清洗、消毒功能，且运转正常；洗消场地要分别设置净区、污区，人员、洗消过程等流程都要单向流动，避免交叉污染；由专人操作清洗消毒，并做好个人防护；根据屠宰场规模合理确定消毒人员岗位和数量。

### 四、建设内容及规模

根据屠宰企业规模、运载动物及产品车辆的日流量确定场地占地及设施设备配备规模。

清洗车辆类型主要有：出入场运载动物及动物产品的车辆。

### （一）设施

**1. 卸猪台** 附近建设生猪运输车辆清洗消毒区，应设有生猪运输车辆清洗消毒的清洗房、消毒房、烘干房，面积与屠宰规模相适应，有方便车辆清洗消毒的水泥台面或者防腐蚀的金属架，应设有清洗消毒设备、自来水和热水管道、污水排放管道和集污设施。

**2. 清洗房** 用于清洗生猪运输车辆，内置防腐铝塑板或其他耐腐蚀材料，底部安装导向防撞护栏，避免事故发生。清洗房地面硬化，密闭不渗水，有前高后低斜坡，便于沥水排水和集水，且具备废水收集措施（具备引流条件）。清洗房两侧可选择性建立卫生间、休息室、员工宿舍、值班室、消毒室等配套设施。

**3. 消毒房** 除具备洗车房基本功能外，还能对整个车体进行全方位喷涂药液，且废液能单独收集处理。对车辆驾驶室可以进行涂擦、喷雾、熏蒸或紫外线消毒（移动式）。

**4. 烘干房** 具备加热烘干或大型风机吹干能力（可与消毒房合并建设）。两侧建有耳房，配置环控通风系统，便于热风流通循环。

**5. 肉品运输车辆清洗消毒区** 面积与屠宰规模相适应，配备清洗消毒设备，设有自来水和热水管道、污水排放管道和集污设施。

### （二）洗消设备

① 清洗设备包括扫帚、铲子、铁锹、水管、高压水枪、高压冲洗机等。②消毒设备包括消毒通道（龙门架）、电动或手动喷雾器、机动高压消毒机等。③应定期检查消毒设备性能，及时更换不合格的消毒器械。④做好个人防护，防护用品包括防护服、口罩、护目镜、手套和防护靴等。

### （三）消毒管理要求

① 应选择对非洲猪瘟等致病微生物杀灭作用良好，对人、物品、生猪及生猪产品危害尽可能小，不会腐蚀设施设备，对环境无污染的消毒剂，并定期更换。②消毒过程中，工作人员应做好个人防护，不得随意出入消毒区域，不得吸烟、饮食。③应对清洗消毒过程中产生的污水和污物进行无害化处理。

### （四）消毒药品要求

① 视消毒对象不同可选用不同类型消毒剂。②可选择酚类消毒剂、含氯消毒剂（次氯酸盐、二氯化氢）、过氧乙酸、季铵盐、碱类（氢氧化钠、氢氧化钾等）、戊二醛、酒精和碘化物等消毒药品。最有效的消毒产品是10%的苯及苯酚、次氯酸、强碱类及戊二醛。强碱类（氢氧化钠、氢氧化钾等）、氯化物和酚化合物适用于建筑物、木质结构、水泥表面、车辆和相关设施设备消毒。酒精和碘化物适用于人员消毒。③消毒剂的使用请参考表11-1。④消毒药品应及时补充，定期更换，以防产生抗药性。

表11-1 消毒剂使用建议表

| 消毒剂 | 消毒对象 | 使用浓度 | 消毒方式 |
| --- | --- | --- | --- |
| 过氧乙酸 | 车辆 | 0.2%～0.3% | 喷雾消毒 |
| 过氧乙酸 | 可密闭空间 | 0.2% | 喷雾消毒 |
| 漂白粉 | 车辆 | 2%～4% | 喷雾消毒 |

（续）

| 消毒剂 | 消毒对象 | 使用浓度 | 消毒方式 |
|---|---|---|---|
| 紫外线 | 随车物品 | | 照射 |
| 戊二醛 | 车辆 | | 喷雾消毒 |
| 次氯酸钠 | 车辆 | 5% | |
| 次氯酸钠 | 手 | 0.015%～0.02% | 擦拭或浸泡 |
| 氢氧化钠 | 墙面、设备、工器具 | 0.8% | 拖擦或喷洒 |
| 氢氧化钠 | 消毒池 | 2%～3% | 喷洒或浸泡 |
| 季铵盐溶液 | 消毒池（车辆） | 0.5% | 浸泡 |
| 季铵盐溶液 | 消毒池（鞋底） | 0.1% | 浸泡 |
| 酒精 | 手、设备和用具 | 75% | 擦拭或浸泡 |
| 枸橼酸碘 | 手 | 3% | 喷洒或擦拭 |

### 五、运输生猪车辆洗消程序

为强化生物安全措施，屠宰企业洗消工作要落实对运输车辆的"三次洗消"制度要求，首先对车辆进行冲洗，冲掉包括粪便、泥土等一切覆盖物，冲洗后干燥至少 30 分钟，以免影响消毒效果。然后对车辆消毒两次，第一次消毒完成后至少等待 30 分钟后，进行第二次消毒，第二次消毒完成后至少 30 分钟晾干车体。

生猪车辆洗消流程：生猪车辆预检合格→生猪交送车辆准备进入场区→车辆进入消毒池→车辆驶出消毒池→进入消毒通道（开启喷雾消毒设施龙门架等）→车辆进场交送生猪→交送完毕→生猪车辆清洗→清理污物→高压冲洗→排出残留污水→车辆消毒→车辆烘干→车辆停放在净区停车场或经消毒通道、消毒池出场。

#### （一）进场消毒（消毒池、消毒通道）程序

车辆进入场区消毒池→开启喷雾消毒设施（龙门架等）消毒→车辆驶向卸猪台。

**1.** 场区车辆出入口应设置与门同宽，池底长 4 米、深 0.3 米以上的消毒池。

**2.** 消毒池内放置消毒液，确保消毒效果，并及时更换。消毒池内采用 5% 次氯酸钠、1% 戊二醛等进行消毒，消毒液应每日更换。消毒池冬季结冰不能正常使用时，在池内铺洒 2～5 厘米厚生石灰，也可用撒布 1% 戊二醛或火碱溶液的消毒草垫（约 8 米长）进行消毒。若气温低于 0℃，造成消毒液结冰无法对车辆采用浸泡或喷洒消毒时，可以在入口处消毒池内，放置浸透 20% 石灰乳的湿草包、湿麻袋片等对车轮进行消毒，湿草包、湿麻袋片每 4 小时更换一次。在非洲猪瘟等重大动物疫病防控期间，消毒池内消毒液至少每 2 小时检测 1 次，浓度达不到要求时及时补充药液，每 4 小时彻底更换一次。

**3.** 出入口处配置消毒喷雾器，推荐设置消毒通道对运输车辆进行喷雾消毒。①生猪运输车辆每次进入场区时，均要通过消毒通道（龙门架）开启喷雾对车身进行消毒，车轮经过消毒池进行消毒，车辆通过消毒池时，车速应低于 5 千米/小时，确保车身喷洒消毒到位。②消毒池内消毒液至少每 2 小时检测 1 次，浓度达不到要求时及时补充药液，每 4 小时彻底更换一次。③车辆消毒时，应确保车身喷洒到位、车轮充分浸泡。

### （二）车辆清洗（清洗房）程序

生猪运输车辆交送完毕→生猪车辆清洗→清理污物→高压冲洗→排出残留污水并控干。

**1. 污物清理** ①车辆卸猪后，应将车辆停放在配备有照明灯、登高梯等设施的指定区域。②首先清理车厢内的大块粪便、饲料、垫料和毛发等运输途中产生的污物，统一对其进行无害化处理，做好清洗消毒前的准备。③卸下车内可移动隔板或隔离栅栏。④取出车辆上所有物品准备清洗、消毒和烘干。⑤卸猪后车辆在有保温设施的区域，用温水对车辆进行全面冲洗，使用刮板把车厢内残留水刮净，防止车体上冻、结冰。⑥车辆驶入洗消区后，司乘人员沿规定路线前往洗澡间洗澡，或用消毒液洗手且时间持续 20 秒以上、清理鞋底、经人员消毒通道消毒。⑦收集、清理驾驶室内脚垫、废弃物、生活垃圾等物品，吸除驾驶室灰尘。⑧擦拭驾驶室内壁、方向盘、座位等，尤其是人员经常触碰的区域。

**2. 初次清洗** 用水枪对车体内、外表面进行初步冲洗。用高压水枪按照由内向外、由上到下、从前到后的顺序充分清洗车辆内外表面，底盘、车轮等部位，重点去除附着在车体外表面、车厢内表面、隔板上下表面及中间夹缝、底盘、车轮、污染区和角落等部位的堆积污物，注意刷洗车顶角、栏杆及温度感应器等死角和卸下的车内可移动隔板或隔离栅栏。不适用于冲洗的设备需擦洗干净。

**3. 泡沫浸润** 选择使用中性或碱性、无腐蚀性的，可与大部分消毒剂配合使用的清洁剂。用泡沫清洗或用发泡枪喷洒泡沫清洁剂，覆盖车辆外表面、车厢内表面、底盘、车轮等部位，刷洗车厢内粪便污染区域和角落，确保清洁剂与车体各表面完全、充分接触，保持泡沫湿润，至少 10～20 分钟。

**4. 二次清洗** 用高压水枪或自动化洗消设备，对车辆外表面、车厢内表面、底盘、车轮等部位进行二次充分全面冲洗，直至无肉眼可见的泡沫。冲洗水温为 60～80 ℃，注意冲洗角落、车厢门、门缝、隔板等。用上述同样的方法清洗拆卸出的可移动隔板或隔离栅栏表面。

**5. 沥水干燥** ①在充足光线下，对车辆内外及可拆卸隔板进行检查，确保清洗干净。②车辆彻底控干（车辆内外表面无水渍、滴水）。车辆冲洗后要排出残留的水，利用设计的坡度区域静置车辆供车辆控水或使用风筒机吹干，必要时采用暖风机保证车辆干燥效果。确保无泥沙、无猪粪和无猪毛，否则重洗。③对拆卸出的可移动隔板或隔离栅栏清洗后放置晾干，也可使用设备吹干或烘干。④清洗消毒过程中要确保带压水管足够长，以便能够轻松处理猪只运输车辆的所有区域。手柄或喷嘴应可旋转调整，不能紧固不可调。建议使用自动盘管机以防止带压水管被压平或打结。

### （三）车辆的消毒（消毒房）程序

选择符合国家规定且在有效期内的消毒剂，对全车进行消毒，确保药液全面浸润覆盖并静置足够的作用有效时间。定期轮换使用不同类别消毒剂。①在车辆彻底控干后，使用龙门架或喷雾水枪对车辆外表面、车厢内表面、底盘、车轮等部位喷洒消毒液，应由上至下，由前至后，进行喷雾消毒，应覆盖全车，使表层湿润，以肉眼可见液滴流下为标准，静置时间不少于 15 分钟。之后用高压水枪彻底冲洗，冲掉残留的消毒剂。②车辆经第一次消毒合格后，等待至少 30 分钟，经喷雾消毒设施进行第二次消毒，完成后至少静置 30 分钟以晾干车体。③将清洗消毒好的可移动隔板、隔离栅栏等组件重新组装回汽车。④对随车携带的饲喂用具、篷布、捆绑绳索等物品，在冲洗干净后用煮沸、消毒剂浸泡或高温高压等方式消毒。

⑤驾驶室的消毒：一是使用清洁剂和刷子洗刷脚垫、地板，并消毒；二是用清水、洗涤液、消毒剂对方向盘、仪表盘、踏板、挡杆、车窗摇柄等人员经常触碰的区域进行擦拭；三是对驾驶室及随车配备和携带的物品进行熏蒸消毒或用过氧乙酸气溶胶喷雾消毒，并用紫外线消毒驾驶室15分钟。

### （四）车辆的烘干（烘干房）程序

① 司机洗澡、换衣及换鞋后按规定路线进入消毒房提取车辆，驾车驶入烘干房进行烘干或吹干。②对驾驶室进行通风干燥或者烘干。③烘干房密闭性良好，车辆烘干设定温度为70℃、2层车辆烘干时间为15分钟左右、3层车辆烘干时间为30分钟左右。④烘干后的车辆停放在净区停车场或经消毒通道、消毒池出场（图11-1、图11-2）。

图11-1 完成洗消后的车辆烘干过程中　　图11-2 烘干后的生猪运输车辆停放在净区停车场

## 六、其他

（1）车辆洗消后，洗消洗车房地面、高压清洗机、泡沫清洗机、烘干机及液压升降平台等设备经消毒后方可再次使用。使用过的工作服、工作靴和清洁工具移出洗消房，并在指定区域清洗、消毒及干燥。

（2）司乘人员洗消流程　司机将车辆开进洗车房（或停在外面由工作人员开进）后，司乘人员进入人员消毒通道，在换衣间（污染区）脱掉所有衣服，并将衣服传送至衣物清洗间由工作人员对衣物进行清洗、消毒和烘干；司乘人员进入洗澡间进行洗澡和消毒后，进入换衣间（净区）换穿干净的衣服，然后进入净区停车场提取车辆。

（3）衣物洗消流程　对于从司乘人员身上脱下的衣物或从车上拿下的可清洗物品，应先清洗干净，再用消毒药液浸泡15分钟，然后清洗干净，最后在净区晾干或烘干。

（4）消毒工作人员的清洗消毒　一是工作人员在值班室换上洗消专用工作衣帽、手套和胶靴，进入工作区开展洗消工作；二是对每辆车洗消完毕后都要对胶手套和胶靴进行充分的清洗消毒，再进行下一辆车的洗消工作，防止前辆车对后面车辆的交叉污染；三是每天对车辆、衣物洗消完毕后，工作人员要脱掉工作服装、鞋帽手套（交衣物清洗间），进入洗澡间洗澡消毒，然后换上干净的生活服装，从净区离开。

（5）运输肉品车辆消毒　肉品运输车辆清洗消毒区建设面积应与屠宰规模相适应，要配备清洗消毒设备，设有自来水和热水管道、污水排放管道和集污设施（图 11-3）。

图 11-3　运输肉品车辆装前卸后，在指定的清洗消毒区进行清洗消毒

（6）消毒方式及所用药液　①车辆进出场时对车身采用聚维酮碘溶液配比后喷雾消毒。②车辆进出场车轮消毒池采用次氯酸钠配比，消毒浓度为 400～500 ppm[*]。③洗消中心消毒采用清洗消毒机，使用次氯酸钠进行配比，消毒浓度为 400～500 ppm。

（7）人员防护　①屠宰企业应配备充足的防护服、口罩、护目镜、手套和防护靴等防护用品。②洗消工作完毕，工作人员要脱掉工作服装、鞋帽手套（交衣物清洗间）后，进入洗澡间洗澡消毒，然后换上干净的生活服装，从净区离开。③具备用于清洁和消毒的设施设备或装置（比如放置消毒制剂溶液的消毒盆，使用前要用带压水管或高压水枪对其进行清洗清洁）。

（8）消毒记录要求　①洗涤剂、消毒药品应有领用和使用记录。②每次洗清消毒后，应及时做好记录：详细记录清洗消毒的时间和地点、方式、清洗消毒对象及所用消毒药品的名称、浓度、消毒人员等内容，并妥善保存（包括视频录像等）。③洗清消毒记录保存期限不少于 2 年。

## 第四节　无害化处理场车辆洗消中心

养殖、运输、屠宰等环节产生的病死及死因不明的动物或动物产品，随意抛弃或随意处置极容易引起动物疫病的传播扩散、危害人体健康、造成公共卫生安全事件，建立完善的病死畜禽无害化处理长效机制，无论从生物安全角度还是从食品安全性的角度，都有着十分重要的意义。各地无害化处理场的建立，意味着病死畜禽无害化处理长效机制的初步形成，当前迫在眉睫的任务是进一步完善无害化处理场配套的洗消中心及相关洗消设施设备，加强病死畜禽以及相关车辆人员的洗消工作，防止病死畜禽终端动物疫病传播扩散。

**1. 建设依据**　国家、省、市各有关加强非洲猪瘟等重大动物疫病防控的文件中，对进

---

　　[*]　ppm＝百万分之一。

一步强化病死畜禽无害化处理体系建设提出要求。以河北省唐山市为例，市局将完善无害化处理体系建设工作作为重点工作来抓，并印发了《关于加强病死畜禽无害化处理厂运输车辆洗消设施建设的通知》（唐农办字〔2020〕42号），对洗消工作提出了具体要求，明确了建设要求。

**2. 建设目的**  完善病死畜禽无害化处理体系建设，彻底解决无害化处理场清洗消毒设施建设不到位、设备简陋、不能保证生物安全等突出问题，进一步加强无害化处理场病死畜禽运输车辆洗消设施建设，确保运营车辆洗消到位、相关人员消毒防护到位。

**3. 建设原则**  洗消设施应选在场区合适位置，必须符合"单向流动、净污分开"的原则，场区外150米以内，避免长距离，场方可以结合环保公司，自行建立符合环保要求的污水收集和处理系统或积极与无害化处理场联系，签订排放合约，与污水处理总系连接合并处理。

**4. 建设具体要求**

（1）基础设施  洗消基础设施采用前后开门（卷帘门）的方式，确保车辆顺畅通过并便于洗消操作，具体尺寸应为长度在6米以上，宽度在4米以上，高度在2.5米以上，采用钢架结构墙体、"人"字形屋顶，内置墙壁防腐铝塑板或其他耐腐蚀材料，地面水泥硬化，设置斜坡（5％坡度以上），下有排水槽，上面铺设格栅板，预留泥沙沉积池，有符合环保要求的污水系统（收集池）或与场区污水收集系统相连，冬季内有保暖设施。

（2）配备相关设备和装具  自动洗车设施必须确保车辆四周和上下冲洗到位，另外配备专业高压喷水机或高温高压蒸汽洗车机1台、专业高压喷水机冬季需配有加热设备、可移动式高温高压消毒机2台、快速吹水干燥机（热风机）1台、洗消人员全套防护装具，并配备可移动式紫外线消毒灯或配备小型臭氧消毒机，用于驾驶室消毒。

（3）信息管理系统  安装实时监控系统，值班室呈现监控画面，实现对洗消过程的全程监督，并对洗消全过程进行录像备案，做到全程可视化、可追溯，确保运输车辆洗消程序符合标准。

（4）沥水停车场  车辆洗消后，若暂不运营可将车辆停放在停车场将水自然沥干，停车场位置应选在朝阳、水泥地面硬化，并有一定坡度的地方。

**5. 洗消作业具体要求**  中国动物疫病预防控制中心关于印发《非洲猪瘟疫情应急处置指南（2020年版）》的通知中对无害化处理场点消毒作业提出了具体要求，并印发了"无害化处理场点消毒作业指导书"。

（1）消毒前准备  消毒人员应根据无害化处理场点规模合理确定消毒人员，指定专人负责，负责消毒的人员应做好个人防护，穿戴防护服、口罩、一次性手套、雨靴、护目镜等防护用品。场方购置高压冲洗机、机械或电动喷雾器、扫帚、叉子、铲子、铁锹、水管等。配备充足的消毒剂，消毒剂应选择1％～2％氢氧化钠（火碱）、1％～2％戊二醛溶液、生石灰等

（2）洗消程序  洗消车辆从污区（无害化处理车间）驶出-从洗消场点前门驶入-清洗、消毒、吹水干燥-从后门驶出-沥水停车场。按照先内后外、先上后下、从前到后、先清洗后消毒再吹水干燥的顺序进行，同时要密切关注冲洗水压、水温等细节，确保洗消效果。外来车辆和人员入场前必须消毒，首先经过消毒池对进场车辆进行消毒，消毒池内采用5％次氯

酸钠、1％戊二醛等消毒剂。冬季铺洒 2～5 厘米厚生石灰或用洒步 1％戊二醛或火碱溶液的消毒草垫（厚度为 8 厘米）消毒；车辆整体消毒时主要针对收运病死动物的车，车辆消毒前首先要保证车辆清洗干净，做到眼观无任何污物和血渍，用 1％戊二醛或 5％次氯酸钠等溶液喷洒消毒，消毒过程不能留有任何死角，必须全方位消毒。

（3）洗消效果　清洗消毒后的车辆要做到无灰尘、无污渍、无血迹、干干净净，不得附着苍蝇。必要时要经病原学检测合格。

# 4 第四篇

## 动物卫生监督机构建设

# 第十一章　县级以上动物卫生监督机构的建设

动物卫生监督机构是政府畜牧兽医工作职能部门的重要组成部分，所承担的动物检疫工作是当下畜牧业正常发展和公共卫生安全的重要保证，对有效防止动物疫病扩散、遏制动物疫病传播、维持社会的安全稳定、保证肉类食品的卫生、促进社会经济的稳定发展和繁荣具有重大意义。《中华人民共和国动物防疫法》（2021版）对动物卫生监督机构职责定义更加明确精准："依照国务院农业农村主管部门的规定对动物、动物产品实施检疫"。因此，科学的机构设置、完整的队伍建设、完善的制度制定、规范的行风建设是职责落实的必要基础保障和根基，本章节分别从机构建设、制度建设、队伍建设、行风建设4个方面对县级以上动物卫生监督机构的标准化建设予以阐述，以期达到明确标准、强化保障、创新机制、内提素质、外树形象的目标，实现动物卫生监督工作的标准化、科学化、规范化。

## 一、机构建设

### （一）职能设定和经费保障

县级以上动物卫生监督机构依照《中华人民共和国动物防疫法》等法律法规的规定，负责动物、动物产品的检疫和其他有关动物防疫的监督管理与指导等工作，并取得当地政府相关部门确认，人员经费、工作经费和设施设备运转经费应全额纳入财政预算。

### （二）办公用房及设施设备

**1. 办公用房**　包括办公室、党建活动室、会议室、文印室、档案室、证章标志管理室、图书资料室、附属用房、车库等。档案资料室、快速检测室、证章标志管理室等应当具有防潮、防盗、防鼠和防蚁的功能。

**2. 基本装备**　根据机构职能和工作任务需要，配备相应的交通工具、办公室设备、快速检疫检测设备、应急设备等基本装备。

**3. 信息管理**　县级以上动物卫生监督机构的通信与计算机网络设施应当满足办公自动化和动物卫生监督信息化建设的要求，并按照办公自动化、网络化及安全、保密等要求综合布线，预留相应接口。

## 二、制度建设

随着畜牧兽医体制改革的逐步实施，必须配套建设完整的规章制度管理体系，对本行业的各项具体工作予以规划、指导、管理、监督、协调；为打造一支政治可靠、纪律严明、业务精湛的动物检疫管理队伍，提供可靠的制度保障。以下以河北省动物卫生监督机构相关制度建设为例进行介绍。

### （一）职责分工

根据人员配置，对人员职责进行分工，明确个人职责，结合自身职责开展日常工作，保障日常工作正常运转。

### （二）会议制度

**1. 例会** ①参加人员：主要领导、各科室（队）主要负责同志。②会议内容：学习上级有关政策文件，传达省、市重要会议精神，提出本单位贯彻落实意见，研究议定本单位动物检疫管理工作，总结上周工作，制定下周工作计划，研究重大问题及其他工作事项。③会议程序：会议一般每周一上午召开，遇有重要情况可随时召开；例会由本单位主要负责同志主持，按照民主集中制原则，对一些重要工作在充分讨论研究的基础上做出决定；经单位主要领导同意或委托，分管负责同志可召集各科室（队）会议，协调有关工作。

**2. 会商会议**

（1）参加人员　主要领导、各科室（队）主要负责同志、其他有关同志。

（2）会议内容　①对动物检疫工作中，涉及的法律关系复杂、突发事件、需办事项承办人难以把握、被新闻媒体关注报道的事件，提出初步处理意见；②及时发现、及时预警本单位工作职能涉及的重大舆情，对事件的性质、舆情走势、可能出现的风险等进行及时准确的评估，并提出预控处置意见；③对上级交办的各类工作事项，由责任科室（队）提出初步处理意见；④对上级安排部署的需要立即落实的工作，由相关科室（队）负责人口头向本单位主要负责同志汇报后立即落实。

（3）会议程序　对涉及职能范围内的重点工作、重大舆情及省、市级政府主管部门交办的重要工作，会商可随时召开。会议由本单位主要负责同志主持，由科室（队）负责人汇报，在充分讨论研究的基础上做出决定后由相关科室（队）承办，并由办公室负责督办落实。

**3. 全体会议** ①参加人员：本单位在岗人员。②会议内容：学习上级重要会议精神和重大决策部署，总结前一阶段工作、安排部署下一阶段工作任务。③会议程序：全体会议一般每月初召开一次，遇有重要情况可随时召开。

### （三）培训学习制度

为创建"学习型"机关（科室），建立本站理论学习长效机制，不断提高党员干部理论知识水平和依法执法能力，特制定培训学习制度。

**1. 学习形式**　学习分集中学习、自主学习两种形式。

（1）集中学习　集中学习范围为全体工作人员。坚持每周集中学习，采取政治理论、政策法规、业务知识与典型案例相结合，专题讲座、学习讨论与座谈交流相结合的方式，提高学习成效。每月初制订月度学习计划，每周集中学习确定一个主题和一名主讲人，提前一天通知全体人员学习、讨论内容。如无特殊情况，固定每周五下午开展集中学习。可根据实际情况调整集中学习的时间、内容及参学人员范围。

（2）自主学习　在集中学习的同时，全体工作人员工作之余要认真开展自学，由科室（队）负责搜集重点学习内容发至微信工作群，指导工作人员结合实际撰写心得体会、调研文稿、理论文章等。

**2. 学习内容**　以加强干部政治理论、文化素养和提升执法专业水平为目标，深入系统学习政治理论、上级部署、工作重点和业务知识，分析讨论检疫典型案例。

**3. 学习要求**　班子成员（党员干部）必须带头学、带头讲，各主讲人要按要求精心准备，轮流讲学。全体工作人员必须按照要求参加学习，就学习内容认真记下笔记、深入思考、相互讨论、共同提高，切实把握专题学习的实质。要坚持学以致用的原则，通过学习，努力提高工作人员自身的政治理论素养、业务工作能力，达到提高工作效率、降低行政成本、科学决策的目标。集中学习有特殊情况或处理紧急事务不能参学的，须提前请假、及时补课。

**4. 学习考评** 实行每月一考制度，落实学习效果评价，每月最后一周由相关科室（队）出题，定期组织理论考试，切实保证学懂弄通。建立个人学习档案，将所有工作人员的学习情况进行登记，年终进行汇总，并与年度考核、评先表彰等挂钩。

### （四）责任追究制度

为规范动物卫生监督工作秩序，强化动物卫生监督机构及其工作人员责任，根据《中华人民共和国动物防疫法》《河北省动物防疫条例》等有关法律法规以及有关文件要求，制定责任追究制度。

**1.** 动物卫生监督机构主要负责人是第一责任人，对责任事件负主要责任，各有关科室（队）人员按职责分工，对有关责任事件负直接责任。

**2.** 动物卫生监督工作实施分级管理责任追究制度，依据职能、职责分工，追究相关责任人的责任。

**3.** 有下列行为之一的，按规定追究相关人员责任：①不履行监督职责的，责令改正，予以警告；拒不改正的，调离岗位；②政治、业务素质差，不能胜任动物卫生监督执法工作的，予以免职；③有滥用职权、徇私舞弊、勒索受贿或玩忽职守等失职、渎职行为的，责令改正；造成严重后果的，予以撤职。

### （五）请销假制度

为加强内部管理，严肃工作纪律，维护本单位良好的工作秩序，打造风清气正的工作环境，制定请销假制度。

**1.** 工作人员因公事、私事、生病离开工作岗位，须履行请假手续。

**2.** 坚持事先请假、事后销假、分级负责、从严管理、严格程序和按管理权限审批的原则。

**3.** 请假以书面请假为准，填写请假单，按程序报经相关领导签字同意后方可离开工作岗位。遇有紧急情况来不及书面请假的，先口头请假，事后要及时补办请假手续。

**4.** 工作人员要严格按照上级规定的时间上下班，不准迟到和早退。

**5.** 工作时间不得擅离职守，不得随意串岗。

**6.** 对未履行请假手续擅自离岗，或请假未经批准而缺勤，或经请假但无正当理由逾期不归的，视作旷工（如有违反法律法规以及管理制度的按有关规定执行）。

### （六）票证管理制度

**1.** 动物检疫票证实行"专人保管、专库存放、专账登记"制度。

**2.** 动物检疫票证的保管、领取、发放、登记由专人负责。

**3.** 保管、领取、发放动物检疫票证应该严格按照登记表的要求做好入库、出库登记，并由票证管理员、领取人员签字。

**4.** 保管、领取、发放动物检疫票证应该按照领取人（单位）、时间、领取类型、数量、票证号段进行详细登记，专账管理。

**5.** 发现领取或保存的票证号段存在错误的，要立即停止使用并上报给票证管理员和系统管理员。

**6.** 领取检疫票证后，领取人应妥善保存。遇到票证打印发生错误等情况要及时作废并做好记录。

**7.** 发现检疫票证遗失或缺失的，要立即上报备案。

### （七）干部职工谈心谈话制度

为及时了解和掌握干部职工思想动态、工作情况和生活状况，密切联系群众，加强沟通理解，解决实际问题，激发工作热情，特制定干部职工谈心谈话制度。

**1. 基本原则**

（1）平等原则　要以平等的心态与谈心对象进行交流，不得居高临下、盛气凌人。

（2）求实原则　评价他人必须实事求是、客观公正，不带任何个人偏见。开展自我批评时，必须正视自身存在的问题。对存在的误解，要如实说明情况，及时消除误解。

（3）实效原则　开展谈心活动，必须注重实效，要使谈心真正谈出正气、谈出和谐、谈出感情、谈出团结、谈出干劲、谈出进步。

（4）尊重信任原则　谈心双方不论职务高低，都应进行双向交流互动，彼此间要敞开思想、坦诚相见，真心实意、推心置腹，虚心接受对方提出的意见和建议。

**2. 谈心谈话的时机**　干部职工有下列情况，各科室（队）长应及时与其进行谈心谈话：①工作岗位交流、职务任免或退休时；②受到重要表彰、奖励或受到批评、惩处时；③工作遇到较大困难或挫折时；④家庭生活发生特殊情况时；⑤发现或被举报有违纪、违法等问题时；⑥干部职工之间出现较大矛盾时；⑦干部职工主动要求找领导谈心时。

**3. 谈心谈话的主要内容**　谈心的内容应是多方面的：包括交流双方对重大问题的认识和看法；个人的思想、工作、学习、生活情况；相互之间征求意见、沟通思想、说明情况、开展批评与自我批评；帮助对方就某些问题提高认识，或对某些问题做必要的解释和说明。

（1）日常谈心谈话的主要内容　①了解谈心对象的思想、工作、作风、学习及家庭等方面的情况；②发现谈心对象存在的缺点和问题，明确努力方向，提出改正的办法和要求；③征询谈心对象对自己和单位的意见、建议和要求，帮助自己查找存在的问题，剖析存在问题的根源；④交流思想，倾听谈心对象心声，了解他们的真实想法，沟通彼此的思想和感情；⑤开展批评与自我批评，消除彼此间的误解和隔阂，化解相互间的分歧和矛盾，增进彼此间的理解和信任；⑥其他认为必须谈心谈话的事项。

（2）其他不同时机的谈心谈话内容　①干部提拔任用时：重温党的宗旨，要求树立全心全意为人民服务的思想，密切干群关系，勤政务实，并依据民主测评考察结果，转达干部群众的意见和希望。②干部岗位交流借调时：做好思想工作，引导干部从全局的角度对待工作岗位的调整，鼓励干部在新的岗位上开拓进取、建功立业。③干部职工受到表彰奖励时：教育干部职工正确对待荣誉和成绩，要求戒骄戒躁、谦虚谨慎、再创佳绩。④干部职工受到挫折、遇到困难时：鼓励干部职工振作精神，放下思想包袱，总结教训，努力工作。⑤干部职工之间有矛盾、隔阂时：要了解情况，分清是非，化解矛盾。⑥干部职工被举报有违法、违纪等问题时：要让干部职工讲清问题，澄清事实，自我批评，自我纠正。⑦干部职工在工作中出现较大失误时：要帮助查找问题根源，提高责任意识，提出改进工作的意见。⑧当干部职工主动提出谈话要求时：要听取意见，讲清道理，耐心细致地做好思想工作。

**4. 谈心谈话的基本方式**　①领导班子成员，由支部书记负责谈心谈话；各科室（队）负责同志由分管领导负责；其他人员一般由各科室（队）领导负责；特殊情况下的干部谈心，由党支部确定。②采取定期与不定期谈心谈话相结合的方式。一般情况下，采取个别谈心的方式，在特殊情况下，也可以采取集体谈话的方式。③干部本人主动要求领导谈心谈话的，一般由领导本人进行，遇有特殊情况时，可委托他人进行。

**5. 谈心谈话的要求**　①谈心谈话要严肃认真、态度鲜明，既要坚持原则，又不回避矛盾，还要坦诚热情。允许干部职工对谈话内容提出不同意见、解释或说明，对干部职工提出的重大问题和意见，要认真做出解释，并做好跟踪了解，及时反馈谈话效果。②支部书记与其他班子成员之间的定期谈心谈话，一般每年不少于 2 次；与科室（队）负责同志的谈心谈话，每年不少于 1 次；并根据工作需要有针对性地与一般干部进行谈心谈话。③本站副职与分管的各科室（队）长的谈心谈话，每季度不得少于 1 次；各科室（队）长与本科室（队）所有干部职工的谈心谈话每半年进行 1 次。④开展谈心谈话，应由谈心谈话领导对进行谈心谈话的对象、时间、事由进行记录，对不涉及个人隐私的谈心谈话主要内容，也应记录。

县级以上动物卫生监督机构还应结合本单位实际，建立公章管理制度、公用物品管理制度、车辆管理制度、安全保卫和值班制度、财务管理办法、国有资产管理暂行办法、信访举报接待受理制度、信息化平台管理制度、动物卫生监督档案管理制度等内容。

## 三、队伍建设

### （一）人员测算

县级以上动物卫生监督所编制应根据其服务范围、地理位置、本地区养殖、屠宰和动物产品流通消费情况和动物卫生监督工作以及承担的畜牧兽医执法、畜产品质量安全监管工作任务的需要，科学、合理确定。具体测算方法详见表 12-1。

表 12-1　动物卫生监督机构人员编制测算表

| 总编制数<br>＝A＋B＋C＋D<br>＋E＋F | 人口（A） | 100 万人以上 | 8 人以上（每增加 10 万人增加 1 人） |
| --- | --- | --- | --- |
| | | 50 万～100 万人 | 6 人 |
| | | 50 万人以下 | 4 人 |
| | 出栏量（B） | 100 万头以上 | 10 人以上（每增加 10 万头加 1 人） |
| | | 50 万～100 万头 | 8 人 |
| | | 50 万头以下 | 6 人 |
| | 日屠宰量（C） | 600 头以上 | 10 人以上 |
| | | 300～600 头 | 8 人 |
| | | 100～300 头 | 6 人 |
| | | 100 头以下 | 4 人 |
| | 公路检查站（D） | | 4～6 人/站 |
| | 市场监管（E） | | 2～4 人/市场 |

| 总编制数<br>＝A＋B＋C＋D<br>＋E＋F | 人均饲养面积<br>（牧区草场）（F） | 大于 2 000 亩 | 4 人 |
|---|---|---|---|
| | | 500～2 000 亩 | 2 人 |
| | | 小于 500 亩 | 1 人 |

注：亩为非法定计量单位，可按 1 亩＝666.67 米² 进行换算。

## （二）人员核定

部分县级以上动物卫生监督机构人员不足，运行机制不畅，很多年轻高素质人才被机关抽调，因此要充分保障县级以上动物卫生监督机构的人员数量。在人员编制上应当根据行政区域面积、养殖屠宰数量、工作量、职责范围和经济水平等因素科学合理制定，并配备行政、后勤、证章标志等管理岗位基础编制，根据辖区监管对象的数量、类型等按以下标准设置业务岗位加权编制，要配备充足的官方兽医、法律等相关专业人员，确保业务工作顺利开展。兽医、法律等专业人员比例应占机构总人员的 70％ 以上。县级以上动物卫生监督所的建设标准根据编制定员人数可分为五类（表 12 - 2）。

表 12 - 2　县级以上动物卫生监督机构分类表

| 类别 | 核定编制人数（人） |
|---|---|
| 一类 | 51 以上 |
| 二类 | 31～50 |
| 三类 | 21～30 |
| 四类 | 11～20 |
| 五类 | 5～10 |

## （三）制定有效的管理体制

狠抓常态机制、突出责任机制、强化激励机制，坚持正确的用人导向，以"赛马"理论、"军功"理论选人用人，以发展论英雄，凭实绩用干部，为干部顺利成长提供坚强的制度保障。使"处理问题会上手，面对困难敢上手，遇到事情快上手，对待工作勤上手"的干部职工干事成业有平台、有机会，能够迅速脱颖而出。

## （四）领导班子建设

领导的带头作用不容忽视，一个队伍的行为准则和精神面貌是怎样的，在很大程度上取决于领导班子的建设。只有领导发挥好了带头作用，才能让下面的干部职工信服，才能增强队伍的凝聚力。

## （五）建立人才培养计划

在以人为本、以人才为重的社会背景下，加强动物卫生监督队伍的建设必须注重人才的培养。人才的培养是一个队伍长远发展的重中之重，人才相当于一个队伍的血液，只有不断注入新鲜血液，队伍才能发展壮大。

## （六）增强队伍的合作意识

建立工作专班队伍，做到各尽其能，加强合作意识增强队伍的凝聚力，为整个动物卫生监督队伍献言献计。官方兽医在开展检疫、应急处置等工作过程中，应加强自身防护保护、注重工作形象，配备有动物卫生监督标志的工作防护服装。

## 四、行风建设

### （一）思想作风建设

树立正确的世界观、人生观、权力观、事业观，敬畏职业道德、行业规范，工作才有积极性、主动性和创造性，才有工作效率。

### （二）学习作风建设

面对我国新冠肺炎疫情与非洲猪瘟疫情的双重冲击，国家修订了《中华人民共和国动物防疫法》，随之动物卫生监督工作会面临新情况新问题，在这样的情况下，要求动物卫生监督工作人员在学习中不断提升自己，学好专业本领，坚持与时俱进，创造性地开展动物卫生监督工作。

### （三）工作作风建设

提高工作效率，从考勤入手，不断完善考勤管理制度，指定专人负责考勤工作，实行上下班刷卡、去向牌公示制度，严格请销假制度。教育干部职工严格执行各项规章制度，自觉遵守组织纪律和工作纪律；各科室负责人要努力营造鼓励多干事、支持干成事的良好工作氛围。

### （四）服务作风建设

动物卫生监督工作人员在思想感情上要贴近群众，要深入基层，把人民群众的愿望和要求作为决策的根本依据，使动物卫生监督工作的各项决策兼顾人民群众的现实利益和长远利益，把解决民生问题放在工作的首位，让人民群众充分认识动物卫生监督工作的重要意义。

### （五）生活作风建设

倡导勤俭节约、勤俭办事的生活作风，反对奢侈浪费。大力倡导生活正派、情趣健康的良好风气，除了遵守"八小时以内"的"工作圈"相关规定以外，还要做好"八小时以外"的"生活圈""社交圈"的自我约束。

### （六）廉政作风建设

坚持用制度管权、管钱、管人，有效地把人为的、主观因素的影响降到最小，把客观的、制度的因素无限放大，把问题的风险降到最低。让权力在法治的轨道上运行，让权力在阳光下运行，树立干净干事、清正廉洁的良好形象。

动物卫生监督工作是动物检疫与防疫工作的重要组成部分，在整个兽医工作中具有突出的地位，发挥着举足轻重的作用。该项工作不仅事关重大动物疫病的防控工作，事关畜产品质量安全和公共卫生安全，而且也关系到畜牧业发展和广大消费者的切身利益。因此，加强动物卫生监督机构标准化建设必将为动物卫生监督工作质量提升发挥重要作用，更有利于我国的动物疫病风险防控工作有效开展。

# 第十二章　基层动物防疫站的管理与考核

加强基层动物防疫体系建设，提高动物疫病的预防和控制能力，是实现养殖业持续健康稳定发展的前提，也是保障食品安全和公共卫生安全的必然要求。2020年4月29日，农业农村部组织召开非洲猪瘟防控等工作督导总结视频会议，会议强调：各地要继续落实各项现行防控措施，全面加强监测排查，严格规范报告疫情，加强基层动物防疫体系建设。加强基层动物防疫体系建设，重点在于管理，在于如何维护形成的体系；基层动物防疫体系建设重点在于基层动物防疫站的工作能力、工作态度以及政府部门的支持与监督，通过一系列的考核监督机制，推进基层动物防疫站健康向上发展，努力将基层动物防疫体系建成坚不可摧的战斗堡垒，为养殖业保驾护航。

## 一、考核目的及方式

**1. 考核目的**　基层动物防疫站工作面临的工作任务繁重，涉及站务管理、防疫检疫、重大动物疫病防控等工作，成立联合考核组，针对基层动物防疫站工作作风与考勤管理、防疫检疫、重大动物疫病防控等工作进行量化计分，按计分结果确定奖励等级，达到基层动物防疫站转变工作作风，提高工作效率，增强创先争优意识，提高职工自身素质和工作效能，全面推进各项工作的进展。

**2. 考核方式**　日常检查、半年考核、年终考核相结合，针对考核内容，记录检查发现的问题，及时登记，扣减相关责任人考核分数，年底兑现绩效工资。

## 二、考核内容

### （一）站务管理

**1. 人员管理**　基层动物防疫站站长负责监督本站职工的工作纪律，认真执行上下班时间，严禁迟到早退现象发生；监督职工在工作时间不许做与工作无关的事情，严禁玩手机、玩游戏、聚群聊天，工作时间不许在宿舍逗留；教育督查职工工作日中午严禁饮酒；不许无故旷工或私自外出，严格执行请销假制度；严格执行值班制度，必须保证24小时不断岗；严禁公车私用，严格执行车辆管理制度。

**2. 站容站貌**　建立健全各项规章制度（考勤、值班、卫生、工作安排等制度），院内、门窗、办公（宿舍）设施（含门市部）、厨房等应保持洁净、卫生。

**3. 站内管理**　各基层动物防疫站成立考评小组，每月按要求对本站职工进行考核，保证考核工作到位、各项记录规范；加强学习培训教育，每周组织职工进行专业知识学习，学习培训按时记录且记录清晰；实行周例会制度，记录会议内容，要求会议记录规范真实。

**4. 财务及资产管理**　基层动物防疫站按时结账报账、财务手续健全规范；固定资产台账健全且与实物相符；固定资产不得丢失或故意损坏，发现此类问题应追究当事人的责任。

**（二）动物防疫**

**1. 防疫责任管理** 逐人逐村逐场落实防疫岗位责任制，并签订相关责任状，逐级传导压力，压实部门监管责任。

**2. 防疫工作落实** 一是保证规模场免疫档案建档率，规模场（猪场 100 头、牛 50 头、羊 200 只、禽 2 000 只）免疫档案建档率应达到 100％，并要求相关防疫信息填写规范正确。二是宣传告知及防控事项报告制度，强制免疫等相关告知书发放率应达到 100％；猪场每月上报一次，其他养殖场每季度上报一次防控工作情况表（季度报告书）。三是疫苗申领与程序化免疫，规模场按照国家免疫技术规范建立健全规模场程序化免疫程序，并按照养殖存栏变化实行有效的程序化免疫，确保支领的强免疫苗与免疫需求相一致。四是群体免疫密度，按照国家强制免疫技术规范要求，强制免疫病种的免疫密度应达到 100％，并在免疫有效期内。五是免疫抗体监测，猪场、牛场、羊场和禽场监测覆盖面应达到 100％，采样数量和采样质量 100％符合要求，补免工作 100％到位。六是动物防疫举报核实，辖区内没有动物防疫工作违规问题举报事件；疫情举报线索应及时派人查实并上报采取严格控制措施，避免造成负面社会影响。

**3. 防疫应急物资管理** 对耳标、免疫证、疫苗和防疫物资等实行台账管理，并设专人负责，做到及时入账、账票相符、账物相符、去向明确、使用合理、审批手续严谨、管理日清月结、年度有汇总、问题可追溯。

**4. 防疫痕迹化管理** 站内疫情排查、消毒、免疫、采样检测、物资管理、培训等各项档案齐全规范，信息真实完整；财政补贴疫苗使用情况月报表、规模猪场（禽场、牛羊场）防疫监管情况监督表、每月散养户防疫情况统计表、肉鸡规模养殖场情况统计表、畜禽免疫标识、免疫证统计表、防疫物资库存情况（含消毒药类）、流行病学调查表等各种相关防疫报表于每月 20 日前上报电子版。

**5. 两病**（结核病、布病）**监测** 及时开展相关监测工作，做到档案齐全、完整且规范。

**（三）动物检疫**

**1. 产地检疫工作** 以河北省为例，依托"河北省智慧兽医云平台"，严格依照《中华人民共和国动物防疫法》《动物检疫管理办法》以及各项"检疫规程"等有关要求开展。

（1）申报工作 严格执行养殖场（户）申报制度，严禁他人代为申报检疫，由动物经纪人或贩运者代为申报的必须签订委托书。跨省调运动物需提前报备并提出书面报告。

（2）受理工作 及时受理申报，严格审验申报信息，出具"受理通知单"。

（3）车辆审查消毒（生猪） 严格查验生猪运输台账以及车辆"GPS"运行轨迹，动物监督机构动态掌控辖区内生猪运输车辆备案情况，定期整理通报"GPS"在线情况，发现未在线的第一时间下发通知，限期其在 1 天内整改完毕，禁止未经审核的车辆直接前往养殖场（户）收购生猪。

（4）现场检疫 严格到场（户）或指定地点实施检疫，严格审验养殖档案信息等内容，确保养殖档案信息填写真实完整；严格执行非洲猪瘟检测实验室或快速检测相关要求，猪、牛、羊必须进行瘦肉精抽测。

（5）票证出具 官方兽医严格履职尽责，对出证结果负全责，严禁隔山出证等违规行为。

（6）产地检疫率 上半年以及下半年通过计算生猪产地检疫率，考核测算生猪产地检疫工作开展情况，全年产地检疫率达80%为合格。

**2. 病死动物集中无害化处理工作** 病死动物集中无害化处理工作需严格按照有关要求开展。①申报登记：要求指定专人负责登记统计病死动物申报登记工作。②受理：发生病死动物时，登记统计人员需第一时间告知包场或责任官方兽医（协检员），官方兽医（协检员）需严格执行有关要求，按时限要求进行受理。③鉴定：发生病死动物时必须到场（户）现场进行鉴定，针对鉴定结果以及养殖场（户）所述如实出具"鉴定单"。④操作流程：病死动物集中无害化处理工作执行先鉴定后收集制度。⑤收集场地消毒：规模场由官方兽医监督场方自行消毒，散养户收集点由官方兽医监督收运单位进行现场消毒。⑥收集：收集工作必须由官方兽医到场监督进行收集，并监督收运单位填写"收运单"。⑦影像资料数据上报：每月指定专人上报本月病死动物无害化处理影像资料及登记报表。⑧保险联动：参保动物审查工作必须严格执行有关文件要求，采取拍摄影像资料或现场实地勘察等方式，由保险公司人员以及基层动物防疫站工作人员对参保动物进行数量核实，并保证上报的数据真实准确符合有关要求。

**3. 档案建设** ①整体建设：档案室设立专人维护，发现问题及时整改。②各项档案内容建设：严格落实痕迹化管理制度，官方兽医培训档案、上级文件档案、各类场所监管档案、"瘦肉精"抽测登记档案、非洲猪瘟抽检登记档案、病死动物无害化处理档案、动物产地检疫档案、动物屠宰检疫档案、动物疫病风险评估及分级管理工作档案、证章标志使用管理档案、规模场监管月报表档案、散养户监管月报表档案、动物免疫档案、规模场养殖档案、散养户养殖档案、消毒登记档案、贩运者（经纪人）管理档案、运输车辆备案管理档案等18项档案登记完善，内容需做到真实。

**（四）村级协防员管理考核**

**1. 培训及上站管理** 年初制定本站协防员培训计划，并每月定期上站、安排有实际防疫活动内容，参训协防员本人参会并履行签到手续；春秋集中防疫期间组建入村免疫小分队，并及时报备。

**2. 监督检查** 站内要经常性组织防疫自查自纠工作，尤其是春秋防疫以及专项整治活动期间，自查比例不得低于考核数量，健全相关痕迹化档案。

**3. 工作实绩管理**

（1）抽查数量和评定要求 每个站随机抽查10%村庄；每个村随机检查2个养殖户，以畜主所持有效期内的免疫证和畜类佩戴标识为依据，并核实散养动物免疫记录卡。

（2）抽查项目 ①入户防疫登记与群体免疫密度：养殖场户内存栏畜禽按照品种、数量登记齐全；应免强制免疫病种的免疫密度100%。②散养防疫档案填写：散养动物免疫记录卡应填写齐全规范。③免疫标识佩戴及免疫证明填写：免疫标识佩戴率应达100%，免疫证明规范填写率应达100%。④技术操作：注射部位准确，消毒严格，免疫剂量确实，所用物资与防疫活动相符。⑤"补免周"工作：每月定期组织"补免周"活动，补免活动登入散养动物免疫记录卡，表头清晰标记"补免周"字样，方便查阅。

**4. 考核与奖惩** 采取日常考核与春秋季集中验收考核方式，年终进行总结；年底根据考核结余情况对优秀村级协防员给予奖励。

# 第十三章　官方兽医和指定兽医管理

## 第一节　官方兽医管理制度

官方兽医指具备国务院农业农村（畜牧兽医）主管部门规定的条件，由省、自治区、直辖市人民政府农业农村（畜牧兽医）主管部门按程序确认，由所在地县级以上人民政府农业农村（畜牧兽医）主管部门任命，负责动物及动物产品检疫、出具动物检疫等证明的国家兽医工作人员。动物卫生监督机构的官方兽医具体实施动物、动物产品检疫。

国家实行官方兽医任命制度，具体办法由国务院农业农村（畜牧兽医）主管部门制定（暂无具体规定的，由省级兽医主管部门确认报农业农村部备案）。

### 一、官方兽医资格申报条件

**1. 编制要求**　拟申报人员必须是农业农村部门的编制内人员（必须要有机构编制部门批准成立动物卫生监督机构的机构、性质、人数的批文）。

**2. 学历要求**　具有兽医、中兽医（民族兽医）、畜牧兽医、畜牧、动物养殖、动物科学或水产养殖专业大学专科以上学历的人员，或不具备上述学历，但取得兽医师以上专业技术职称的人员。

**3. 工作要求**　具有动物、动物产品检疫及动物卫生监督管理执法岗位相应的工作能力，连续从事动物卫生监督工作 2 年以上。

### 二、官方兽医资格确认程序

**1.** 符合官方兽医资格条件的人员填写官方兽医资格确认表，并提供相关证明材料（编内人员、工作岗位、学历证明等）。申报人员名单在本单位公示 7 天以上，公示内容包括姓名、性别、出生年月、政治面貌、学历、职称职务、工作经历、是否编内人员、执法证件号码等。对材料真实、群众无异议的由本单位签署意见后，分别报送同级兽医主管部门审核。

**2.** 县级农业农村（畜牧兽医）主管部门将审核符合条件的县级官方兽医资格确认表及相关证明材料，并将官方兽医资格确认汇总表签署意见后报市级农业农村（畜牧兽医）主管部门审核。

**3.** 市级农业农村（畜牧兽医）主管部门将审核符合条件的市、县级官方兽医资格确认表及相关证明材料，并将官方兽医资格确认汇总表签署意见后送省动物卫生监督所审核。

**4.** 省级动物卫生监督所将审核符合条件的市、县级官方兽医资格确认表及相关证明材料，并将官方兽医资格确认汇总表签署意见后报省畜牧兽医局审核。

# 第二节 指定兽医管理制度

指定兽医是指符合规定条件，经动物卫生监督机构审核、录用，承担特定区域或单元内动物临床检查和动物产品检验，协助官方兽医开展动物检疫工作的在职兽医技术人员。来源包括规模养殖场、基层动物防疫站的在职兽医人员、屠宰企业的肉品品质检验人员。

各级动物卫生监督机构具体负责对指定兽医实施动物临床检查和动物产品检疫检验工作进行监督管理。

## 一、指定兽医应具备的条件

**1.** 具有畜牧兽医相关专业中专及以上学历或从事兽医工作具有兽医技术职称的或具有 3 年以上从事兽医临床工作经验的人员；

**2.** 热爱动物卫生监督工作，有较强的责任心，遵纪守法、诚实守信；

**3.** 年龄在 22 周岁以上 60 周岁以下，身体健康，能适应工作要求。

## 二、指定兽医应承担的职责

**1.** 负责对报检动物（除乳用、种用动物及卵、精液、胚胎、种蛋等遗传材料外）实施现场临床检查；

**2.** 负责对进入屠宰场（点）的动物实施现场临床健康检查和瘦肉精同步快速检测，并对宰后动物产品实施现场检验；

**3.** 负责签署动物临床检查证书和动物产品检验证书；

**4.** 做好采样留验、抽样检测、疫病控制等畜牧兽医相关工作；

**5.** 协助官方兽医做好病死动物无害化处理工作。

## 三、指定兽医聘用程序

**1. 申请** 单位推荐并由个人申报，填写指定兽医申请表（一式两份），提交身份证、学历证书、技术职称证明、执业兽医资格证书等相关证明材料。

**2. 审核** 各县（市、区）动物卫生监督所对提交的相关材料进行审核。

**3. 发证** 各县（市、区）动物卫生监督所对符合条件拟开展指定兽医工作的个人核发指定兽医证。

**4. 备案** 各县（市、区）动物卫生监督所对审验合格的申请人员建库立档，并报送市动物卫生监督所备案。

# 第十四章　动物卫生监督证章、标志管理

　　动物检疫合格证明是《中华人民共和国动物防疫法》规定的法定检疫书证，是官方兽医对动物及动物产品依据相应的技术标准和规程检疫合格后，依法出具的法律凭证。"防疫是基础，检疫是关键，监督是保障"，动物检疫合格证明充分将防疫、检疫、监督三个职能有机地结合起来，三者相辅相成。规范动物卫生证章标志管理，构建完善的动物卫生证章标志管理，对维护人民生命财产安全，确保社会公共卫生安全、维护动物卫生监督工作秩序有重要意义。

## 一、法律依据

　　2010 年农业部发布《动物卫生监督证章标志管理办法》对动物卫生证、章、标志的设定、生产、保管、发放、使用和监督管理做了详尽的规定，同年 11 月 2 日《农业部关于印发动物检疫合格证明等样式及填写应用规范的通知》（农医发〔2010〕44 号）规定动物检疫合格证、检疫处理通知单、动物检疫申报书、动物检疫标志等样式以及动物卫生监督证章标志填写应用规范。动物卫生监督证章标志的生产定购仍按照《关于加强动物防疫监督工作的通知》（农牧发〔1998〕6 号）执行。按照农业部文件要求，新版动物检疫合格证明于 2011 年 6 月 1 日起在全国范围内全面实施。

## 二、动物检疫合格证明发展历程

　　我国动物防疫事业发展的不同时期，检疫证明的填写内容和使用范畴不尽相同。1985 年国务院颁布实施《家畜家禽防疫条例》，使用的检疫证明为畜禽产地检疫检验证明、畜禽产品检疫检验证明（县境内用）、出县境畜禽检疫检验证明、出县境畜禽产品检疫检验证明、畜禽及畜禽产品运载工具消毒证明 5 种；1998 年 1 月 1 日实施《中华人民共和国动物防疫法》，使用的检疫证明为动物产地检疫合格证明、动物产品检疫合格证明（县境内用）、出县境动物检疫合格证明、出县境动物产品检疫合格证明、动物及动物产品运载工具消毒证明 5 种；2008 年 1 月 1 日实施新修订的《中华人民共和国动物防疫法》，使用的检疫证明为跨省运输动物及其产品用的动物检疫合格证明（动物 A 和产品 A）、在省内运输动物及其产品用的动物检疫合格证明（动物 B 和产品 B）4 种。为推进动物卫生监督体系建设、保障食品安全，农业部 2009 年在国内部分省市进行试点建设，广东省深圳市成为首个试点城市，同年 8 月初，深圳市动物卫生监督所委托开发的动物卫生监督管理系统，在深圳龙岗区大围肉联厂第一家试点推行，进行屠宰检疫电子出证模式的探索。新版动物检疫合格证于 2011 年 6 月 1 日起在全国范围内全面实施。2013 年 7 月河北省落实农业部动物检疫电子出证的要求开始推进全省电子出证工作。2016 年 7 月 9 日农业部在全国开展跨省调运畜禽检疫合格证明电子出证工作，明确手写出证无效。

### 三、动物检疫电子出证的意义

#### （一）提高官方兽医出证效率

在动物检疫合格证明电子出证过程中，如果发现存在输入信息有误的情况，可以直接将单项信息删除并重新输入，或者将其作废重新出证。同一货主在同一申报点第二次申报检疫时，只需输入货主姓名，电子出证终端就会自动填写上一次出证的相关数据信息，而货主只需要更新修改部分数据信息即可，实现快速出证，这样可以有效提高出证效率。

#### （二）全程追随动物检疫关键数据信息

通过对互联网的充分利用，利用手机 App 对动物及其相关产品检疫章证标识进行扫描，即可对章证的真伪进行快速查询、核查动物及相关产品的检疫关键数据信息，看其是否存在不一致的情况，及时拦截违规调运车辆，实现全程追溯动物检疫关键数据信息。

#### （三）对动物及其产品加强检疫监督

定期安排专人进行统计、分析，核查动物检疫合格证明电子出证平台数据，分析产地检疫及屠宰检疫其各项工作的实际履职情况。汇总动物及其产品检疫相关数据信息，核查检疫台账，及时发现存在的问题并做好查处工作，进而使检疫监督工作具备更高的效率。

### 四、证章标志监管、使用、保存等环节法定责任分工

**1.** 国家对动物卫生证章标志实行统一设定、逐级发放、规范使用、严格监管，并实施信息化管理。

**2.** 农业农村部主管全国动物卫生证章标志管理工作。

**3.** 县级以上地方人民政府农业农村主管部门主管本行政区域内动物卫生证章标志管理工作。

**4.** 县级以上动物卫生监督所负责本行政区域内动物卫生证章标志的计划、发放、使用、监督工作。

**5.** 动物卫生监督机构指派官方兽医按照《中华人民共和国动物防疫法》《动物检疫管理办法》的规定对动物、动物产品实施检疫，出具动物检疫合格证明，加施检疫标志。官方兽医负责领取的证、章、标志的保管、规范使用、留存联归档交回等事项。

### 五、动物卫生监督证、章、标志的监制

#### （一）由农业农村部统一监制

包括动物检疫合格证明（A）、动物检疫合格证明（B）、动物标识、动物防疫条件合格证、动物诊疗许可证、执业兽医资格证书及动物卫生监督专用标志、标牌、佩章、图案等。

#### （二）按照农业农村部规定的统一式样，由省级动物卫生监督所统一监制

包括检疫专用章、签证专用章、检疫标志、验讫印章、验讫标志等。

### 六、证章标志的订购、核发、保管、监督管理

#### （一）订购与发放

**1. 县级动物卫生监督机构制定订购计划** 县级以上动物卫生监督所应当逐级上报订购

计划，由省级动物卫生监督所实行统一订购。需要追加动物卫生证章标志订购计划的，由省级动物卫生监督所提前通知生产厂家。

**2. 逐级发放** 生产厂家应按时向省级动物卫生监督所供应动物卫生证章标志，下级动物卫生监督所向上一级监督机构购领；证章标志使用单位向同级动物卫生监督所购领；各级动物卫生监督所不得跨行政区域、级别发放动物卫生证章标志；不得对非使用单位发放动物卫生证章标志。

### （二）核发

县级以上地方人民政府农业农村主管部门核发动物防疫条件合格证、动物诊疗许可证；农业农村部核发执业兽医资格证书和官方兽医证书、证件；动物卫生监督机构出具动物检疫合格证明，核发检疫标志及动物检疫专用章、签证专用章、验讫印章和验讫标志。

### （三）保管

动物检疫合格证明存根保存不少于 2 年，回收的动物检疫合格证明保存不少于半年；动物防疫条件合格证、动物诊疗许可证和执业兽医资格证书的申报材料自许可行为撤销之日起保存 5 年；其他证章标志和相关资料按照有关规定保存；动物卫生证、章、标志及相关资料超过保存期限的，经单位负责人批准可以按照国家有关规定进行登记和销毁处理；省级动物卫生监督所应当按照规定，将上一年度动物卫生证、章、标志使用情况上报农业农村部。

### （四）监督管理

动物卫生监督证章、标志是动物及动物产品经检疫合格的标识以及法律凭证，也是国家管理动物卫生监督工作所需维护的一项重要制度，做好动物卫生监督证章、标志规范管理，不仅是对相关管理制度的完善，还可有效提升动物卫生监督工作的科学合理性，有助于维护社会公共卫生安全与广大人民群众生命财产健康安全，是现代畜牧业健康发展的重要一环。严格落实农业农村部有关动物卫生监督证章、标志管理办法，落实"三专五统一"的管理制度，"三专五统一"即专人负责（确定专人负责证章、标志的计划、领取、保管、回收处理等日常管理事项制度）、专账登记（实行专账管理，对证章、标志的领取、发放手续，设立证章、标志台账）、专库保存（设立动物卫生监督证章、标志专用库房或专用橱柜）和统一领取、统一发放、统一回收、统一审核、统一销毁的管理。

**1. 落实责任制** 认清当前动物卫生管理工作面临的新形势、新情况，结合自身的职责与任务，设置信息化网络专门的证章标志管理岗位，配备 1～2 名专业人员负责做好动物检疫证章标志管理工作。要定时定期做好对该项工作的监督检查，落实责任制度，针对违反相关禁令的人员，及时追究其责任；对存在违法行为的，严格按照相关法律规章制度处理，提升管理水平。

**2. 建立完善管理制度** 思想上充分重视动物检疫证章标志管理制度的建立，落实"三专五统一"制度，建立健全各项台账，进而做到统一化收购、按需领取、逐级发放、及时回收和定期销毁。管理制度中应明确各项管理内容，尤其是证章标志的订购、发放、登记等，要准确地记录。同时要建立检疫票证存根回收和换领新证制度，针对检疫证明存根要认真做好管理，统一回收并销毁。在使用动物检疫印章的过程当中，要留存印模，并做好对领用单位以及启用时间的登记工作。如出现动物检疫证章标志丢失的现象，应及时进行登记备案并报废，在主管部门网站公示作废。

**3. 提高设施设备管理水平，储备信息化管理人才** 证章标志的管理离不开对设施设备的维护，应将设施设备的维护经费纳入年初财政预算，定时对电子出证系统使用的电脑、打印机进行维护维修，保证设施设备的正常运转，避免因硬件设施问题，影响电子出证工作效率。针对当前官方兽医队伍老年化问题，应申请招聘网络化、信息化人才充实到基层官方兽医队伍，不断强化基层兽医队伍素质，储备信息化管理人员，确保跟得上时代，跟得上"潮流"，为证章标志管理电子出证工作提供强有力的保障。

**4. 加强宣传，强化培训** 积极通过媒体、微信、宣传单页等方式，加大对动物卫生监督法律规章制度的宣传力度，起到良好的舆论导向作用，切实提高全体执法人员的法治意识，同时也能够帮助广大养殖户、屠宰场树立良好的遵法守法意识，强化对管理相对人的监管。动物防疫法中明确指出，各级动物卫生监督部门是动物检疫证章标志的管理者及使用者，因此动物卫生监督检疫部门的证章标志管理工作任务重大，上级主管部门要定时定期对基层动物卫生监督部门全体检疫人员进行教育培训，促使其充分意识到该项工作的重要性，并通过"请进来、走出去"的方式，学习先进检疫技术及检疫证章标志管理模式，实现对证章标志的规范化管理，维护社会卫生安全。

**5. 规范出证程序，明确出证权限** 加强督导，建立监督机制，强化措施落实，压实监管责任，切实落实证章标志管理工作责任制和责任追究制，严格检疫出证程序，不得受理经纪人、贩运人等其他单位和个人直接检疫申报。加大官方兽医的警示教育，严禁出现"隔山"开证、跨区域实施检疫、未检疫就出证、证物不符出证、倒卖检疫证明、为非法野生动物出具检疫证明等违法违规问题。官方兽医履职尽责，严格到场户或指定地点实施检疫，督促做好非洲猪瘟检测等一系列检疫检测项目，明确出证权限和责任，跨省调运动物需由动物卫生监督所主要负责人或基层动物防疫站主要负责人签发出具，严格执行动物检疫证明管理。

## 七、存在的问题

职责履行不到位：个别地方存在重视程度不够、缺乏强有力的监督与检查等问题，对于动物检疫证章标志的管理，无法实现科学、规范的管理，降低了管理水平。

基础设施较差：缺乏健全完善的办公设施设备，办公条件不佳可在很大程度上降低了动物检疫证章标志规范化管理水平。

基层官方兽医队伍专业素质较低：动物检疫工作的开展需要专业人员的支撑，但是当前由于官方兽医人员的不足，缺少高素质、高水平的工作人员，导致无法很好地完成检疫工作；当前基层官方兽医老龄化的问题也越来越严重，动物检疫技术方法较为落后，工作人员思想传统，在检疫证章标志管理的过程当中存在不规范的问题。

# 第十五章 乡镇动物防疫站标准化档案建设

以河北省为例，为贯彻落实全省乡镇动物防疫站档案培训班会议精神，充分发挥档案在动物卫生监督工作中的重要作用，强化痕迹化管理，全面提升基层动物防疫站（动物检疫站）的规范化、标准化管理水平，基层动物卫生监督档案标准化建设应按照"监管内容有依据，票据管理可追溯"的原则，实施"一事一档""一档一盒"的标准建设。

## 一、档案标准化建设的重要性

动物卫生监督机构在过去和现在动物防疫、检疫、监督活动中形成的全面而真实的原始工作记录及其他文件资料，是对国家和社会具有保存、利用价值的业务材料、图表、报表、声像等各种形式的历史记录，是广大动物卫生监督工作者的劳动成果和智慧结晶。这些记录和资料真实反映了动物卫生监督工作中的历史面貌，是一种储备的资源，是开展各项动物卫生监督工作的重要凭证和依据，为今后的工作考查、研究提供经验和教训，具有很高的社会价值。在日常工作中收集、整理、统计动物卫生监督档案资料，然后做好归档资料分类工作，建立专用档案，经过整理、统计、分类等处理，成为系统的文字（电子）档案资料。完整、真实且填写规范的动物卫生监督档案有利于探索动物疫病的发展规律，有利于查找、发现动物卫生监督工作中存在的不足或漏洞，从而指导政府制定动物疫病防控规划，有针对性地制定和完善动物卫生监督工作的具体措施，实现动物及动物产品可追溯化管理等，提高监管水平，在实际工作中具有极大的指导和实用价值。

## 二、动物卫生监督档案制作

### （一）文件、通知档案

省、市、区动物卫生监督所下发的相关文件，按照下发日期、文件编号等内容进行分类归档，并单独设立档案夹，将档案夹装入档案盒内，统一归档。

### （二）官方兽医培训档案

基层动物防疫站年初结合本单位工作实际，制定培训学习计划，年度制定的培训计划设立档案夹，每季度（月、周）的培训记录设立档案夹，将个人学习笔记、计划、培训记录统一装入档案盒内。

### （三）规模养殖场监督检查档案

依照河北省动物疫病风险评估及分级管理相关规定的要求，对养殖场（户）进行风险评估，根据评估结果分别建立 A、B、C 级档案盒。逐场户建立监管档案并设立档案夹，档案夹第一页打印出养殖场的基本信息（例如：建场时间、地点、法人等信息），第二页设置场内布局图（有动物防疫条件合格证的规模养殖场）。监管档案夹放入档案盒内，档案盒设立横、竖标签。

### （四）动物及动物产品屠宰、加工、贮藏、无害化处理厂等场所监管档案

屠宰、加工、贮藏、无害化处理厂分类建立档案夹，并将档案夹放入档案盒内，档案盒设立横、竖标签（竖标签为屠宰或加工或贮藏或无害化处理厂监管档案，横标签（××屠宰场、××加工厂、××贮藏场所、××无害化处理场）。

### （五）"瘦肉精"监测档案

将养殖环节、运输环节、屠宰环节以及上级检测任务进行分类归档并单独设立档案夹，将档案夹装入档案盒内。"瘦肉精"试剂卡使用台账（分账、总账）一并装入档案盒内，档案盒设立横、竖标签。

### （六）病死动物无害化处理档案

病死动物无害化处理工作需按照《河北省畜牧兽医局关于印发河北省病死畜禽无害化处理监督管理办法（试行）的通知》等要求，制作鉴定单、收运单，按场（户）将鉴定单、收运单、登记表（复印件）、统计表（复印件）以及报告（复印件）每月进行装订（报告放首页、统计表放第二页、登记表放第三页，登记表后面左上角处粘附鉴定及收集凭证），并放入档案盒内，档案盒设立横、竖标签。

### （七）动物产地检疫档案

严格按照《中华人民共和国动物防疫法》《动物检疫管理办法》等法律法规开展产地检疫工作，每份产地检疫组一份档案，按照申报单、免疫证、溯源单、动物产地检疫合格证明存根、产地检疫工作记录单（禽类附有血清学检测合格报告）的顺序进行装订，将申报单、免疫证、溯源单、存根联统一粘附在产地检疫工作记录单左上角，粘贴要使单据内容便于查看。每月的产地检疫工作档案按官方兽医姓名进行统一装订，并设立封皮（封皮内容为产地检疫工作档案、官方兽医姓名、票据号码、废弃票据号码、归档时间段等），每月将装订的档案放入档案盒内，产地检疫工作记录表也要装入档案盒内，档案盒设立横、竖标签。

### （八）动物屠宰检疫档案

在屠宰场建立屠宰检疫档案管理室，驻场官方兽医负责档案室的管理及日常维护。屠宰检疫档案大致分类为"瘦肉精"抽测档案、进场动物检疫情况登记表、动物待宰检疫登记表、申报单、准宰通知书、屠宰检疫记录、无害化处理记录，按月进行装订，每份档案建立档案夹，每个档案夹设立竖标签（按名称进行打印粘贴）。

### （九）动物疫病风险评估档案

按照《河北省动物疫病风险评估及分级管理办法（试行）》要求，开展风险评估及分级管理工作，动态更新风险评估汇总表，将A、B、C等级进行分类归档，A、B、C等级汇总表分别放在评审档案的首页，对新增养殖场及时进行风险评估，并做好上档升级养殖场的重新评估工作。每个等级评估档案建立一个档案夹，建立竖标签，竖标签标注内容为"动物疫病风险评估档案（A/B/C级）"。

### （十）证章标志使用管理档案

建立票证及标志支领台账，详细记录相关信息，票证做到支取有签字、有日期，票证支领台账设计封皮。标志支领台账也要设计封皮，标志由分所保管，按出货数量领取标志，由官方兽医现场监督并亲自粘贴。票证及标志支领台账分别建立档案夹，并将档案夹放入档案盒内，档案夹竖标签分别标注"票证支领台账""标志支领台账"，档案盒设立横、竖标签。

### （十一）监管月报表档案

每月将规模场、散养户监管月报表电子版上报至区动物卫生监督所邮箱，并将打印出的纸质版存档，分别设计"规模场监管月报表"封皮、"散养户监管月报表"封皮，每月用曲别针进行装订。建立监管月报表档案盒，将两份监管月报表档案放入档案盒内，建立档案盒的横、竖标签，竖标签分别为"监管月报表"、竖标签为"规模场、散养户"。

### （十二）动物免疫档案

每个村分别建立免疫档案，详细记录散养户动物免疫信息，留作产地检疫出证依据，结合实际，采取几个村建立一个档案盒的方式，分别将免疫档案装入档案盒内，档案盒建立横、竖标签。

### （十三）其他

日后涉及的其他内容，仍要继续完善并按照要求建立健全档案，档案盒、档案夹以及"标签"内容严格按照规格要求建立。

## 三、档案标准化建设要求

### （一）建立制度，规范管理

建立初期应组织基层动物防疫站负责人召开档案培训工作会议，为档案规范化建设"提意见、谋方案"。制定下发动物卫生监督工作档案归档实施办法，要求统一设立档案资料室，指定档案管理专职人员，将动物卫生监督工作档案划分大类，统一建档内容和标准，规范档案管理。

### （二）抓培训、强考核

将档案规范化管理工作纳入考核，建立奖惩措施，提高管理人员的责任意识。采取"典型带动、示范推广"的方式，做好档案管理人员的培训，组织人员到优秀的"兄弟分所"进行现场观摩学习，取长补短，共同提高。

### （三）统一制作，整齐划一，资金保障

筹集资金，对档案盒及档案夹标签进行了统一制作，下发至基层，局内指派管理科室对基层动物防疫站档案建设情况逐一进行指导规范和验收，档案做到整齐统一。

附　录